气象灾害丛书

农业和生物气象灾害

霍治国　王石立　等　编著

气象出版社
China Meteorological Press

内容简介

本书针对我国主要农作物、经济林果、畜牧业、水产养殖业气象灾害以及农业病虫害，综合国内外最新研究成果，从致灾气象因子分类的角度，重点介绍了主要农业和生物气象灾害的概念与发生危害概况，致灾机理与成因，致灾指标，时空分布规律，灾害的监测、预警、评估，减灾对策及其气象服务，气候变化对农业气象灾害和农业病虫害的影响事实、未来可能影响及其适应对策等几方面研究成果。

本书内容丰富，通俗易懂，可供气象、农业、生物、生态等相关领域的科技、管理人员和广大普通读者阅读。

图书在版编目（CIP）数据

农业和生物气象灾害/霍治国等编著.—北京：气象出版社，2009.5
（气象灾害丛书）
ISBN 978-7-5029-4711-8

Ⅰ.农…　Ⅱ.霍…　Ⅲ.①农业气象—气象灾害②生物气象学—气象灾害　Ⅳ.S42

中国版本图书馆CIP数据核字（2009）第074648号

Nongye he Shengwu Qixiang Zaihai
农业和生物气象灾害
霍治国　王石立　等 编著

出版发行：气象出版社
地　　址：北京市海淀区中关村南大街46号　　邮政编码：100081
总 编 室：010-68407112　　发 行 部：010-68409198
网　　址：http://www.cmp.cma.gov.cn　　E-mail：qxcbs@263.net
总 策 划：陈云峰　成秀虎
责任编辑：崔晓军　　终　　审：章澄昌
封面设计：燕　彤　　责任技编：吴庭芳
印　　刷：北京中新伟业印刷有限公司
开　　本：700 mm×1 000 mm　1/16　　印　　张：18.75
字　　数：347千字
版　　次：2009年6月第1版　　印　　次：2009年6月第1次印刷
印　　数：1～6 000　　定　　价：43.00元

本书如存在文字不清、漏印以及缺页、倒页、脱页等，请与本社发行部联系调换

从书编辑委员会成员

评审专家组成员（按姓氏笔画排列）

从书编委会办公室成员

《农业和生物气象灾害》分册编写人员

主　编　霍治国　王石立

编　委　霍治国　王石立　郭建平
郑大玮　吕厚荃　安顺清
侯　琼　李茂松　杨柏松
柏秦凤　贺　楠

序

据世界气象组织统计，全球气象灾害占自然灾害的86％。我国幅员辽阔，东部位于东亚季风区，西部地处内陆，地形地貌多样，加之青藏高原大地形作用，影响我国的天气和气候系统复杂，我国成为世界上受气象灾害影响最为严重的国家之一。我国气象灾害具有灾害种类多，影响范围广，发生频率高，持续时间长，且时空分布不均匀等特点，平均每年造成的经济损失占全部自然灾害损失的70％以上。随着全球气候变暖，一些极端天气气候事件发生的频率越来越高，强度越来越大，对经济社会发展和人民福祉安康的威胁也日益加剧。近十几年来，我国每年受台风、暴雨、冰雹、寒潮、大风、暴风雪、沙尘暴、雷暴、浓雾、干旱、洪涝、高温等气象灾害和森林草原火灾、山体滑坡、泥石流、山洪、病虫害等气象次生和衍生灾害影响的人口达4亿人次，造成的经济损失平均达2000多亿元。2008年，我国南方出现的历史罕见低温雨雪冰冻灾害，以及“5·12”汶川大地震发生后气象衍生灾害给地震灾区造成的严重人员伤亡和财产损失，都说明进一步加强气象防灾减灾工作的极端重要性和紧迫性。

党中央国务院和地方各级党委政府对气象防灾减灾工作高度重视。“强化防灾减灾”和“加强应对气候变化能力建设”首次写入党的十七大报告。胡锦涛总书记在2008年“两院”院士大会上强调，“我们必须把自然灾害预报、防灾减灾工作作为事关经济社会发展全局的一项重大工作进一步抓紧抓好”。在中央政治局第六次集体学习时，胡锦涛总书记再次强调，“要提高应对极端气象灾害综合监测预警能力、抵御能力和减灾能力”。国务院已经分别就加强气象灾害防御、应对气候变化工作做出重大部署。在2008年全国重大气象服务总结表彰大会上，回良玉副总理指出，“强化防灾减灾工作，是党的十七大的战略部署。气象防灾减灾，关系千家万户安康，关系社会和谐稳定，关系经济发展全局。气象工作从来没有像今天这样受到各级党政领导的高度重视，从来没有像今天这样受到社会各界的高度关切，从来没有像今天这样受到广大人民群众的高度关心，从来没有像今天这样受到国际社会的高度关注。这既给气象工作带来很大的机遇，也带来很大的挑战；既面临很大压力，也赋予很大动力，应该说为提高气象工作水平创造了良好条件”。

我们一定要十分珍惜当前气象事业发展的好环境，紧紧抓住气象事业发展的难得机遇，深入贯彻落实科学发展观，牢固树立“公共气象、安全气象、资源气象”的发展理念，始终把防御和减轻气象灾害、切实提高灾害性天气预报预测准确率作为提升气象服务水平的首要任务。面对国家和经济社会发展对加强气象防灾减灾工作的迫切需求，推进防灾减灾工作快速发展，做到“预防为主，防治结合”，很有必要编写一套《气象灾害丛书》，从不同视角吸收科学、社会以及管理各方面的研究成果，就气象灾害的发生、发展、监测、预报和预防措施，普及防灾减灾知识，提高防灾减灾的效益，为我国防灾减灾事业、构建社会主义和谐社会做出贡献。

2003年中国气象局组织编写出版了《全球变化热门话题丛书》，主要立足宣传和普及天气、气候与气候变化所带来的各方面影响以及适应、减缓和应对的措施。这套书的出版引起了很大反响，拥有广大的读者群。《气象灾害丛书》是继《全球变化热门话题丛书》之后，中国气象局组织了有关部委、中科院和高校的气象业务科研人员及相关行业领域的灾害研究专家，编写的又一套全面阐述当今国内外气象灾害监测、预警与防御方面最新技术成果、最新发展动态的科学普及读物。《气象灾害丛书》分21分册，在内容上开放地吸收了不同部门、不同地区和不同行业在气象灾害和防御方面的研究成果，体现了丛书的系统性、多学科交叉性和新颖性。这对于进一步提高社会公众对气象灾害的科学认识，进一步强化减灾防灾意识，指导各级部门和人民群众提高防灾减灾能力、有效地为各行业从业人员和防灾减灾决策者提供参考和建议都具有重要意义。同时，根据我国和全球安全减灾应急体系建设这一大学科的要求，“安全减灾应急体系”共有100多部应写作的书籍，《气象灾害丛书》的出版为逐步完善这一科学体系做出了贡献。

在本套丛书即将出版之际，谨向来自气象、农业、生态、水文、地质、城乡建设、交通、空间物理等多方面的作者、专家以及工作人员表示诚挚的感谢！感谢他们参与科学普及工作的高度热忱以及辛勤工作。

郑国光

编著者的话

通过两年的努力，《气象灾害丛书》终于编写完毕。丛书由21册组成，每一册主要介绍一个重要的灾种，整个丛书基本上将绝大部分气象以及相关的衍生灾害都作了介绍，因而是一套关于气象灾害的系统性丛书。参加此丛书编写的专家有200位左右，他们来自中国气象局、中国科学院、林业部和有关高等院校等部门。他们在所编写的领域中不但具有丰硕的研究成果，而且也具有丰富的实践经验，因而，丛书无论是从内容的选材，还是从描述和写作方式等方面都能保证其准确性和适用性。编写组在编写过程中先后召开了六次编写工作会议，各分册主编和撰稿人以高度负责的态度和使命感热烈研讨，认真听取意见和修改，使各册编写水平不断提高，从而保证了丛书的质量。另外，值得提及的是，丛书交稿之前，又请了46位国内著名的院士、专家和学者进行了评审。专家们一致认为，《气象灾害丛书》是一套十分有用、有益和十分必要的防灾减灾丛书。它的出版有助于政府、社会各部门和人民群众对气象灾害有一个全面、深入的了解与认识，必将大大提高全民的防灾减灾意识。丛书的内容丰富、全面、系统、新颖，基本上反映了国内外气象灾害的监测、预警和防御方面的最新研究成果和发展动态，可以作为各有关部门指导防灾减灾工作的科学依据。

在丛书包括的21个灾种中，除干旱、暴雨洪涝、台风、寒潮、低温冷害、冰雪等过去常见的气象灾害外，丛书还包括了近一二十年新出现的或日益受到重视的新灾种，如霾、生态气象灾害、城市气象灾害、交通气象灾害、大气成分灾害、山地灾害、空间气象灾害等。这些灾害对于我国迅速发展的国民经济已越来越显示出它的重大影响。把这些灾害包括在丛书中不但是必要的，而且也是迫切的。另外，通过编写这些书，对这些灾种作系统性总结，对今后的研究进展也有推动作用。

为了让读者对每一种灾害都获得系统而正确的科学知识以及了解目前最

新的防灾减灾技术、能力和水平，编写组要求每一册书都要做到：(1) 对灾害的观测事实要做全面、正确和实事求是的介绍，主要依据近50年的观测结果。在此基础上概括出该灾种的主要特征和演变过程；(2) 对灾害的成因，要根据大多数研究成果做科学的说明和解释，在表达上要深入浅出，文字浅显易懂，避免太过专业化的用语和用词；(3) 对于灾害影响的评估要客观，尽可能有代表性与定量化；(4) 灾害的监测和预警部分在内容上要反映目前的水平和能力，以及新的成就。同时要加强实用性，使防灾减灾部门和人员读后真正有所受益和启发；(5) 对每一灾种，都编写出近50年（有些近百年）国内重大灾害事件的年表，简略描述出所选重大灾害事件发生的时间、地点、影响程度和可能原因。这个重大灾害年表对实际工作会有重要参考价值。

在丛书编写过程中，所有编写者亲历了1月发生在我国南方罕见的低温雨雪冰冻灾害和“5·12”汶川大地震。在全国可歌可泣的抗灾救灾精神的感召下，全体编写人员激发了更高的热情，从防大灾、防巨灾的观念重新审视了原来的编写内容，充分认识到防灾减灾任务的重要性、迫切性和复杂性。并谨以此丛书作为对我国防灾减灾事业的微薄贡献。

丛书编写办公室与编写组专家密切配合，从多方面保证了编写组工作的顺利完成，在此也表示衷心感谢。另外，由于这是一套科普丛书，受篇幅所限，各册文中所引文献未全部列入主要参考文献表中，敬请相关作者谅解。

编写组长　丁一汇

2008年10月21日于北京

前言

我国是一个农业大国，也是世界上农业自然灾害最为严重的国家之一。农业气象灾害、农业生物灾害作为最主要的农业自然灾害，不仅灾害发生种类多、频率高、强度大、范围广，而且常多灾并发，突发性强，危害损失十分严重。重大农业生物灾害的发生几乎都与气象条件密切相关，或与气象灾害相伴发生；一旦遇到灾变气候，就会大面积发生流行成灾。据统计，我国农业气象灾害的发生约占全部农业自然灾害的70%左右，每年因各种气象灾害造成的农作物受灾面积达5 000万hm^2、影响人口达4亿人次、经济损失达2 000多亿元。一般年份，粮食产量每年因病虫害损失10%～15%，棉花产量因病虫害损失20%以上；在某些病虫害暴发年份，损失之巨，更为惊人。近年来，受全球气候变化的影响，我国农业气象和生物灾害日益趋重，农业的受灾面积、成灾率和经济损失均呈加大趋势。农业和生物气象灾害作为长期制约我国农业生产、农村经济和农民生活的重大因素，已对国家粮食安全、食品安全和农业可持续发展等构成严重威胁。因此，大力加强农业防灾减灾能力建设，建立农业和生物气象灾害监测预测及综合防控服务体系，最大限度地减轻灾害造成的损失，不仅是我国农业生产面临的长期而艰巨的任务，而且对保障社会主义新农村建设目标的实现、促进经济发展和社会进步具有十分深远而现实的意义。

《中华人民共和国国民经济和社会发展第十一个五年规划纲要》（以下简称《纲要》）中提出要提高农业综合生产能力，其中农业防灾减灾工作的主要目标是：力争因灾损失粮食控制在10%以内；农作物重大病虫害损失控制在5%以下。本书的编写紧紧围绕着《纲要》提出的农业防灾减灾的工作目标和科技需求，以我国主要农作物、经济林果、畜牧业、水产养殖业气象灾害及农业病虫害为研究对象，综合国内外最新研究成果，从致灾气象因子分类的角度，重点阐述了主要农业和生物气象灾害的概念与发生危害概况、致灾机理与成因、致灾指标、时空分布规律，灾害的监测、预警、评估，减灾对策及其气象服务，气候变化对农业气象灾害、农业病虫害的影响事实、未来可能影响及适应对策。希望本书能对因地制宜、合理安排农业生产、趋利避害以及应对气候变化对农业的影响等有所裨益。

全书由霍治国、王石立主持编写。其中第 1 章由霍治国、郑大玮执笔；第 2 章第一、二节由郭建平执笔，第三节由郑大玮执笔，第四节由王石立执笔，第五节由霍治国、柏秦凤执笔，第六节由吕厚荃执笔；第 3 章第一、二节由安顺清执笔，第三节由吕厚荃执笔；第 4 章第一节由郑大玮执笔，第二节由霍治国、贺楠执笔，第三节由吕厚荃执笔；第 5 章第一节由侯琼、杨柏松执笔，第二节由侯琼、霍治国执笔，第三节由杨柏松执笔；第 6 章由霍治国执笔；第 7 章第一、二节由王石立执笔，第三节由霍治国执笔；第 8 章由郑大玮执笔；第 9 章由霍治国、李茂松执笔。霍治国负责全书的统稿。

由于我国幅员辽阔，地形、气候复杂，农业种植制度多样，有害生物类型繁多，导致影响我国农业生产的气象、生物灾害类型复杂繁多。限于篇幅，本书只能在涵盖农业和生物气象灾害基本框架体系的情况下，重点针对全国性或区域性农业生产中的部分主要农业和生物气象灾害进行阐述。限于作者水平，书中难免有不足之处，恳请广大读者批评指正。

本书撰写参考引用了许多研究成果和资料，并得到很多同志的支持和帮助，特此致谢！

《农业和生物气象灾害》编写组
2008 年 9 月 18 日

目 录

第1章 农业和生物气象灾害概论

1.1 概述

1.1.1 农业灾害

灾害泛指危害人类生命财产和生存条件的各类事件。农业灾害是基于农业承灾体的角度划分的一大类灾害。凡直接危害农业生物、农业设施、农业生产环境和影响农业生产的正常进行，进而影响人类的生存条件或经济利益的灾害，都属于农业灾害。这里的农业是指大农业，包括种植业、畜牧养殖业、林业、水产捕捞和养殖业，也包括产前和产后的若干涉农服务业，如种业，农产品的贮存、运输和销售等。农业生物包括栽培植物、饲养动物、人工培育的微生物、对人类有益的野生动植物和害虫的天敌。农业设施包括农用土地、水利工程、农业机械、温室、畜舍、仓库、鱼塘、加工厂等。有时外界的干扰虽然没有造成农业的直接减产，但使农业生产所依赖的自然资源和环境条件恶化，对以后的农业生产将造成严重影响，也属农业灾害之列，如水土流失、土地退化和环境污染等。

农业灾害与其他灾害的一个显著区别是以农业生产、农业生态系统为直接承灾体，人类则是间接和最终的承灾体。在讨论农业灾害时，我们一般不去讨论对人体的直接伤害，而是着重分析对农业生物、农业设施、农业生产活动及农业生态环境的危害。

农业灾害的灾害源有自然源，也有人工源，分别称为农业自然灾害与农业人为灾害，后者又可分为故意破坏、政策失误、市场风险、技术事故、环境污染等不同类型。

从灾害源的角度，可以把农业自然灾害分为农业气象灾害、农业地质与土壤灾害、农业生物灾害等类型。如扩大到海洋水产业，还可以包括海洋灾害。另外，农业生态环境灾害比较复杂，既有人为致灾因素，也有自然致灾因素，也有归入农业自然灾害之列的。

1.1.2 农业气象灾害

农业气象灾害是农业生产过程中能够对生物造成危害和经济损失的不利天气或气候条件的总称。光、温、水、气、风等气象要素是农业生物生存及其生产过程的必需因子，不同类型的农业生物对不同气象要素及其变幅的适应性和容忍度不同。当气象要素的变化适合农业生物正常生理活动的要求时，可以看做是一种气候资源；当气象要素的变化超越生物正常生理活动的要求时，就成为一种胁迫。当胁迫严重到能够造成明显的经济损失时，就成为农业气象灾害。严重的可造成农业大幅减产和产品品质降低。

由温度因子引起的农业气象灾害有低温冷害、冻害、霜冻、热带亚热带作物寒害和热害；由水分因子引起的有旱害、洪涝灾害、雪害和雹害；由风引起的有风害；由气象因子综合作用引起的有干热风、连阴雨、冷雨和冻涝害等。与气象上的概念不同，农业气象灾害都是结合农业生产遭受灾害而言的。例如，干热风、寒露风、倒春寒、冷雨等，在气象上是一种天气气候现象或过程，不一定造成灾害，但在农业气象上则是给农业生产造成损害的一种农业气象灾害。不利气象条件不仅直接危害农业生产，还会诱发病虫害等，间接危害农业生产。例如：干旱可能引起蝗虫的大发生；雨水过多，不仅发生湿害，还会引起小麦锈病的流行和蔓延。

1.1.3 农业生物灾害

农业生物灾害是指有害生物对农业生物造成的危害。一般指由农业病源微生物、有害昆虫、有害植物和害兽引起的威胁或危害农业生产、农业生态环境和人类生命财产的各类事件。农业生物灾害是自然灾害的重要分支之一，一般意义上通常是指病、虫、草、鼠害。农业生物灾害学研究的对象是受人类干预的农业生态系统；研究的主要内容是灾害环境对农业生物的影响，即有害生物与人类接触时产生的不均衡突变状态，并给人类生活与农业生产带来的危害及其影响；研究的目的是保护并改善人类与环境的关系，以便更合理地利用自然与农业自然资源，实现保障人类安康的目的。

农业有害生物的发生、发展、流行大都与气象条件密切相关，或与气象灾害相伴发生；气象条件的适宜与否，是决定农业生物灾害能否发生流行成灾的关键。实际上气象条件并不一定直接构成对农业生物的危害，而是通过改变有害生物孕灾、致灾的气象环境因子，诱发、促进有害生物的发生流行，最终对农业生物造成危害。因此，可将气象条件诱发、促进的农业生物灾害称之为生物气象灾害。其灾害源是农业的有害生物，气象条件是诱发或触发灾害发生的主要因素。

农业生物灾害的发生与成灾是承灾体、有害生物、气象条件、管理措施等综合作用的结果，是两种或两种以上生物体动态的自然变异过程。除主要受气象条件的制约外，还与人类活动、化学药剂的施用、外来生物入侵、生态环境破坏等因素有关。

1.2 灾害发生概况及对农业的影响

1.2.1 农业气象灾害

我国位于欧亚大陆的东南部，地域辽阔，横跨纬度约 50°，经度约 60°，面积约 960 万 km^2。境内山脉纵横，丘陵起伏，高原、山地占全国总面积的三分之二，平原、盆地约占三分之一。地势西高东低，地形复杂，气候多样，是一个季风气候显著的国家。冬夏季风使广大地区的水、热等条件在时空分布上既有长期的趋势变动，又有不同周期的波动变化，常出现旱、涝、风、冻、雹、热害及低温冷害等气象灾害。由于农业生产的主体是在露天条件下进行的，加上农业生产的对象是有生命的植物、动物和微生物，使得农业成为受气象条件影响最大的弱势产业；据统计，我国农业受灾损失的 70%以上都是由于气象灾害引起的。

由于我国幅员辽阔，气候类型多样，世界上所有的农业气象灾害类型，在我国均有发生。如东北地区出现的冷夏，南方地区发生在春、秋季的低温阴雨，常使作物的生育期延迟，正常的生理活动遭受障碍，严重时使作物某些组织遭到破坏，造成减产歉收。北方大部地区，由于春季少雨，气温升高快，空气十分干燥，蒸发强度大，土壤中有效水分大量消耗，在雨量比常年偏少的年份，常出现严重的春旱，影响冬小麦返青、拔节、抽穗和开花，并危害玉米、谷子、棉花等秋熟作物的播种出苗，群众说“春雨贵如油”、“见苗三分收，无苗一场空”，就是对北方春旱严重性的真实写照。夏秋季节的台风暴雨，虽然在解除夏旱（伏旱）中起着重要的作用，但随其伴有的狂风暴雨，使江河的水位猛涨，河塘湖库堤坝坍塌，农田淹没，作物被毁。冬季强大的寒潮爆发南下，一般刮 10 m/s 以上的大风，温度可急剧下降 10 ℃以上，同时常伴有降雪、冻雨等天气，江河湖泊可出现封冻，长江中下游、华南地区的越冬作物和热带经济林果可发生严重冻害、寒害，部分地区甚至可全部被冻死。

我国农业气象灾害具有发生频率高，多灾并发，突发性强，范围广，持续时间长和危害重的特点。干旱、洪涝、台风、低温、风雹等重大农业气象灾害几乎年年均有发生。由农业气象灾害造成的农作物受灾面积平均每年达7.5亿亩*次，其中干旱和洪涝的受灾面积分居第一、二位。每年夏秋季登陆我国的台风或热带风暴约有7个。重大农业气象灾害常常影响多个省份，如2000年发生的严重干旱，先后波及全国20多个省（区、市），因干旱损失粮食占全部气象灾害损失粮食的70%以上。1998年发生的洪涝灾害，影响全国29个省（区、市），以长江中游和嫩江流域的灾情最重。2006年的“碧利斯”台风在福建登陆后深入内陆，给浙江、福建、江西、湖南、广东、广西等6省（区）造成重大损失，影响范围之广为历史所罕见。2008年1月中旬到2月初，南方地区突发连续性大范围的低温雨雪冰冻灾害，极端最低气温和持续时间在许多地方达到了有气象记录以来的极值，大部地区为50年一遇，个别地区为100年一遇；造成农作物冻害、寒害、机械性损伤、低温寡照高湿、农田渍害等灾害并发。据不完全统计，在此次低温雨雪冰冻灾害过程中，农作物受灾面积达2.15亿亩，绝收2 957万亩；森林受损面积近2.6亿亩；农业直接经济损失高达数百亿元。

我国农业旱灾发生呈从东南沿海向西北内陆加重的趋势，华北地区春旱最重，两湖盆地伏旱发生最为频繁；东部和南部地区发生涝害的次数较多；我国各地都有冷害发生，以东北地区最为严重；冬小麦的越冬冻害大多发生在冬麦区北部；干热风对冬小麦的危害发生在东起江苏北部和山东，西到新疆的一个长条地带，其中以冀、鲁、豫、河西走廊及汾渭谷地较多；冰雹多数发生在山区和山前平原地区。气象灾害造成的全国农业损失，以干旱最为严重，每年因干旱损失的粮食占全部气象灾害损失的60%左右，大旱的2000和2001年占到70%以上；洪涝与台风次之，再次是冷害、霜冻、冻害、寒害等低温灾害，然后是大风、冰雹、热害等。

随着全球气候变化和我国人均农业自然资源的减少，气象灾害对农业生产的危害总体呈波动加重趋势，农作物受灾、成灾和绝收面积在增加。1991—2003年全国农作物年均受灾8亿亩、成灾4亿亩、绝收1亿亩，年均损失粮食近5 000万t，年均农业直接经济损失1 000亿元以上。2004年虽有

* 1亩$=\frac{1}{15}$ hm^2，下同。

下降，2005 和 2006 年又呈上升趋势。2000—2006 年全国农作物年均受灾 6.9 亿亩、成灾 4 亿亩、绝收 1 亿亩，年均损失粮食 4 685 万 t，年均农业直接经济损失 1 010 亿元。

1.2.2 农业生物灾害

农作物病、虫、草、鼠害是我国主要的生物灾害之一，具有种类多、影响大并时常暴发成灾的特点。据统计，全国农作物有害生物有 1 600 多种，其中害虫 838 种、病害 742 种、杂草 64 种、害鼠 22 种。能造成重大损失的有 100 多种，其中重大流行性、迁飞性病虫害有 20 多种。其发生范围和严重程度对我国国民经济、特别是农业生产常产生直接的重大影响。

农作物病虫害的严重危害已成为农业生产和粮食安全的重要制约因素。最新研究（Oerke 2006）表明：由于有害生物（含杂草）的危害，造成全球大豆、小麦和棉花的可能产量损失为 26%～29%，玉米、水稻和马铃薯的可能产量损失分别为 31%，37%和 40%；其中作物虫害、病害造成的可能损失分别为 18%和 16%。在我国，一般年份，粮食产量每年因病虫害损失 10%～15%，棉花产量因病虫害损失 20%以上；在某些病虫害暴发年份，损失之巨，实为惊人。据报道，1990 年小麦条锈病出现 1965 年以来罕见的全国性大流行，损失小麦 26 亿 kg；1991 年稻飞虱猖獗为害，全国发生面积 2 100 万 hm^2 以上，损失稻谷 25 亿 kg；1993 年南方稻区稻瘟病大流行，损失稻谷约 150 亿 kg；1993 和 1995 年黄萎病大流行，全国因黄萎病成灾导致棉花损失分别逾 7.5 万和 15 万 t；1993 年麦蚜大发生，为害面积达 1 000 万 hm^2。1992 年棉铃虫出现了历史上罕见的特大发生，全国发生面积约 400 万 hm^2，损失皮棉 150 万 t，直接经济损失超过 100 亿元，对纺织业生产与出口所造成的间接损失更大，严重挫伤了棉农种棉的积极性，使 1993 年棉花播种面积减少了 134 万多 hm^2。棉铃虫除为害棉花外，对小麦、玉米、蔬菜、油料、果树、豆类、药材、花卉、林木等都造成某种程度的危害和损失。近 5 年来，我国农业生物灾害发生危害更为严重，年均发生面积已达 4.2 亿 hm^2 次以上（钟天润等 2006），每年经防治后仍损失粮食约 1 500 万 t、棉花 30 万 t、油料 100 万 t、水果 300 万 t、牧草 6 875 万 t（李芝兰 2007）。

受气候变化、农业耕作制度改革、水肥条件改善等原因的影响，我国农作物主要病虫害发生面积和发生频率显著增加，发生种类不断更迭。20 世纪 50 年代以来，我国农作物主要病虫害的发生面积不断上升，特别是 70 年代初期以来，病虫害发生面积和大发生频率逐年增长；90 年代以来，农作物病、虫、草、鼠害进入高发期；全国农作物主要病虫害发生面积每年都在3 亿 hm^2

次以上。20 世纪 50 年代水稻病虫以螟虫和稻瘟病为主；小麦病虫以吸浆虫、黏虫、锈病为主；棉花病虫以棉蚜、红铃虫、黄矮病为主。60 年代水稻螟虫为害减弱，稻纵卷叶螟上升为主要害虫，纹枯病成为重要病害；小麦病虫也发生了很大变化，吸浆虫得到了有效控制，前期黏虫减弱，后期回升，锈病得到一定程度的控制；棉花病虫中棉蚜趋减、红铃虫得到控制，黄萎病为害加重。70 年代水稻螟虫回升，稻纵卷叶螟进一步猖獗，稻飞虱由次要害虫上升为主要害虫，白叶枯病成为重要病害；小麦病虫的变化是黏虫大发生频率上升，麦类赤霉病成为重要病害，锈病再度频频流行；棉花病虫中棉铃虫连续 3 年发生较重，棉蚜为害加重，黄枯萎病流行。80 年代水稻稻飞虱时常大发生，纹枯病逐年加重；小麦黏虫大发生趋势减弱，麦蚜成为重要害虫，吸浆虫回升，小麦红蜘蛛猖獗，麦类赤霉病、锈病、丛矮病成为三大主要病害；棉花病虫中棉铃虫、棉蚜、红铃虫、红蜘蛛四大害虫严重威胁棉花生产；已于 60 年代有效控制的东亚飞蝗再度猖獗。90 年代以来，稻飞虱、稻纵卷叶螟、稻纹枯病、稻瘟病、小麦吸浆虫、麦蚜、麦红蜘蛛、蝗虫、麦类赤霉病、锈病、白粉病、玉米螟、棉铃虫、棉蚜等成为严重影响我国农业生产的重大病虫害。

1.3 致灾诱因及其特点

1.3.1 农业气象灾害

各种农业生物的生长发育和生理活动对于气象环境条件都有严格的要求和一定的适应范围，均依赖于一定的气象因子以及这些因子的合理匹配；气象因子的变幅和周期超越生物正常生理活动的要求时，即可导致农业气象灾害的发生。如超出生物生长发育最适宜的温度条件，可使生物生长发育速率明显减慢，当超过生物所能忍受的最低或最高的临界温度时，则生物的生长发育停止，以至发生伤害或死亡。农业生物的各种生命活动都离不开水。当水分供应缺乏时，植物的生命活动不能正常进行，干燥的空气或土壤甚至可从植物体中夺走水分，直至导致植物死亡。当水分供应过多时，由于缺氧许多植物的根系不能从土壤中正常吸收水分和养分，最终导致受伤乃至死亡。水分供应失调，直接影响植物的光合作用及细胞生理活动的正常进行，据计算，林木在生长发育过程中，形成 1 kg 重的干物质，需要 300～400 kg 的水分，生产1 t 小麦需要 1 500 t 水；生产 1 t 棉花需要 10 000 t 水，足以反映水分在农作物生产中的重要作用。降水量过少、过多或分布不均是造成农业旱涝灾害的主要原因。光是绿色植物在光合作用中的基本能量来源，太阳的光和热对植物的生活有重要作用。当光照度在光补偿点以上时，植物的光合作用超过呼吸作用，可以积累有机物质；在光补偿点以下时，植物的呼吸作用超过光合作用，天长日久，植株逐渐枯黄以致死亡。光照过强，易引起植物灼伤，光照不足，易引起植物阴害。农作物大多对光照度要求较高，玉米、小麦、棉花、向日葵、谷子等需要强光，其次是水稻、高粱、花生和豆类等作物，真正耐阴的作物较少，只有某些蔬菜和茶树等。农作物在其生长发育的不同时期，对光照的敏感性不同，其中在光照度临界期，光照度对作物产量影响最大，如此期缺光，将导致严重减产。禾谷类作物的光照度临界期为孕穗期，即四分体到花粉粒形成期。

农业气象灾害的致灾诱因包括自然因素和人为因素，概括起来主要有以下三个方面：①气候条件突然发生异常。由于目前农业生产中总体防灾抗灾能力比较薄弱，在不少情形下，基本上还是“靠天吃饭”，因此，往往对这类异常变化难以抗御，造成大范围的农业减产或失收。②违反自然规律。滥伐、滥垦、滥捕，破坏自然界的生态平衡，引起局部地区气候恶化，使农业出现减产歉收。③农业生产违背农业气候规律，盲目采用不适宜的技术措施和耕作制度；变化的农业布局和作物生态类型不适应该地区气候条件，导致农业减产。

（1）由气象因子的变化幅度异常导致的农业气象灾害。一般可分为两种情况：①变化幅度超过了适于生物正常生活的范围，这种条件即所谓逆境。生物对各种不利气候条件有各种不同的生理反应，基本上可分为两大类，即弹性的反应和塑性的反应。弹性反应是指逆境消失后生物仍可正常生长发育，塑性反应则指生物发生的变化不能再恢复到原来的正常状态。不论是引起弹性反应的逆境或是塑性反应的逆境，都会直接或间接地使生物生长发育受到一定的影响，严重的会降低产量。②变化幅度超过足以引起生物体受到伤害或死亡的范围，这种不利条件直接威胁生物生存和引起明显减产。如在农业生产过程中，由于突然的短暂的低温袭击，或长时期严重缺水，使作物正常的生命活动受到重大抑制或致死，造成农业减产失收。

（2）由气象因子的周期变化异常导致的农业气象灾害。一地农业生物的类型和品种是对气候长期选择和适应的平均结果，即对一地光、温、水等气象因子在一定平均状态下周期性变化的适应与选择。气象因子具有长、中、短不同尺度的周期性变化，如几千年、几百年、几十年，直至年、月、日际之间；平均状态也会随着统计时间的尺度不同而发生变化。就现有农业生物而言，一旦气象因子的周期变化超越生物所能容忍的波动范围，而生产上又无相应的适应对策措施，即可导致农业生态系统失去平衡，使已有的适宜于农业生物生长发育和产量形成的生态环境条件恶化。如原水稻、小麦适宜种植区如遇气候干旱期，降水偏少，则易发生干旱灾害；双季稻在热量充裕和生长期较长的年份就可获得较好的收成，但在热量不足和生长期短的年份就会出现低温冷害。

我国农、林、牧、渔和多种经营的农业布局，既有分布在广大平原、盆地、谷地的不同熟制的种植业，也有分布在草原、草地不同种群的畜牧业，分布在湖泊、海涂、浅海的养殖业，分布在丘陵山地的多种经营和造林业等，品种繁多，类别各异。因此，由各种气象因子异常引起的灾害也是不同的。因热量引起的有低温冷害、冻害（越冬作物、果树等冻害）、霜冻、热带作物寒害和热害（含高温逼熟、灼伤）；降水量多寡引起的有旱灾（含黑灾）、湿害、洪涝、雪灾和雹灾；风力引起的有大风、风蚀沙化等；几种气象因子的变化还可以构成一种综合性的农业气象灾害，如干热风、暴风雪、冷雨等。农业气象灾害按照致灾气象因子分类见图 1.1。不同致灾气象因子及其不同时间尺度造成的农业气象灾害不同（表 1.1）。同一种气象因子引起的农业气象灾害因出现时间、地区以及不同作物发育期，可以有不同的灾害名称。如低温冷害，在东北地区一般发生在 6—8 月，称东北冷害或“哑巴灾”；在长江流域则发生在 9—10 月份，称秋季低温或寒露风；发生在春季则称春寒或倒春寒。一种农业气象灾害常常又分为若干类型，如低温冷害出现在同一作物的不同发育时段，常分为延迟型冷害、障碍型冷害和混合型冷害。各种不同类型的农业气象灾害，还可以根据危害的轻重程度划分为不同等级。我国主要农业气象灾害的地区分布、受害对象及其危害形式，见表 1.2。

农业气象灾害
- 温度因子
  - 低温危害——冷害、冻害、霜冻、寒害
  - 高温危害——高温逼熟、雨后暴热
- 水分因子
  - 水分不足——大气干旱、土壤干旱、作物干旱、草原黑灾
  - 水分过多——洪水、涝害、湿害、凌汛、冻涝、白灾
- 光照因子
  - 光照过强——灼伤和日烧病
  - 光照不足——阴害
- 冰雪灾害——雪害、冰凌、冻融、返浆
- 其他因子——冰雹、大风、雷电、雾灾
- 复合灾害——沙尘暴、连阴雨、干热风、焚风、台风、暴风雪

图 1.1　农业气象灾害按照灾害源的分类

表 1.1　主要农业气象灾害的致灾因子及时间尺度

类别	要素 \ 时间尺度	长期（月—数月）	短期（日—数日）	短时（时—数时）
冷害	气温	延迟型冷害	障碍型冷害，寒害	冷雨
冻害	气温		越冬期冻害	早、晚霜冻
热害	高温低湿		干热风，高温逼熟，日烧	
旱	雨量	旱灾	伏旱，干旱	
涝	暴雨，连阴雨	洪涝	洪涝，湿害	暴雨
风灾	大风，风雨		台风，大风，暴风雪	龙卷风，雷暴大风
雹灾	冰雹			雹灾
雪灾	雪		白灾	
森林火灾	高温、低湿、雷击		森林火灾	

资料来源：张养才等，1991

表 1.2　我国主要农业气象灾害的地区分布及危害

名称	主要发生地区和受害对象	危害的主要形式
热害	长江中下游地区、华北平原；棉花、马铃薯等	温度过高引起花铃大量脱落，马铃薯因高温退化
水稻高温逼熟	长江中下游地区及华南地区；早、中稻	高温影响开花、授粉、受精，降低结实率；灌浆期遇高温，加速根叶衰老，降低粒重
日灼	河南、河北、山东、陕西及江苏、浙江等省；主要是苹果、梨、葡萄、柑橘等果树	强烈太阳辐射造成树皮、果皮受到伤害
冻害	西北、华北、华东、中南地区；冬小麦、油菜、蔬菜及葡萄、柑橘、油茶、茶树等经济果木	冬季强寒潮袭击下，温度急剧降到 0 ℃以下，引起植株体冰冻或丧失一切生理活动，造成植株地上部分局部或全部死亡
霜冻	西北、华北、东北、华东、中南、华南等地区；冬小麦、棉花、玉米、水稻、甘薯、高粱及蔬菜、水果	在温暖时期内，土壤、植株表面及近地层短时间降到 0 ℃以下的低温，引起植株体内的水分形成冰晶，导致细胞脱水和原生质胶体物质凝固，引起作物死亡
热作寒害	广东、福建、广西、云南、海南等省（区）；香蕉、荔枝、龙眼、芒果、橡胶、椰子、油棕、可可、胡椒、咖啡、腰果等	在冬季温度降低到热带作物生存的最低温度以下时，热带作物的顶芽、叶片、嫩梢焦枯，树枝和树皮燥裂，树干干枯，根部死亡等
土壤掀耸	西北、华北、华中、华东等地区；冬小麦、油菜、林苗	指冻结和解冻的反复交替情况下，土壤表层不断地隆起和下沉，使作物根系断裂或分蘖节暴露于地面的现象

续表

名称		主要发生地区和受害对象	危害的主要形式
低温冷害	倒春寒	长江流域及其以南、华北地区；水稻、小麦、棉苗、高粱	春季温度下降到比常年明显偏低，延长作物生育期，长期低温条件下，引起烂种、烂芽
	秋季低温	长江流域及华南地区；晚稻和双季晚稻	低温使生育期推迟，影响扬花、授粉及受精过程，结实率降低
	夏季低温	黑龙江、吉林、辽宁、内蒙古、宁夏及河北等省（区）；玉米、水稻、大豆、高粱、谷子	夏季温度比常年明显偏低，影响作物正常生长发育，延迟发育期，引起不育和部分不育，发生大量秕粒或不结实
涝害		长江中下游及华南、华北、东北等地区；水稻、小麦、油菜、玉米、大豆、高粱、谷子等	雨水过于集中，地面积水，土壤中产生有毒物质危害根系，使叶片变红，作物生长滞缓而导致减产
洪水害		华南、江淮流域、黄淮海平原、松辽平原；水稻、棉花、玉米、高粱、大豆、果树等	大到暴雨，引起河水泛滥，淹没农田作物，冲毁农田设施和房屋
湿害		主要发生在长江中下游、华南和西南等地区；小麦、棉花	连阴雨或积雪大量融化，使土壤长期处于水分过饱和状态，作物根系因缺氧而影响生命活动，造成生长发育不良
旱灾		全国各地都有发生，北方春旱严重，长江流域、江南和江淮之间伏旱较多；水稻、小麦、玉米、大豆、棉花、林果等	长期无雨或降水显著偏少，作物、果树、林木根系吸收不到足够水分补偿蒸腾的支出，引起生长滞缓、萎蔫、落花、落果、干枯死亡，严重干旱使河干井涸，人畜饮水困难
黑灾		主要发生在新疆、甘肃及内蒙古的高原牧区；羊、牛、马等牲畜	冬季牧区积雪过少或无积雪，牲畜吃不上雪水，瘦弱，易引起疫病流行，造成大量死亡
雪灾		西北、东北、华北地区及江淮流域；冬小麦、油菜、蔬菜、果树、牲畜	大雪压断树枝，压塌房屋和塑料大棚，越冬作物在雪层下养分消耗，病菌蔓延，返青时死亡。草场积雪深厚，牲畜放牧采食困难，因饥饿患病死亡
雹灾		全国各地区都有发生，青藏高原和祁连山雹日最多；危害夏秋作物、果木和牲畜	砸伤、砸死作物和牲畜，砸坏温室、塑料大棚以及房屋
冷雨		北方牧业区；羊、骆驼、牛、马	伴有强烈降温和大风降雨，使牲畜体温下降，表现为弓腰、颤抖、瘫痪以至死亡
风害		东南沿海及华北、西北地区；水稻、小麦、油菜、玉米、水果等	强风造成林木和作物倒伏、断枝，打落谷粒、果实，甚至损坏农舍及农田设施
风蚀		西北、华北地区；冬小麦、春小麦、棉花、玉米、草场	风吹跑表土，降低土壤肥力，作物根系外露，农田逐步沙化
干热风		河南、河北、山东、安徽、陕西、山西、宁夏及苏北和甘肃河西走廊、新疆吐鲁番盆地；冬小麦、春小麦	高温、低湿伴有一定风力，作物蒸腾失水，植株失去水分平衡，叶片青枯，颖壳发白，炸芒，甚至逼熟死亡

资料来源：张养才等，1991

农业气象灾害以损伤危害生物内部生理机能为主，机械损伤为副，有时二者兼而有之。出现在不同季节的各种类型的农业气象灾害，对农业的危害形式也是不同的。夏秋季节的大风引起的农作物受害，一方面使作物受到机械损害；另一方面植物体各器官内部生理机能的正常活动受到抑制，严重的停止一切生理活动，植株逐渐枯萎死亡；有时大风（特别是台风）伴随的暴雨和海浪，导致洪涝灾害；冬季大风不仅产生强烈的降温，发生冻害，且时有强大的暴风雪，往往造成牧区人畜伤亡，刮断电线影响工业交通等。农业气象灾害除直接造成危害之外，还会诱发病虫害，例如干旱地区可能引起蝗虫大发生；雨水过多出现的湿害，还会引起锈病的流行加重损失，并能广泛蔓延到其他地区。

1.3.2 农业生物灾害

农业生物灾害的致灾诱因及其特点包括以下方面：

（1）气象因素。天气、气候条件直接影响和制约着生物灾害的发生流行；温度、湿度、降雨、风速、风向等气象要素可直接影响病害的发生、发展、侵染和流行，影响害虫、害鼠和杂草的发育、繁殖、越冬、分布、迁移和适应等。研究表明：气象条件是决定有害生物发生流行的关键因素；几乎所有大范围流行性、暴发性、毁灭性的农作物重大病虫害的发生、发展和流行都与气象条件密切相关，或与气象灾害相伴发生；一旦遇到灾变气候，就会大面积发生流行成灾。有害生物种群暴发与调节的理论或假说之一，认为有利的气候变化直接（如暖冬）或间接（如初级生产力增加）地提高了有害生物种群的繁殖力和存活力，引起有害生物数量暴发。

气象要素年际间的异常变化，常影响当年生物灾害的发生等级。如严重影响我国农业生产的重大迁飞性害虫：草地螟、稻纵卷叶螟、白背飞虱、褐飞虱等，在其适迁期，降落地连续降雨是促成害虫降落的重要条件，迁入降落虫量过大时，常导致暴发性灾害发生。

（2）人类活动。人类活动的干扰造成生物多样性减少，导致生态系统的自控能力降低，有害生物发生与成灾的风险性增加。如人类为了自身的生存目的，通常大面积种植单一品种的作物，人为地排除其他动植物种类的竞争，以提高作物的产量。全世界的农业用地主要种植 12 种谷类、23 种蔬菜、35 种水果和坚果作物，即在世界现有的大约 14.4 亿 hm^2 农用土地上种植的作物不超过 70 种。这与热带雨林每公顷土地上超过 100 种植物所构成的生物多样性形成鲜明的对照。结果导致农田生态系统中植被较单一化，群落的物种数和个体数都比自然生态系统少，生物多样性也较低。在果园生态系统中采取人工或化学除草，许多果园几乎仅有人工栽培的果树生存，使捕食性天敌如钝绥螨类等因无法越夏而大量死亡。同时，由于土壤板结，果树生长势变差，形成恶性循环，反过来又加重了病虫的为害。

(3) 化学药剂的施用。化学药剂的大量和盲目施用，在杀死病、虫、杂草的同时，也杀死了大量天敌，从而改变了生态系统的生物种群组成，降低了生物群落的多样性，导致生态系统的稳定性下降、平衡失调，常引起有害生物迅速再生繁殖，而暴发为害。如美国加利福尼亚州 25 种毁灭性农业害虫中有 4 种是由于杀虫剂的使用而导致再猖獗。大量施用波尔多液防治柑橘疮痂病和溃疡病，杀死锈壁虱天敌汤姆森多毛菌，引起锈壁虱暴发；寄生于柑橘白粉虱的座壳孢菌在过多施用广谱性杀菌剂时受到杀伤，大大降低其对柑橘白粉虱的寄生率；稻飞虱、柑橘红蜘蛛等害虫在用广谱性杀虫剂进行防治后，常迅速引致再猖獗灾害。更为严重的是，化学杀灭剂的大量施用对人类的生命健康往往造成很大的威胁。

(4) 外来生物入侵。外来生物入侵已成为我国有害生物暴发性灾害的一个重要原因。国际上成灾频率极高的危险性病虫害，如稻水象甲、美国白蛾、美洲斑潜蝇等先后传入我国主要粮、棉产区和林区。美国白蛾已沿主要铁路干线分布至全国大部分地区；稻水象甲已由几年前仅在天津市局部地区发生，蔓延至河北、山东、辽宁、浙江、福建、江苏、湖南等省；美洲斑潜蝇的传播更快，为害更大，迄今已在南北 10 多个省（区、市）发现其严重为害蔬菜、花卉、烟草、油料和棉花等经济作物，形势相当严峻。

(5) 生态环境破坏。森林过度砍伐、天然植被的深度破坏、农业土壤污染、空气污染、酸雨，以及干旱化、荒漠化、草地退化、盐渍化等直接改变了该地区原有的生态环境条件；迫使动物改变生活习性，从一栖息地迁徙到另一栖息地，感染源地扩大，生物多样性遭到破坏，打乱了生物间相互依赖、相互制约的关系，其后果将导致生物灾害的频繁发生。

1.4 减灾思路

农业系统是一个复杂的社会-经济-生态系统，农业灾害是自然条件和人类活动对农业的有害效应超出了农业生产条件和生产者所能承受的能力而造成的农业损失，既包括农业自然灾害，又包括不合理的人类活动对农业生产条件的破坏，还包括农业生产本身的弱点。农业与生物气象灾害则是气象灾害系统作用于农业系统产生的不利影响与危害后果。因此，农业气象减灾必须遵循系统工程的原理。首先要进行系统分析，特别是分析农业与生物气象灾害系统与农业系统的特点，找出农业灾害系统中导致农业与生物气象灾害发生的孕灾环境和致灾因子，同时还要找出农业系统中的脆弱或敏感环节，分析其对灾害的适应能力、抵御能力、承受能力和恢复能力，才能确定正确的防灾减灾措施。

农业灾害的减灾思路从战略上可以归纳为“避、防、抗、救”四大类。我国的减灾方针是“以防为主，防、抗、救相结合”；形成灾前、灾中、灾后有机结合，贯穿灾害全过程的综合性减灾系统工程。坚持以防为主，安排农业生产采取“趋利避害”的对策，尽可能避开主要农业自然灾害。灾前要有防御措施。灾中要积极抵御，以减少灾害造成的损失。灾后要采取积极补救、抢救措施，使灾害造成的损失降到最小。

1.4.1 避开灾害的思路

避开灾害的出发点就是躲避灾害，在耕作制度、作物布局、熟制安排、病虫害防治等方面，坚持以避防为主的方针，采取多种措施尽力避开灾害对农业生产的影响。在分析各类农业生产对象对灾害忍耐能力的基础上，确定相应的生产方式，宜农则农，宜林则林，宜牧则牧。如我国北方干旱、半干旱的半农半牧区，适当退耕种草、发展畜牧业能改善农业系统的结构，提高抗灾能力，调整农、林、牧比例，使农业系统具有多层次的结构，抗灾能力加强，经济效益提高。

在气象条件对农作物的生长发育和产量形成不利的地区进行种植，易发生灾害，因此确定各种作物的种植界限（北界、南界、上限、下限），调整其种植区可以避开灾害。如不在干旱的地方种植水稻，不在低洼易涝地种植旱作物，不把热带作物种植到有霜冻的地区等。在生产上，通过调整种植制度和作物种植比例可避开灾害，如我国北部发生低温冷害的年份，水稻减产最多，高粱、玉米其次，大豆、马铃薯最轻，因此，安排各种作物的比例不同，灾年减产幅度也就不同。

在早春、晚秋利用覆盖技术提高地温保墒，调整作物播种期，可避开冷冻的危害；推广旱作农业综合技术及轮作倒茬、覆盖栽培等可避开干旱、病虫及低温等危害；利用特定地形的小气候效应也可避开灾害的危害，如在逆温暖坡种植果树和经济作物，可以躲避霜冻灾害的威胁。

1.4.2 防御灾害的思路

建立农业自然灾害综合监测预报与管理网络体系，加强农业与生物气象灾害的监测预报，可提高区域整体的防御功能。多年来，气象、农业、水利、林业等部门，通过加强自然灾害监测预报系统硬件和软件的建设，各自形成网络。目前全国已拥有 2 700 多个气象台站，2 000 多个病虫害测报站，8 500 多个雨情水情预报站。这些台站星罗棋布，在减灾工作中作出了重大贡献。从 20 世纪 70 年代至今，我国利用气象卫星、陆地卫星、航空等，逐步建立了全天候、准实时遥感监测系统，从而实现对干旱、雨涝、冰雹、火灾、雪灾等自然灾害进行监测预报，还可以对土壤含水量、农作物面积、旱田面积、水田面积、水淹面积、水库面积、农作物长势、农业产量进行测算。

选育抗逆性品种，以适应不同地区的农业气象条件。如能使各种类型的作物、林果等品种的抗旱性、抗涝性、抗冻性等特性大大增强，则可显著减少农业气象灾害带来的损失。用化学药剂或物理方法进行种子抗逆性处理，可提高植物防御农业与生物灾害的能力。

科学的栽培管理，可提高作物防灾能力。如耙磨碾压、垄沟栽培以及改良土壤、防止水土流失、发展冬季农业、科学灌溉、合理施肥等。

在灾害发生或将要发生时，从农业栽培技术方面采取措施也可达到相当好的防御灾害的目的。如适时早播利用返浆水防止春旱；在旱作农业区用抗旱秋耕方法蓄水保墒以防御翌年干旱；在台风来临之前，及时收割已处于成熟的作物，或加固果树支撑，可以使灾害大大减轻；用芦苇、稻草、蒿秆、树枝等做成风障，能有效地削弱平流霜冻。

1.4.3 抗御灾害的思路

灾害来临前后采取应急抗御措施以减轻灾害损失。通过各种农业技术措施，改变植物周围的环境条件，可以防御或减轻自然灾害的危害程度，如用覆盖法、喷水法、熏烟法、加热法抗御霜冻危害等；用灌溉法抵御旱灾；用炮击法消雹；用化学药剂喷洒提高植株体温等。

在干旱地区发展节水工程，推广滴灌、喷灌、人工降雨等。

1.4.4 补救灾害损失的思路

(1) 通过农业科技措施减轻灾害后的损失。如对冰雹或霜冻危害的作物，只要未全部损亡，应抓紧灾害后浇水、施肥，促进新叶和新蘖的生长，使受害作物尽快恢复生机；又如受海啸风侵害的作物，要及时进行水洗处理，以减轻盐分的危害等。

(2) 推广农业保险制度。贯彻农业保险“防赔结合，防重于赔”的风险管理办法。对于那些尽管采取了各种对策、措施仍然受到损失的农户，可通过保险公司进行农业保险理赔，或通过政府进行救济等。为此，必须对灾害进行评估，特别是要加强灾害实况的调查和研究，及时发放理赔金、救济金、农业贷款，以及采取其他方面的经济对策，扶持和发展灾区的农业生产，有助于加速灾后的恢复工作。

（3）建立农业减灾基金。农业减灾需要一定的资金投入，为保证减灾资金来源，形成稳定的资金渠道，更好地促进减灾建设，应当建立减灾基金。鉴于农业减灾是一项社会公益事业，又是国民经济建设的一个重要组成部分，减灾基金来源除政府财政列支一块外，还应根据“谁受益、谁出资、多受益、多出资”的原则，向集体和个人征收一部分。

第2章 温度异常引起的农业气象灾害

2.1 概述

2.1.1 温度对农业的影响

温度是空气冷热程度的度量单位，在一定程度上可以用来表示热量资源的多少。农作物的生长发育是通过绿色植物的光合作用来进行的，而光合作用只有在适宜的温度条件下才能进行，温度过高或过低都会影响光合作用速率，甚至使光合作用停止，并最终影响到农作物的生长发育和产量。因此，农作物生育过程中的温度是影响农业生产的主要环境因素之一，它不仅影响到农业种植制度的安排，也影响到农作物的品种布局。所以，只有根据当地的温度状况进行农事安排，才能保证农业生产的稳定和可持续发展。

2.1.1.1 三基点温度

农业生物生命活动的每一过程都必须在一定的温度条件下才能进行。对任何一种植物来说，都有3种基本的温度，即生命温度、生长温度和发育温度。当温度处于发育温度之外（过高或过低）时，则发育过程会停止，但生长仍可维持；而当温度超过生长温度的最高值或低于最低值时，则生长活动停止，但尚可维持生命；当温度达到或超过了生命温度的上限或低于下限时，植物就会死亡，故这时的温度通常又称为致死温度。

无论是生命温度、生长温度还是发育温度又都有3个基本点，通常称为三基点温度，即最适温度、上限温度和下限温度（表2.1）。在最适温度范围内植物的生长活动最为强烈，生长发育速度最快；而当温度高于上限温度或低于下限温度时，植物的生长发育严重受阻甚至停止。

表 2.1 部分农作物在高产条件下的三基点温度 单位：℃

生长发育时期	玉米、高粱、谷子			水稻			大豆			春小麦		
	T_0	T_1	T_2	T_0	T_1	T_2	T_0	T_1	T_2	T_0	T_1	T_2
苗期	20.8	8.0	27.0	21.0	9.0	28.0	18.5	7.5	26.0	10.0	3.0	21.0
营养生长期	24.5	11.5	30.0	25.0	12.5	32.0	23.5	10.0	30.0	13.0	5.0	25.0
营养、生殖生长并进期	27.0	14.0	33.0	27.8	15.0	33.0	26.0	13.0	32.0	17.0	10.0	28.0
开花—灌浆期	25.5	14.0	32.0	26.3	15.0	33.0	24.5	14.0	30.5	21.0	13.0	26.0
灌浆成熟期	19.0	10.0	30.0	19.3	10.5	30.0	18.0	10.0	30.0	20.0	12.0	30.0

注：T_0，T_1，T_2分别为作物生长发育的最适温度、下限温度和上限温度。资料来源：高素华，1995

2.1.1.2 农业界限温度

对农业生产具有指示或临界意义的温度称为农业界限温度。日平均气温稳定通过 0，3，5，10，15 和 20 ℃等界限温度的初、终日期，持续天数及其积温是常用的具有普遍农业意义的热量指标系统，对农业生产起指导作用，在农业气候资源调查和区划中可作为分析热量资源的基本依据，也是确定农业种植制度和品种布局的基本依据。

0 ℃界限温度：春季日平均气温稳定通过 0 ℃，表示寒冷已过，土壤开始解冻，积雪开始融化，草木开始萌动，各种田间耕作等开始作业。秋季日平均气温低于 0 ℃，表示土壤开始冻结，农作物停止生长或开始枯黄，各种田间耕作停止。因此，日平均气温大于 0 ℃的持续期一般称为农耕期，可代表一个地区广义的可能生长期或生长季。

3 ℃界限温度：春季日平均气温稳定通过 3 ℃时，冬小麦、韭菜等农作物开始返青，春小麦开始播种。秋季日平均气温下降到 3 ℃以下时，大部分作物停止生长，大秋作物开始变黄。因此，日平均气温在 3 ℃以上的持续时期可称为喜凉作物的生长期。

5 ℃界限温度：春季日平均气温稳定通过 5 ℃时，早春作物开始播种，多数作物和果树开始恢复生长。秋季日平均气温下降到 5 ℃以下时，作物生长缓慢。因此，日平均气温在 5 ℃以上的持续时期称为植物的生长期。

10 ℃界限温度：春季日平均气温稳定通过 10 ℃是各种喜温作物开始播种和生长的临界温度，秋季日平均气温下降到 10 ℃以下时，喜温作物生长速度变缓。因此，日平均气温大于 10 ℃的持续期称为喜温作物的生长期或作物活跃生长期，大于 10 ℃积温可用来评价热量资源对喜温作物的满足程度。

15 ℃界限温度：日平均气温稳定通过 15 ℃的初日是喜温作物开始积极生长的日期，大部分农作物进入旺盛生长期。秋季日平均气温低于 15 ℃时，对贪青作物灌浆和成熟都不利。故日平均气温大于 15 ℃的持续时期称为喜温作物的活跃生长期。

20 ℃界限温度：日平均气温达 20 ℃以上时，对水稻、玉米、高粱和大豆的开花、授粉及成熟才有利，20 ℃的始期正是水稻分蘖迅速增长的开始日期，而 20 ℃的末期与水稻的安全齐穗期有关。因此，20 ℃界限温度是喜温作物光合作用最适温度的下限。

2.1.1.3 积温

积温是某一时段内逐日平均温度的总和。它是研究作物生长、发育对热量的要求和评价热量资源的一种指标。研究温度对作物生长、发育的影响，既要考虑温度的强度，又要注意到温度的作用时间。在一定的温度范围内，当其他环境条件基本满足时，作物的发育速率主要受温度的影响。积温通常分为活动积温和有效积温两种，此外，还有负积温、地积温等。

活动积温：一般简称为积温。指大于某一临界温度的日平均气温之和，如≥0 ℃积温、≥10 ℃积温等。对于某种特定的作物，完成某一生长发育阶段或完成整个生长发育过程，一般情况下所需的积温为一相对固定的数值，因此，可根据积温的变化来开展发育期和成熟期的预报。

有效积温：指扣除了生长发育下限温度和上限温度后，对农作物生长发育有直接效应的那部分温度之和。

负积温：指小于 0 ℃或低于生长发育下限温度的日平均气温的累积值。一般用于研究作物受低温冷害影响的程度、越冬作物的抗寒能力以及作物（特别是冬小麦）经受寒冷锻炼的程度等。

地积温：指某一深度的土壤日平均温度累积值。由于作物刚播种时主要受土壤环境温度的影响，因此，在作物苗期，利用地积温比积温更有意义。所以，在研究作物生长发育与积温的关系时，一般在苗期用地积温，此后再用有效积温或活动积温。

2.1.1.4 温度与农业气候区划

李世奎等（1988）将我国农业气候区分为 3 级。第 1 级：农业气候大区。主要反映大农业发展方向的基本气候差异，将我国分为东部季风农业气候大区、西北干旱农业气候大区和青藏高寒农业气候大区。第 2 级：农业气候带。通过划分具有显著地带性的农业热量带，反映合理安排种植制度、农业发展布局和经济商品生产的主要气候条件。我国共分为 15 个农业气候带。

2.1.1.5 温度与作物品种布局

同一种作物的不同品种从播种到成熟对热量资源的要求有较大差异。简单地说，就是早熟品种需要的热量少，而晚熟品种要求的热量资源多。这就要求农作物品种安排必须依据当地的热量资源数量来确定。

以东北地区春玉米来说，种子萌发的生物学下限温度一般为 8 ℃，也就是说，当日平均气温稳定通过 8 ℃时，玉米可以开始播种，若播种过早，种子不能萌发，若播种过晚，会造成热量资源的浪费。播种至出苗所需≥8 ℃积温为 100 ℃ · d，品种间差异较小。但出苗后不同品种的生长发育对热量资源的要求就有明显差异。研究表明，在抽雄期形成的叶片数（由于某一品种玉米的叶片数是相对固定的，因此，玉米叶片数的多少可以表示玉米的品种属性，早熟品种的叶片数少，晚熟品种的叶片数多）和同期大于等于 10 ℃的有效积温存在明显的线性关系：

$$Y=30.2X+31.8 \tag{2.1}$$

式中 Y 为出苗—抽雄所需≥10 ℃的有效积温；X 为玉米品种的叶片数。

2.1.1.6 温度对农作物生长发育的影响

温度对农作物生长发育的影响是十分复杂的，温度偏高或偏低对农作物的生长发育都会产生不利的影响，只有在一个适宜的温度范围内，对农作物的生长发育才最有利，有利于形成高产。一般来说，温度对农作物的影响可以用温度订正系数来表示。但由于不同的研究者对这方面的理解不同或研究的对象不同，采用的温度订正系数的模式也有较大的差异。一般有分段线性形式、指数形式、抛物线形式等。

2.1.2 温度异常引起的灾害类型

温度异常引起的灾害类型从大的方面分为两类，即由温度偏高引起的高温灾害和温度偏低引起的低温灾害。高温灾害又可分为夏季高温热害、秋末冬初的高温危害、暖冬危害等；低温灾害又可分为低温冷害、冻害、寒害等。

2.1.2.1 夏季高温热害

夏季高温热害是指夏季温度持续偏高（同时空气湿度较低），导致农作物生长或发育受阻，并最终影响农作物产量的现象或过程。夏季高温热害主要影响水稻、玉米、棉花、大豆以及果蔬等作物。如在 7 月下旬至 8 月上旬遭遇连续日平均气温≥30 ℃、日最高气温≥35 ℃，同时极端最高气温≥38 ℃、相对湿度≤70%，会使水稻孕穗后期的部分颖花发育畸形，扬花水稻影响花药开裂及花粉活力，抑制花粉管伸长，造成受精不良、结实率降低，从而造成减产或严重减产。玉米抽穗开花期遭遇>35 ℃、空气湿度接近 30%的高温干燥天气，花粉常因迅速失水而干瘪，花丝枯萎，授粉不良，影响结实和产量。

2.1.2.2 秋末冬初的温度偏高危害

秋末冬初的温度偏高危害主要影响越冬作物，如冬小麦、油菜等。由于作物播种至作物停止生长前热量条件过多，作物冬前生长旺盛，抗御低温的能力降低，致使在冬季由于低温的作用，造成作物死亡的现象。由于这种影响在冬前或整个冬季都不易被人们发现，因此，这种灾害一般常被忽略，也没有受到足够的重视。

2.1.2.3 暖冬危害

暖冬是指冬季（12月—翌年2月）气温明显比常年偏高。暖冬的危害主要表现在以下几个方面：①暖冬造成主要农作物病虫越冬基数增加、越冬死亡率降低、翌年病虫害发生加重；②暖冬使病菌进入越冬阶段推迟，延长病菌冬前发展时间，有利于其侵染繁殖，增加越冬菌量，春季气温若回升快，病菌潜育期缩短，病情发展快；③暖冬造成病害发生期提前、为害期延长、危害程度加重；④暖冬加快了害虫的发育和繁殖速度，繁殖代数将增加；⑤暖冬减弱了越冬作物的抗低温能力，使作物遭受晚霜的危害加重。

2.1.2.4 低温冷害

农作物低温冷害是指温度在0 ℃以上的低温灾害，在我国各地不同作物上都有可能发生。如东北地区的夏季低温冷害、南方春季的倒春寒、秋季的寒露风以及华南冬季的寒害等。根据影响性质的差异，低温冷害又分为延迟型冷害、障碍型冷害和混合型冷害。延迟型冷害是指作物整个生长季中由于热量资源不足，致使作物生长减缓，不能正常成熟，从而影响到作物产量；障碍型冷害是指在作物的抽穗开花期，由于温度极端偏低，使作物不能正常开花授粉，或授粉受阻，严重影响结实率，最终导致减产的现象；混合型冷害是指作物生长过程中同时遭受延迟型冷害和障碍型冷害，一般情况下，混合型冷害对作物的影响最严重。

2.1.2.5 冻害

冻害是指农作物遭受0 ℃以下低温影响的低温灾害，在我国大部分地区都有可能发生。主要分为霜冻和越冬期冻害。霜冻通常是指植物体内温度下降至0 ℃以下，使植物体内水分发生结冰后，植物细胞所受的水分、机械、渗透胁迫作用超越了植物细胞本身的承受能力，并当气温回升后依然不能恢复而造成伤害或死亡的现象。由于霜冻的发生不仅与最低温度有关，而且与低温的持续时间、作物种类以及作物所处的发育期等都有关系，因此，霜冻指标的确定仍有一定的难度。越冬期冻害是指作物在越冬期间，因长时间处于 0 ℃以下低温环境而丧失生理活动能力，造成植株受害或死亡的现象，常发生的有越冬作物冻害、果树冻害、经济林木冻害等。

2.1.2.6 华南寒害

与低温冷害类似，寒害是指温度不低于 0 ℃，因气温降低引起物种生理机能上的障碍，从而使植物遭受损伤的农业气象灾害。但寒害一般特指华南热带、亚热带植物，因此，通常又称为华南寒害。在《香蕉、荔枝寒害等级》（霍治国等 2007）标准中，界定了“寒害过程”即热带、亚热带植物遭受寒害危害的临界温度开始到结束的过程，并提出了 4 个寒害致灾因子：①最大降温幅度；②极端最低气温；③日最低气温≤5 ℃的持续日数；④日最低气温≤5 ℃的积寒。

2.1.3 减灾思路与途径

调控由温度异常引起的农业气象灾害的主要思路是通过改变环境的温度状况或通过调节植物体的温度状况来进行，同时，也可以通过农业技术措施的调整来减轻其对作物生长发育的影响。

2.1.3.1 高温灾害的减灾思路与途径

（1）水稻等大田农作物。可通过调整种植制度、作物布局，选择耐高温品种等，使农作物的抽穗开花期避开高温天气频发阶段，如调整水稻的播种期等；掌握抽穗开花期的水层管理，通过土壤水分来调节环境温度，能有效地减轻高温天气对农作物的危害，一般采取日灌夜排，以利于作物的灌浆，使作物子粒饱满；在发生高温天气时通过喷施 3%的过磷酸钙或 0.2%的磷酸二氢钾溶液等，也有显著的减轻高温热害的作用。此外，对于已经发生高温热害的田块，要加强田间管理和病虫害防治，以确保弱势花灌浆结实。

（2）蔬菜类作物。要避免播种过迟，并加强前期管理，促使植株枝叶繁茂，以减轻日晒，苗壮也可以提高对高温的抵抗力；套种高秆作物可以起到遮阴的作用，能有降温的效果；另外，利用某些药剂（如对氧苯钾乙酸）溶液喷花可以防止茄果类落花。

（3）果树作物。主要是预防果树日灼。夏季可以采取果园灌溉及果园保墒措施，增加果树水分供应，满足果树生长发育对水分的需求；在果面喷施波尔多液或石灰水，也可以减轻日灼病的发生。

（4）秋季高温。要根据中长期天气预报，在秋冬季节热量丰富的年份，冬小麦要适时晚播，避免入冬前作物生长过旺。

（5）暖冬。针对暖冬可能出现的危害，在暖冬可能出现的年份，越冬作物要适当晚播，减少冬前有效积温，控制冬前作物生长量，避免初春早霜的不利影响。此外，由于暖冬增加了病虫基数，一般会使病虫发生时间提前，繁殖代数增加，因此，要提前做好病虫害的监测预测和防治工作。

2.1.3.2 低温灾害的减灾思路与途径

（1）延迟型冷害。通过增加整个生长季的热量资源或缩短作物的生育期可有效减轻延迟型冷害的影响。其主要途径有：①做好农作物适宜播种期预报，及时早播，充分利用前期的热量资源；对于热量不足的低温年份，选择生育期较短的早熟品种，可以保证农作物正常成熟。②在农业技术措施方面，可以采用地膜覆盖播种和育苗移栽等方法，不但可以保证作物比常规方法提前播种，而且可以增加土壤温度和墒情；要根据当地的热量资源状况，做好品种布局安排，切忌盲目推广和使用晚熟品种。③在低温年份，也可对作物喷施抗低温助长剂，加强农田管理，促进作物生长，以减轻低温对作物的影响。

（2）障碍型冷害。障碍型冷害主要指水稻生殖生长期遭受短时间异常低温使花器的生殖机能受到破坏，造成颖花不育，出现大量的空壳，而使作物大幅度减产。因此，防御障碍型冷害应从以下几方面着手：一是提高水温和地温，在障碍型冷害敏感期采用回水灌溉和深水灌溉；二是增施磷肥，提高水稻体内可溶性糖的含量，增强作物抗御低温的能力，还可促进早熟；三要根据当地的热量资源状况，做好品种布局安排，切忌越区种植晚熟品种；四要加强田间管理，做好病虫害防治。

（3）霜冻灾害。目前，防御霜冻灾害的方法主要有3类。一是物理方法，如熏烟法：预先在将要发生霜冻的晴夜里熏烟，燃烧放热可增温；烟幕笼罩在农田上空，防止地面热量的扩散，同时由于烟幕的存在，地面有效辐射减弱，气温下降幅度减少；在形成烟幕的时候有许多吸湿性微粒产生，空气中的水汽在微粒上凝结放出潜热，也有助于温度提高。二是农业技术措施，如灌溉法：在霜冻来临的前一天，在作物田间灌水，把较温暖的水灌入农田里，使土壤热容量增加，同时提高了低层空气的温度，缓和了温度下降，从而达到防霜的目的。覆盖法：适用于种植面积较小的蔬菜及瓜类，在霜冻来临前，用不同的覆盖物盖在防冻作物上面，既防止外面冷空气的侵袭，又能减少土壤热量的散失。三是化学方法，喷施各种防霜剂、抗霜剂能有效地防御霜冻的危害。

（4）越冬期冻害。为了防御冻害，宜根据当地温度条件，选用抗寒品种，并确定不同作物的种植北界和海拔上限。防冻的栽培措施包括越冬作物适时播种、播种深度适宜、在北界附近实施沟播和适时浇灌冬水，果树夏季适时摘心、秋季控制灌溉、冬前修剪等。各种形式的覆盖，如葡萄埋土、果树主干包草、柑橘苗覆盖草帘和风障，以及经济作物覆盖塑料薄膜等，也有良好的防冻效果。

（5）华南寒害。寒害的防御要根据不同时间采取不同措施。①冬前：在晴朗天气用石灰浆或石灰浆加硫酸铜涂树木的主干，可以保温、防病、防虫；冬季用稻草或茅草围住树干防寒，春季天气转暖后除掉稻草或茅草并烧毁，以减少病虫害。②寒潮来临前：根据天气预报，在寒流到来时点燃草垒（无明火）放烟防寒。也可喷施磷酸二氢钾、腐植酸或其他植物抗寒剂提高植株抗寒能力。③霜后用地下水喷雾除霜，减轻霜冻危害。

2.2 作物低温冷害

2.2.1 概念与发生概况

2.2.1.1 低温冷害的概念

低温冷害是指农作物生育期间，某一时期或整个生育期间的气温低于作物生长发育要求，引起农作物生育期延迟或生殖器官的生理机能受到损害，从而造成农业减产的一种自然灾害。由于不同地区农作物的种类不同，或者同一农作物在不同的发育时期，对温度条件的要求也不同，因此，低温冷害具有明显的地域性。

2.2.1.2 低温冷害发生概况

（1）夏季低温冷害。东北地区农作物产量与5—9月的气温相关性最好。统计结果表明，农作物生长期（5—9月）积温比历年平均值偏低50 ℃·d，便会造成粮食减产，为一般冷害年，发生几率约4年一遇；偏低100 ℃·d，则为严重冷害年，平均减产幅度约8.3%，发生几率约为7年一遇。

东北地区低温冷害具有一定的准周期性和群发性。在暖期低温冷害发生频率低，在冷期发生频率高，形成冷害群。据统计，近90%的严重低温冷害年和70%的一般低温冷害年都集中在冷期，在冷期约2年就可发生一次低温冷害，4年发生一次严重低温冷害。

按冷害的轻重程度将东北地区划分为4个冷害区。①极重冷害区：冷害频率为30%～40%，包括黑龙江北部的黑河地区、伊春山区、三江平原北部和吉林省长白山区。②重冷害区：发生频率为30%左右，包括黑龙江中南部、吉林省的吉林和通化的半山区及延边盆地。③中等冷害区：发生频率为

20%～25%，包括吉林省的长春、四平、白城等地及黑龙江的西南部和辽宁省的东部地区。④轻冷害区：发生频率在20%以下，主要在辽宁省的中部、西部和南部。

（2）春季低温冷害。春季低温冷害是引起我国南方地区早稻烂秧和死苗的主要灾害性天气。这种低温天气的时空分布有以下规律：①低温频率和降温强度随时间推移自北向南减小、减弱，降温地区也逐渐缩小。早稻育秧期（2月中旬至4月上旬），日平均气温连续3天小于10 ℃的低温（倒春寒指标）出现频率在广州为平均每年1次，武汉平均每年为2～3次，上海平均每年多于3次。②地形影响显著。秦巴山脉的屏障作用使四川盆地比同纬度其他地区的低温出现频率低30%～50%，成都和上海纬度接近，但成都在早稻育秧期连续3天小于10 ℃的低温出现频率平均每年只有1～2次。③根据育秧期各地区低温出现频率，对照生产中播种时间，岭南地区在2月中、下旬至3月上旬，低温出现频率平均为10%左右；四川盆地在3月下旬至4月上旬，低温出现频率为10%～20%；东部沿海地区在3月下旬至4月上旬，低温出现频率为30%～70%；内陆地区平均为15%～40%。

（3）秋季低温冷害。秋季低温冷害主要影响南方稻区水稻开花授粉，影响结实率。主要特点是：①出现日期：基本上自高纬度向低纬度、自内陆向沿海逐渐推迟，丘陵山区自低海拔向高海拔明显提早。分析表明，日平均气温小于22 ℃（杂交稻低温指标）的出现日期平均随纬度升高1°而提早4天。天目山区的观测资料表明，随海拔高度升高100 m，低温出现日期平均约提前5天。②历年第一次低温受纬度、地形的影响大，受海陆分布的影响小。徐州秋季低温出现最早在9月第1候，几率为3%，最晚在10月第1候；上海和武汉秋季低温出现高峰在9月第6候；成都低温出现频率高的时段为9月第3候和第5候；广州和南宁秋季低温出现的集中时段在11月第1候，南宁因地形影响，最早出现日期在9月第6候，而广州在10月第5候。③山区秋季低温随海拔高度的变化远大于纬度、海陆分布带来的变化。

2.2.2 致灾机理与成因

2.2.2.1 生理过程受阻

低温导致叶绿体中蛋白质变性，生物酶的活性降低，甚至停止，使根部吸收水分减少而导致气孔关闭，吸氧量不足，抑制光合作用效率。如在低温条件下，玉米过氧化氢酶、过氧化物酶、同工酶等的活力都呈下降趋势。低温使PEP羧化酶调节特性减弱，是导致C_4植物在低温条件下光合作用速率急剧下降的原因之一。同时，这种现象在植物体内发生则可导致机体的代谢紊乱，最终影响作物的正常生长发育并造成伤害。

2.2.2.2 呼吸强度降低

水稻生育过程中温度从适宜温度下降 10 ℃，其呼吸作用要下降 1.5～2.2 倍，在低温条件下呼吸作用效率要比光合作用效率降低明显；根吸收矿物元素的能量来自于呼吸作用，低温使根呼吸作用减弱，也可导致植株营养物质的吸收率减弱，养分平衡受到破坏；低温影响了光合产物和营养元素向生长器官的输送，因此，生长中的器官因养分不足和呼吸作用减弱而变得弱小、退化、死亡。

2.2.2.3 作物生理失调

水稻根部在低温条件下对矿物元素的吸收会减少，但由于矿物元素从根部向叶片运转减少，并且根重增长率也下降，因而使某些不利于生长的元素在根中的含量不正常地增加，地上部分的含量不正常地减少；低温使碳水化合物从叶片向生长着的器官或根部运转减少，使这些部位的含量降低。如正在进行光合作用的叶片在低温条件下光合产物在叶片的时间较长，并消耗于呼吸作用，从而使这些物质向其他部位的运转减少，造成叶片光合产物的分配失调。

2.2.2.4 生长受阻

低温对农作物生长的影响首先表现为光合作用速率的降低，温度越低，持续的时间越长，光合作用速率下降得越明显。在 6 ℃低温条件下处理 3 天，玉米的光合作用已低于呼吸消耗，净光合速率表现为负值，10 ℃条件下比 20 ℃条件下降低 54%。此外，由于光合作用的下降，导致作物的生长量明显不足，使叶面积明显减小，株高、叶龄、干物重等生长指标降低，并最终使作物的产量下降。

2.2.2.5 机械损伤

低温条件下植物的细胞膜系统容易遭受破坏。细胞膜受到伤害的具体表现是，在低温条件下作物的电导率显著增大，主要是由于细胞膜破坏后，细胞质大量外渗的结果。这种损伤在 0 ℃以下低温条件下更为明显，由于细胞结冰所产生的压力，很容易使作物的细胞膜破裂，从而使细胞受损，影响作物正常的生理过程。

2.2.3 北方作物低温冷害

2.2.3.1 作物低温冷害指标

丁士晟（1980）在研究东北地区粮豆生产低温冷害的温度指标中，以

5—9月的月平均气温和的负距平 ΔT_{5-9} 作为冷害年的温度指标。研究认为，长春的热量状况可以代表整个东北地区的平均状况，通过对长春的热量条件和粮豆产量的丰歉分析得出：长春 5—9 月的月平均气温和小于 91.4 ℃、距平−3.3 ℃或 5—9 月≥0 ℃的积温少 100 ℃·d 可作为严重低温冷害的指标；而长春 5—9 月的月平均气温和在 91.4—93.3 ℃之间为一般低温冷害年；长春 5—9 月的月平均气温和在 93.4—94.6 ℃之间为稍冷年。

后来王书裕（1995）深入研究 T_{5-9} 负距平与东北各地减产率之间的关系，发现在同一个低温冷害年，虽然 ΔT_{5-9} 的负值相同，但它所引起的减产程度却因各地 T_{5-9} 多年平均值 $\overline{T}_{5-9}$ 的高低而不同，并且得出各地不同 $\overline{T}_{5-9}$ 水平下的低温冷害年温度指标（表 2.2）。

表 2.2　东北地区不同热量条件下的低温冷害指标

	T_{5-9}（℃）	80.0	85.0	90.0	95.0	100.0	105.0
ΔT_{5-9}（℃）	一般冷害	−1.1	−1.4	−1.7	−2.0	−2.2	−2.3
	严重冷害	−1.7	−2.4	−3.1	−3.7	−4.1	−4.4

资料来源：王书裕，1995

毛飞等（1999）在研究东北地区低温冷害区域分布时又根据热量资源随纬度和海拔高度的变化特点，建立了一般低温冷害和严重低温冷害指标的计算式：

一般低温冷害指标：

$$Y=-8.6116+0.1482\,(X+0.0109H) \tag{2.2}$$

严重低温冷害指标：

$$W=-18.3029+0.3270\,(X+0.0109H) \tag{2.3}$$

式中 Y 和 W 分别为一般低温冷害指标和严重低温冷害指标（℃）；X 为纬度（°）；H 为海拔高度（m）。

但上述低温冷害指标并没有与农作物的生长发育状况对热量条件的需求直接结合。因此，郭建平等（1999）根据东北春玉米生长发育与热量条件的关系，提出了热量指数的概念，并在此基础上确定了玉米低温冷害指标（表 2.3）。

表 2.3　东北不同地区玉米热量年型指标

地区	辽宁	吉林	黑龙江	东北全区
偏冷年	≤0.836	≤0.714	≤0.604	≤0.749
偏暖年	≥0.891	≥0.736	≥0.661	≥0.684

资料来源：郭建平等，1999

棉花是新疆农业的支柱产业，低温冷害是影响新疆棉花产量和品质的主要农业气象灾害。傅玮东（2001）以日平均气温≤12 ℃且连续 3 天以上作为冷害指标，研究新疆棉区16个站点春季低温冷害对棉花播种及苗期棉苗生长的影响，并以此确定全疆各棉区的最佳播期。

据李新建等（2005）的研究，新疆各棉区气候产量和各类积温的关系密切，以年积温作为具体指标可以反映新疆棉区的延迟型冷害年。构建了针对新疆主要棉区棉花生长的热量指数计算方法，并且计算了北疆棉区棉花各个生长阶段的热量指数。此棉花热量指数有较好的生物和物理学意义，计算简单，使用方便，能为棉花种植区划和品种布局提供比较客观的定量依据，全生育期的热量指数很好地反映了棉花延迟型冷害的发生情况和程度，阶段性热量指数也较好地反映了棉花阶段性冷害的发生情况和程度。

2.2.3.2 作物低温冷害监测技术

（1）遥感监测技术。卫星遥感具有范围广、周期短、信息量大和成本低的特点，卫星遥感资料应用于灾害监测或损失评估时有以下特点：①遥感数据为面数据；②可获取多时相信息；③具有较高的时间和空间分辨率；④多光谱；⑤数字化存储；⑥信息的积累和处理不妨碍数据的进一步观测和收集；⑦可获得遥远无人区或偏僻区域的信息；⑧一旦遥感监测网建立，则数据的观测费用可大大降低。

（2）作物发育期变化的监测技术。农作物的生长发育对温度的要求较为敏感，当环境气温低于作物生长发育的适宜温度时，其生长速度会下降，高温会加速作物的发育。农作物的发育过程是有规律的各个阶段的连锁效应，只有完成前一个阶段，才能顺利进入下一阶段。因此，任何发育阶段的低温都会使发育期延长，发育期出现时间推迟。当然，前期造成的发育期延迟有可能会被后期的高温所补偿。因此，通过对发育期的观测可监测作物的低温冷害。

（3）作物生长量变化的监测技术。低温冷害是由于温度偏低，使作物的光合作用强度降低，单位时间内积累的干物质减少，而造成农业减产。因此，低温冷害对作物生长及影响程度的监测，实际上就是对生物量累积的监测。当评价各发育阶段温度对产量的影响时，只要有该时段的平均气温即可得到该时段干物质累积量，即可比较分析温度对产量的影响。

2.2.3.3 作物低温冷害预测技术

（1）时间序列分析方法。时间序列分析方法是农业气象灾害预报中比较常见的一种预测方法。通常有EOF分析方法、自然正交分解（EOR）和旋转自然正交分解（REOF）方法、灰色系统理论中的拓扑预测方法、能够描述低温灾害指标变量的非线性和突变性的门限回归模型（TR）等。

（2）指标预测方法。农作物生长季的热量状况往往与前期的大气环流形势有关，通过分析历史上低温冷害年的大气环流形式，可以找出低温冷害年的前期相关指标，根据前期出现的大气环流特征值与低温冷害年的指标进行对比，可以判别低温年出现的可能性。

（3）植物物候预测方法。植物物候现象是温度等生态因子的综合反映，相反，植物物候期的迟早可以反映温度的高低。因此，可以根据当年其他指示性植物某个物候现象出现的早晚来诊断和预测农作物生长季气温的高低。

（4）统计预测方法。统计预测方法具有方法简单、使用方便、数理基础好、可操作性强等特点，在农业气象工作中得到广泛的应用。但时，统计方法机理不够明确，反演虽好，但外延差，又有很大的局限性。统计预测方法的关键是选择好具有显著生物学意义的预测对象，在低温冷害的预测中，一般以生长季（或某个生长时段）的平均气温或能表示热量多少的指数（指标）（如≥10 ℃积温、热量指数等）与前期的预报因子（如大气环流指数等）建立回归模型，从而实现对低温冷害的预测。

（5）作物生长模型预测方法。基于作物模型的预测方法是农业气象灾害预报的一个重要发展方向，它能够弥补统计预测模型解释性较差、预报效果不稳定、缺少与作物生长过程和生理特性的联系等不足之处。刘布春（2003）等利用大量实验资料，对 D. W. Brown 的玉米热量单位法发育模型进行了改进。分析结果表明，改进后的模型所计算的发育指标比积温法、钟模型和玉米热量单位法等更加稳定，更适合对东北地区玉米发育期进行模拟。这为利用农作物生长模型开展低温冷害的预测研究提供了基础。

2.2.4 南方水稻低温冷害

2.2.4.1 水稻低温冷害的指标

（1）寒露风指标。寒露风（秋风）是指每年 8 月至 9 月上旬，凡出现日平均气温≤20 ℃，并持续 2 天或 2 天以上的时段。凡达到寒露风天气过程标准，持续 2～3 天，为轻级寒露风；持续 4～5 天为中级寒露风；持续 6～8 天为重级寒露风；持续 9 天以上为特重级寒露风。李艳兰等（1999）研究认为，影响杂交稻的寒露风标准为日平均气温≤22 ℃且连续 3 天以上，其中 3～4 天为轻级寒露风；5～6 天为中级寒露风；7 天以上为重级寒露风。

（2）倒春寒指标。每年的 3 月下旬至 4 月底，凡出现日平均气温≤10 ℃，并持续 3 天以上的时段（其中第 4 天开始，允许有间隔 1 天的日平均气温≤10.5 ℃），定义为倒春寒天气过程。凡达到倒春寒天气过程标准，持续时间为 3～4 天，称为轻级倒春寒；持续时间为 5～6 天，称为中级倒春寒；持续时间为7～9天，称为重级倒春寒；持续时间大于10天为特重级倒春寒。李艳兰等(1999)在研究广西气候灾害时提出了2个指标，指标1：日平均气温≤12 ℃且连续3天以上（如中间有12～14 ℃日数≤2天，仍作连续过程，但不计入总天数）；指标2：日平均气温≤14 ℃且连续7天以上（如中间有大于14 ℃日数≤2天，仍作连续过程，但不计入总天数）。若≤12 ℃总日数为3～4天或≤14 ℃的总日数为7～8天，称为轻级倒春寒；≤12 ℃总日数为5～6天或≤14 ℃的总日数为9～10天，称为中级倒春寒；≤12 ℃总日数大于7天或≤14 ℃的总日数大于11天，称为重级倒春寒。

刘传凤等（2001）在研究南方春季低温冷害时，采用各站逐年2—4月平均气温分别进行标准化处理，获得服从正态分布的标准化序列，然后将春季气候条件划分为9级（表2.4），并规定大于等于6级为低温冷害年。计算公式为：

$$Z_{ij}=\frac{x_i-\bar{x}}{\sigma_x} \tag{2.4}$$

$$\sigma=\sqrt{\frac{1}{n}\sum_{i=1}^{n}(x_i-\bar{x})^2}$$

式中 $i=1, 2, 3, \cdots, n$（年）；$j=1, 2, 3, \cdots, m$（站）；$\bar{x}$ 为1961—1990年的平均值；σ 为标准差。

表2.4 南方春季冷暖指标

Z值	等级划分	气候类型
$Z\geqslant2.0$	1	异常暖
$1.645<Z<2.0$	2	特暖
$1.037<Z\leqslant1.654$	3	暖
$0.542<Z\leqslant1.037$	4	偏暖
$-0.542<Z\leqslant0.542$	5	正常
$-1.037\leqslant Z\leqslant-0.542$	6	偏冷
$-1.645\leqslant Z<-1.037$	7	冷
$-2.0\leqslant Z<-1.645$	8	特冷
$Z\leqslant-2.0$	9	异常冷

资料来源：刘传凤等，2001

通过对实况气象条件与低温冷害（寒露风或倒春寒）指标的对比分析，可以开展寒露风或倒春寒天气过程的监测。

2.2.4.2 水稻低温冷害的预测方法

对水稻倒春寒或寒露风的预测研究目前仍较少，一般情况下，将倒春寒或寒露风指数序列作为预报对象，通过寻找前期预测信号并进行标准化后，建立相应的统计预测模型。

武文辉等（2002）通过对倒春寒与前期各要素进行相关分析后发现，倒春寒与前期环流异常变化存在较好的遥相关关系。经进一步研究找到了倒春寒短期气候预测的5个预测信号：①上年5—6月北太平洋西北部海温与贵州倒春寒指数的相关系数达−0.436。当该时间段内海温偏低，对应下一年有倒春寒，反之无倒春寒。②上年7—8月500 hPa低纬Ⅵ区高度与贵州倒春寒指数的相关系数达0.439。当该时间段内高度偏高，对应下一年有倒春寒，反之无倒春寒。③上年9月印缅低槽指数与贵州倒春寒指数的相关系数达0.445。当该时间段内指数偏高，对应下一年有倒春寒，反之无倒春寒。④上年7—11月北美东岸大槽南段指数与贵州倒春寒指数的相关系数达0.462。当该时间段内指数偏高，对应下一年有倒春寒，反之无倒春寒。⑤上年11—12月北美副热带高压面积指数与贵州倒春寒指数的相关系数达0.452。当该时间段内指数偏高，对应下一年有倒春寒，反之无倒春寒。通过对上述5个预测信号因子序列标准化处理后，建立了倒春寒指数的定量预测模型。

2.3 小麦霜冻害

2.3.1 概念与发生概况

2.3.1.1 霜冻概念

霜冻是我国农业生产上的重大灾害之一，对小麦、秋粮、果树、蔬菜等许多作物都能造成严重的危害。

在气象学中，霜是一种天气现象，指大气中的水分在0 ℃以下的环境中凝结成白色冰晶的现象。霜冻则是一种零下低温灾害，指作物生长期间土壤或作物冠层附近的最低气温降到0 ℃以下，使作物体内结冰，生理活动受到损害，或器官与组织受到冰晶挤压发生机械损伤的现象。有时地面或叶面上虽然出现了白色冰晶即白霜，但植株体温并未下降到受害的临界温度以下，并没有发生霜冻灾害。有时由于空气中的水汽不足，虽然气温和植株体温均已降到零下，但并没有出现白霜，而植株仍然能够出现受害的症状，农民称之为“黑霜”，仍属霜冻的范畴。

霜冻与冻害的区别在于，冻害通常指作物处于越冬前后的休眠或半休眠状态时，在强烈零下低温及变温下受到的伤害，而霜冻通常发生在作物活跃生长期间，受到接近0 ℃的零下低温危害。冻害虽然具有突发的因素，但基本上是一种累积型农业气象灾害，而霜冻是一种突发性农业气象灾害。

2.3.1.2 小麦霜冻的类型

小麦霜冻的类型有多种划分方法。按照霜冻形成的天气条件，可分为辐射型霜冻、平流型霜冻和混合型霜冻三类。

辐射型霜冻是地面和小麦叶面在夜间强烈辐射散热降温形成的，又称"静霜"。由于天晴无风，日出后迅速升温，霜冻的持续时间较短，但受害较重。有时可以连续几个夜晚出现霜冻。不同地形特征和土壤条件霜冻程度可有很大差异。

平流型霜冻是直接由冷空气侵入引起，又称"风霜"，受害区域大，可以日夜连续，持续时间长，通常可达数日。地形和土壤对霜冻程度的影响较小，只是迎风面受害要明显重于背风面。

混合型霜冻是冷空气侵入降温后，傍晚风停云散，加上夜晚的强烈辐射降温形成霜冻，生产上危害较大的霜冻多属此种类型。

按照霜冻发生时叶面有无冰晶层出现，农民分别称为"白霜"和"黑霜"。后者由于没有出现白色冰晶，往往具有一定的隐蔽性，但其危害一般要比有白霜时更大。

在气候学上主要是按照霜冻发生的季节和顺序划分为春霜冻（晚霜冻）、秋霜冻（晚霜冻）、初霜冻、终霜冻等。在温带的大部分地区，春季的最后一次霜冻称为终霜冻，秋季的第一次霜冻称为初霜冻。前者由于植株抗寒性随着气温升高已明显减弱，受害一般要重于春季发生较早的霜冻；后者因植株仍处于活跃生长状态或抗寒锻炼尚未开始，受害也要重于秋季较晚发生的霜冻。但有些高纬度或高海拔地区夏季也可能发生霜冻，南亚热带地区则仅在冬季发生，在这些地区就没有明显的初、终霜冻之分。

2.3.1.3 小麦霜冻灾害发生概况

由于大陆性季风气候季节变化与年际变化大的特点，我国是世界上霜冻灾害比较严重的国家，一年四季在我国大部分地区都有可能发生霜冻，危害的作物也有多种。

我国对于霜冻早在3 000多年前的商代甲骨文中就有记载。1 900多年前最早的一本农书——《氾胜之书》中还记述了拉绳刮霜的方法。1 400多年前的《齐民要术》第32篇已有熏烟防霜的记载。

新中国成立以来，小麦霜冻损失最大的是1953和1954年。1953年4月10—12日山西、河北、山东、河南、陕西等省的大部和苏北、皖北发生严重霜冻，受灾面积超过350万 hm^2，死苗率一般为10%～30%，严重的地块达

100%。1954年4月20日山西、河北、山东三省南部和豫北、苏北、皖北再次发生严重霜冻，山西、山东受害面积都在66万hm^2以上。河南早播的春性品种幼穗冻死20%～40%。重灾区的减产幅度可达30%～70%。1995年4月到5月初黄河流域再次发生严重的小麦霜冻，受灾面积580万hm^2。

2.3.1.4 小麦霜冻害的症状

小麦在返青后发生早春霜冻害时外部症状不明显，主要表现为叶尖冻枯，叶片基部和叶鞘一般不会受冻。较强的冷空气袭击可造成主茎和大分蘖的幼穗受害而不能抽穗，但一般不会造成全株的死亡。如及时补救，受冻株的小分蘖还可以继续生长并成穗。严重受冻的潜伏分蘖芽也可以萌动生长，甚至能抽穗并获得一定的产量。由于返青至起身期，小麦冬前锻炼所形成的抗寒性仍未丧失，冬性不同的品种之间抗寒性仍有较大差异，需要相当低的温度才能造成严重的伤害，也有人认为这时小麦所受的冻害应属越冬冻害，而不属霜冻害。

晚霜冻害通常指小麦在拔节以后发生的霜冻。由于小麦拔节以后，冬前锻炼形成的抗寒性已基本丧失，生长点也已露出地表，因此对低温更加敏感。受冻过程的开始是叶片表面结冰，逐渐传导到整株。叶片和叶鞘受冻后呈水渍状，回暖后融化，水分蒸发，叶色先呈浓绿，干枯后变白色。硬度的霜冻主要发生在叶尖和叶面向上弯曲部，严重的霜冻叶鞘和茎秆也都受害，直至全株枯死。幼穗的症状通常在外表看不出来，抽穗后才原形毕露，解剖镜检可发现受冻后也呈水渍状并萎缩，颜色浑浊。不同时期和冻害的程度不同，抽穗后的形态也各不相同。轻度受害的只是顶部小穗不孕，麦芒枯白弯曲。受害较重的只有部分小穗结实，严重的形成无颖空穗，只有穗轴。

2.3.2 致灾机理与成因

2.3.2.1 小麦不同生育时期发生的霜冻害

小麦属喜凉作物，抗寒性好于大多数作物。尤其是经过冬前抗寒锻炼后，冬小麦能够忍受零下十几摄氏度乃至更低的温度。但麦苗在冬前抗寒锻炼之前及春季解除锻炼之后的抗寒力不强，有可能遭受零下低温的危害。

小麦生产上的霜冻灾害有以下几种情况：

（1）春小麦苗期霜冻。小麦发芽出土后的幼苗期抗寒性较差，但冬小麦播种时气温尚高，不会发生霜冻害，存在霜冻威胁的主要是春小麦。出苗后如遇强冷空气，幼叶可受冻枯白。但由于小麦生长点还在地下，又受到叶丛的保护，即使地上部叶受到伤害，只要加强管理，能够很快恢复生长。

（2）拔节期霜冻。冬小麦到了拔节期，冬前锻炼所形成的抗寒性已基本丧失，这是小麦已进入旺盛生长时期，细胞液浓度迅速下降，生长点也逐渐伸出地表，如遇较强的零下低温袭击，可以发生霜冻害。轻则叶尖或叶面向上弯曲部冻枯，重则叶鞘、茎秆和幼穗受冻呈水渍状，更严重的可以整株冻死。拔节期霜冻是我国小麦生产上危害最大的霜冻类型，以黄河流域的发生最为普遍和频繁。

（3）孕穗期霜冻。孕穗期是小麦对外界环境胁迫最敏感的时期，特别是花粉母细胞四分体期。尽管这时外界气温已经较高，自然条件下极少出现强烈低温，但个别年份仍有可能出现 0 ℃左右的较低温度，足以导致花粉败育不孕。由于小麦是自花授粉植物，孕穗期花粉受冻后有时外表看不出任何症状，但抽穗后手持麦穗对着阳光可以发现不孕小穗明显发亮。有的受冻小穗还张开颖壳，如遇其他植株散出的花粉，也可能部分授粉重新结实。1953 年 4 月霜冻后，山西运城就发现正在抽穗的金裹银品种外观完好但不实率达 13%。1991 年北京市南郊农场也发现由于 5 月 2 日的轻霜冻，中部小穗的低位小花有 5.6%不孕。山东省农业科学院农业气象研究室调查 1983 年济南郊区小麦孕穗期在最低气温 1.3 ℃时，有 5%的小穗受冻不孕。

孕穗期小麦霜冻在我国西南、华南、长江流域的早播小麦和黄河流域都有可能发生，但一般情况下没有拔节期霜冻的危害严重。

（4）灌浆期霜冻。高寒地区春小麦灌浆期已到 8 月中下旬甚至 9 月上旬，有些年份可能遇到早霜冻的危害。以坐脐到满仁期为最敏感，子粒一旦受冻后常停止发育。受害轻的虽能灌浆但很缓慢，最终粒重可降低一半。乳熟期霜冻也可使灌浆变慢甚至停止。进入蜡熟期霜冻的影响变小。

2.3.2.2 小麦霜冻害的生理机制

小麦霜冻害是由于幼嫩组织的细胞结冰对植株生理功能造成的综合损害。

植物细胞在 0 ℃以下结冰有两种情况。一种是细胞内原生质结冰，可导致细胞的直接死亡，通常发生在喜温植物，对于耐寒植物则需要很强烈的低温才会出现这种情况。另一种是原生质和细胞液受冷脱水在细胞外结冰。这其实是耐寒植物的一种自我保护功能。原生质和细胞液脱水浓缩后有助于保持过冷却状态，免受低温的危害。当环境温度稳定回升时，细胞间隙的水分能够为原生质和细胞液所吸收而恢复细胞的膨压和原有的形状。小麦在受到零下低温影响时，一般不会发生细胞内结冰。在未经抗寒锻炼或锻炼已经完全解除的情况下再遇强烈低温，也有可能发生细胞内结冰，但这种情况在生产上一般不会出现。

细胞外结冰虽然对原生质具有一定的保护作用，但如迅速降温结冰膨胀，也有可能对原生质膜产生一定的机械损伤。细胞液过分浓缩也有可能使原生质中毒。低温与干旱相结合，使细胞间结冰的水分迅速升华丧失，也有可能使细胞在复温时不能恢复原有的膨压与形状。

细胞液与原生质的水分能够保持过冷却状态，甚至到零下十几摄氏度、二十几摄氏度仍不结冰的原因现在还不很清楚，但细胞液与原生质中含有氨基酸、甘油和有机酸等保护物质是一个重要原因。

水从液态向固态转变除需要一定的温度与压力条件外，还需要冰核物质来催化。水从液态向固态转变的过渡状态为亚稳态，在 0 ℃以下仍不结冰的水称为过冷却水。亚稳态水中会自发形成极细小的冰晶簇，达到临界尺寸后就形成一个冰核，可以实现水从亚稳态向稳态冰的转变。但纯水要在－40 ℃的温度下才能自发形成同质冰核而结冰。一般的水由于存在异源物质的成核作用，过冷却的程度要轻得多。有些生物可以产生成核温度在－5 ℃以上的冰核，称为冰核生物，包括冰核细菌与冰核真菌两类。已有研究证明冰核细菌的存在导致了霜冻敏感作物的过冷却能力下降和不抗寒。以玉米、大豆、番茄、黄瓜和菜豆等植物做试验，结果表明喷施冰核活性细菌剂的，叶温达－2.5～－3 ℃就已发生严重霜冻，而无菌苗在－6～－7 ℃才发生霜冻。

2.3.2.3　影响小麦霜冻灾害的因素

小麦发生霜冻灾害，通常是植株对低温的抵抗力下降与外界较强低温共同作用的结果。

2.3.2.3.1　内因的影响

从内因看，品种抗寒性、发育阶段、植株高度、生长状况、养分平衡等都决定着小麦抗霜冻能力的强弱。

（1）品种与发育阶段。通常冬性强的品种春季穗分化较慢，对低温最敏感的阶段出现较晚，容易躲过霜冻危害。而冬性弱的品种容易在冬前或早春生长过旺，导致抗寒力的下降。但商丘市农业科学研究所的品种对比试验表明，在春性品种比半冬性品种晚播一周，3 月 20—24 日发生霜冻时的穗分化阶段稍晚，株高也稍矮于半冬性品种的情况下，春性品种的受冻程度要轻于半冬性品种。说明小麦到拔节期冬前锻炼所形成的抗寒性已基本丧失，冬、春性品种之间抗寒性的差异远不像越冬期的差异那么大。品种冬春性不同所造成的发育进程及穗分化阶段起到了更大的作用。

该试验还表明，对霜冻最敏感的穗分化期为雌雄蕊形成到药隔前期。分蘖力强和拔节期株高生长慢的品种抗霜冻能力较强。

（2）苗情。不同苗情以壮苗的抗霜冻能力较强，以旺苗最差。弱苗虽然也不容易冻死，但因积累养分较少，再加上受冻损失，对以后的生长不利。

植株生长最茂密、叶面积密度最大的层次称为作用层。作用层的夜间辐射散热最为强烈，最低气温通常出现在群体的这一高度。麦苗较小时该高度较低，霜冻的受害高度主要位于叶尖或向上的弯曲部。随着小麦的株高增长，作用层也不断抬高。在抽穗期作用层大致位于株高的 2/3～3/4 处。小麦生长越繁茂，作用层就越高。小麦的孕穗期，幼穗大体处于作用层高度，是很容易受到低温危害的时期

（3）养分。养分状况，特别是植株碳氮比对麦苗受冻程度也有很大影响。通常碳氮比高的植株不易受冻，而氮素过多、叶色嫩绿的容易受冻。但氮肥过少生长不良也会影响产量。

2.3.2.3.2　外因的影响

从外因看，天气、地形和土壤状况对小麦的霜冻程度都有很大影响。

（1）天气。冷空气过后晴朗无风和干燥的夜晚，地面和叶面强烈辐射降温容易形成霜冻。多云的夜晚由于云对地面辐射的阻挡和反射，可以减轻霜冻。有风的夜晚由于上下层空气的混合，也不容易在地表和叶面形成霜冻。水汽充足时随着温度下降在地面和叶面上凝结成冰晶，能够释放一部分热量，并且覆盖在叶面上又有隔热作用，霜冻程度要轻于黑霜。一般天气条件下，百叶箱内的最低气温要比地面最低温度高 4～5 ℃，但 1995 年 4 月北京观象台的记录表明，在空气十分干燥的晴夜，两者可相差到 8.5 ℃之多。发生霜冻后的升温速度对于灾害程度也有很大影响。如日出后有云有风，升温缓慢，受冻细胞有可能吸收胞外融冰水分而恢复膨压；如日出后迅速升温，胞间水分迅速蒸发，则很难再恢复。

从霜冻发生的几率看，冯玉香利用 51 个农业气象基本观测站的 17 年资料统计结果，拔节前 15 天到拔节后 20 天发生霜冻的次数占总次数的 75.5%，重霜冻则以拔节前 4 天到拔节后 20 天的发生次数占 77.3%，其中又以拔节后 11～20 天尤为集中，占到 40.9%。

（2）地形。不同尺度的地形对霜冻发生的影响是不同的（表 2.5）。大尺度地形如燕山、秦岭、天山等东西向山脉对于冷空气有明显的阻挡作用，冷空气越过山脉还有下沉增温效应，因此，山前的霜冻一般较轻。如华北北部的小麦霜冻明显轻于华北中南部，不仅是由于华北北部的小麦春季发育较晚，而且一次强冷空气过后，极端最低气温经常出现在更南的开阔平原，特别是平原低地。

中尺度的地形范围有几千米到几十千米，山间盆地和谷地容易积聚冷空气形成“霜穴”，是霜冻灾害比较严重的地方。黄土高原的川区种冬小麦就往往不如塬上和坡地安全。通常片洼地的平流型霜冻和辐射型霜冻都较坡地为

重，但对于平流型霜冻，迎风坡的霜冻要重于背风坡。从坡向看，通常以东南坡的霜冻害为最严重。这是因为麦苗受冻后很快受到阳光的强烈照射，迅速蒸发失水而不能恢复。山坡的一定高度经常出现逆温，是霜冻比较轻的地区。湖泊和大的江河附近由于水体的影响，温度比较稳定，霜冻也较轻。

表 2.5　不同地形部位的霜冻强度

地形部位	与平地比较的霜冻强度变化（℃）
山顶和斜坡上部	+2
丘陵中的谷地	−1.5～−2.0
山间谷地	−2.0～−3.0
盆地	−4.0～−5.0
林中空旷地	−2.0

山丘的不同组合形成冷空气难进难出、难进易出、易进难出和易进易出四种地形，以冷空气难进易出、向南张开的马蹄形地形霜冻灾害最轻；而以冷空气易进难出、向北张开的马蹄形地形霜冻最重。

在同一块麦田里，在有防护林时总体上霜冻要轻于无林带保护地麦田，但林带北侧温度较低，网格的中部类似盆地状，冷空气也容易堆积，以林带南侧附近的保护作用最强。

麦田的边行因空气流动交换热量，在发生辐射型霜冻时受害要比内部轻，但在发生平流型霜冻时，迎风边行的受害反而要重。

麦田里的微小起伏也会影响到霜冻的轻重，相对低洼处的霜冻通常要重于相对高燥处。

(3) 土壤状况。湿润的土壤热容大，降温速度慢，不易受霜冻。疏松和干燥的土壤温度下降快，易受害。浅色的土壤白天吸热少，夜间降温后温度更低，易受害。沙土地热导率高，降温快，也易受害。如 1952 年江苏泰县沙土麦田死苗率在 80%以上，而黏土地只死苗 30%～40%。盐城冈中区旱田小麦死苗 65%，而稻茬麦只死 28.3%。

2.3.3　霜冻灾害的指标

(1) 植物受霜冻危害的临界致死温度指标。温度对植物生长发育影响的指标存在 5 个基点，即最低致死温度、最低生长温度、最适温度、最高生长温度、最高致死温度。由于不同个体之间存在差异，实际的临界致死温度不是简单的一个点，而是一个温度范围。据统计，霜冻死苗率或组织受害率，通常呈倒 S 型曲线。植株体温与地面温度及气温有很大的差异且不易测定，通常只在控制环境的实验中才做测定。

（2）最低气温指标。虽然小麦是否受冻应取决于植株体温而不是气温，但考虑到一般气象站并不进行作物体温的观测，最具有可比性的还是气温资料，特别是最低气温可以基本反映霜冻天气的状况，因此，通常使用最低气温作为作物的霜冻气候指标。但据冯玉香等的试验观测，小麦发生重霜冻的温度指标随发育期而不同（表 2.6）。

表 2.6　小麦拔节前后不同天数的霜冻指标

拔节后天数（d）	前 4	1～5	6～10	11～15	16～20
霜冻指标（℃）	−4.2	−3.5	−3.5	−1.0	0

春小麦的霜冻主要发生在出苗后和灌浆期，青海德令哈农场总结的霜冻指标可供参考（表 2.7）。

表 2.7　春小麦苗期和灌浆期霜冻指标　　单位：℃

时期	出苗后天数（d）				抽穗后天数（d）			
	10～15	15～25	25～40	40～55	0～15	15～30	30～40	40 以上
一般霜冻	−8～−9	−7～−8	−4～−6	−2～−3	1～0	0～−1	−1～−3	−2～−3
严重霜冻	<−10	<−10	−6～−8	−3～−4	0～−1	−1～−2	−2～−4	<−4
生育阶段	1～2 叶	3 叶	分蘖	拔节	坐脐满仁	乳熟	乳熟末	蜡熟

（3）叶温指标。以最低气温作为霜冻指标虽然比较方便，但最低气温与最低叶温并不完全一致。冯玉香等分析我国冬麦区 51 个农业气象基本观测站 1981—1997 年的霜冻资料，发现实际发生的霜冻害与最低气温的关系并不密切，有时最低气温高于霜冻的气候指标却发生了霜冻害，有时最低气温低于霜冻的气候指标却没有发生霜冻。这是由于最低叶温虽然一般要低于最低气温，但两者的差值却很不稳定。在风大云多的夜晚，温差可以小到只有 0.5 ℃，在晴朗无风的夜晚，最大温差却可以达到 9 ℃。另外，品种、长势和地势也对叶温有一定的影响。

中国农业科学院农业气象试验站使用人工霜箱试验的结果表明，叶温下降到 0 ℃时叶片并不结冰，而是保持过冷却状态。约 1/3 的植株在叶温下降到−4.8 ℃时结冰，约 1/4 的植株在−6.8 ℃时仍然保持过冷却状态，叶片结冰的温度可以从−2.6 ℃到−10.9 ℃之间。处于过冷却状态的叶片在回暖后一般都能恢复正常生长，而发生结冰的叶片，有些受到了伤害，有些还能在解冻之后正常生长。小麦拔节以后不同天数叶片结冰后受害的叶温见表 2.8。

表 2.8　人工霜箱鉴定的小麦叶片霜冻害的叶温指标

拔节后天数（d）	1～6	6～10	11～15	16～20
叶温（℃）	−6.6～−6.3	−6.2～−5.8	−5.7～−5.2	−5.1～−4.3

注：中麦 9 号，1998 年 4 月上旬中国农业科学院农业气象试验站，据孙忠富，2001

2.3.4　小麦霜冻的地区分布

我国春小麦由于主要在高纬度或高海拔地区种植，虽然霜冻在各地都可发生，但对霜冻最为敏感的时期即拔节到抽穗期处于晚春到盛夏，因此很少受到霜冻危害。春小麦区的霜冻危害主要发生在幼苗期和灌浆期，以青海高原和东北北部发生较多。其中东北的春小麦灌浆期霜冻只发生于晚播的春小麦。

我国冬小麦适宜种植区的各地几乎都发生过霜冻害。冯玉香等（1996）分析 1953—1997 年 51 个农业气象基本观测站的霜冻资料，把发生几率在 9%～20%之间的定为偶发区，20%～30%的定为少发区，30%以上的定为多发区。统计结果表明，多发区位于黄河中下游，包括陕西的关中、山西西南部、河南中北部、山东南部、江苏北部和安徽北部。少发区位于多发区外围 50～100 km的环带状区域和云南中部。长江流域、云贵高原和华北中部为偶发区。

重霜冻害按照发生几率 5%～10%，10%～15%和 15%以上分别定为偶发区、少发区和多发区。重霜冻害的多发区和少发区都分布在霜冻害的多发区与少发区，但范围要小些且偏北，基本上都在黄河中下游沿 35°N 一线的南北两侧。

黄河中下游平原的小麦霜冻害之所以较重，与该地区的地形和小麦生育进程有关。由于华北北部有燕山、太行山和黄土高原的屏障，冷空气越过山脉下沉增温，加上冬春温度偏低小麦发育晚，小麦春季发生霜冻的危险反而较小。到长江流域由于小麦秋播晚，春季发育进程比黄河流域超前不多，北方来的冷空气侵入到长江流域已是强弩之末，势力不强，加上空气湿润多阴雨天，一般不会形成严重的霜冻。黄河中下游平原地势相对低平，冷空气容易侵入并停留，春季小麦发育又较快，成为我国小麦霜冻危害最严重的地区。

值得注意的是，虽然随着全球气候变暖且冬季升温幅度明显高于其他季节，使得北方冬小麦越冬冻害明显减轻，但黄河流域的小麦霜冻害却未见减轻，甚至还有增加的趋势。其原因，一是由于全球气候变暖的同时，极端天气事件也有增加的趋势。尽管春季平均气温有所升高，但温度变幅也在加大，极端最低气温却没有明显的提高。二是小麦植株在前期温度显著升高的情况下发育加快，抗寒力明显下降，再遇同等强度的冷空气受害要比过去更加严重。三是随着气候变暖，农民自发改用冬性更弱、春性更强的品种，也使春季发育加快，提前进入了霜冻的敏感期。尽管从日历看，终霜冻有略提前结束的趋势，但小麦进入拔节、孕穗等敏感期的日期提前得更多，反而使霜冻害的危险有所加大。

2.3.5 小麦霜冻害的防御措施

小麦霜冻害是植株对于低温的脆弱性与零下低温胁迫共同作用的结果，防御霜冻害要从提高植株抗寒力和减轻低温危害两个方面入手。另外，调整种植结构，从时间和空间上规避霜冻风险也是重要的减灾途径。

2.3.5.1 提高植株抗寒力的途径

（1）选用适度耐寒品种与合理布局。通常冬性强的品种春季抗寒力的衰减和穗分化进程都比较慢，对霜冻的敏感期出现较晚，有利于躲过霜冻。但在我国小麦主产区，冬性很强的品种往往穗型小，茎秆细弱，不利于高产。在生产上选用品种时还应兼顾丰产性与抗逆性。在霜冻害特别严重的豫东和豫西丘陵选用小麦品种可适当增强冬性要求，其他地区则适当放宽冬性要求。

在冬性程度相同的品种之间，抗霜冻能力也有一定差异，与叶片的辐射特征、细胞耐脱水能力、株型等有关，需要进行不同品种在拔节、孕穗期的抗寒性鉴定来确定和优选。通常竖叶型、分蘖力强和叶色深的品种抗霜冻能力要强些。

（2）合理安排播期。通常过早播种的小麦发育提前，容易受到霜冻的危害。由于冬性品种、弱冬性品种和春性品种的幼穗发育进程有快有慢，生产上通常是先播冬性较强的品种，后播春性较强的品种，尽量使小麦的敏感期处于春季霜冻多发时期之后。有些年份虽然播种偏晚，但由于秋暖冬暖，到春季小麦的发育仍然超前。因此，在生产上掌握适宜的播种期，还要参考当年气象预报。如预报秋暖冬暖，则应按照积温的增加推算适当延迟播种的天数，反之则应推算适当提早播种的天数。

土壤水肥状况也会影响到麦苗的发育进程。通常肥力高的麦田应适当推迟三五天播种，水肥条件差的麦田则应适当提早几天播种。

春小麦也有一个适期播种的问题。通常应在日平均气温通过 0～3 ℃时播种。过早播种出苗后易受冻，过晚播种发育延迟，在高纬度高海拔地区有可能遇到灌浆期霜冻。

（3）适当减少播量。播种偏早、土壤肥力较高时若播量偏大则小麦容易徒长，易受霜冻害。适当降低播量，争取更多的分蘖成穗，避免使主茎和分蘖处于同一穗分化期，即使发生霜冻，补救的余地也比较大。另外，以分蘖成穗为主的策略也有利于防止倒伏。

（4）水肥管理与控制徒长。一般情况下肥力高，施有机肥和磷肥多的麦田霜冻灾害较轻，受灾后的恢复能力也更强。但施氮肥过多的麦苗抗寒力会下降，容易受冻。

水分有稳定土壤温度的作用，可减轻霜冻。但水肥充足的土壤可促使麦苗徒长，使植株抗寒力下降。通常生长正常或偏旺的麦苗需要在拔节前适当蹲苗，即控制水肥的投入，促使根系下扎和基部节间的稳长，不仅有利于后期防止倒伏，也有利于提高抗霜冻能力。

（5）镇压。小麦拔节前镇压可推迟拔节，是躲过霜冻的有效措施。但拔节前14天镇压，由于当时茎节尚未明显伸长，对延迟拔节和穗分化的作用不大。试验表明以拔节前3天镇压的效果最好。拔节期以后再镇压，由于生长点已露出地表，镇压不会推迟拔节和穗分化，但仍可推迟分蘖的拔节和穗分化。拔节后镇压的时间越晚，对麦苗的伤害越重，对防霜冻的作用也越小，有可能得不偿失。对于徒长的麦苗进行镇压对其生长还有一定的抑制作用，即便是有点伤害也能很快恢复。但长势较弱的麦苗，镇压造成的伤害的不利影响可能超过推迟发育躲避霜冻的有利因素。因此，弱苗通常不必镇压。另外，镇压的力度也要掌握好，旺苗可适当早些重些，生长正常的麦苗要在拔节前适当晚点镇压，且不能太重。

2.3.5.2 调节麦田小气候的措施

（1）营造农田防护林与间套作。农田防护林可减轻平流型霜冻的危害，对于辐射型霜冻，林网内的中北部也有明显的防霜效果。间套作时高秆作物对低秆作物也有明显的屏障作用，间套作形成的风廊有利于通风，也有减轻辐射型霜冻的作用。

（2）浇水。由于水的热容大，霜冻发生前浇水可以提高土壤表面的最低温度2～4 ℃，抑制叶面温度的下降，从而减轻霜冻危害。但如浇水与霜冻的发生间隔时间较长，则由于基础土温降低，霜冻发生前表土已经干燥，起不到稳定地温的作用。

（3）镇压。镇压除可调节植株生长发育外，还有增大土壤热容和提高热导率的作用，可提高土表最低温度和叶温。

（4）覆盖。前茬秸秆粉碎就地还田覆盖具有保护基部节间和生长点的作用。即使在拔节期发生霜冻使叶片冻伤，由于生长点被覆盖和储存养分的叶鞘和分蘖节受到保护，霜冻后能很快恢复。但到孕穗期由于生长点已明显高出粉碎秸秆覆盖层，保护作用已不明显。

（5）喷水、喷雾、烟幕、鼓风等。这些方法国内外在经济作物上经常使用，但对于小麦等大田作物由于成本过高，一般不采取。

（6）拉绳打霜。两人手持长绳拉直扫过小麦冠层顶部。这种方法在古农书中有所记载，云南山区现在也还有这种做法，据说有一定效果，可能是因为上下空气扰动混合而提高了作用层的温度。

（7）喷洒抑制冰核细菌剂。使用化学药剂抑制或杀灭小麦叶面上的冰核活性细菌，或筛选、繁殖、喷洒冰核活性细菌的拮抗微生物，可以降低植株体液的过冷却温度，达到防御霜冻的目的。但目前这类技术还不够成熟，尚未全面普及。

2.3.5.3 小麦霜冻后的补救措施

小麦受到轻度的霜冻后，只是叶面积受到一些损失，只要加强水肥管理，一般都会很快恢复，不要轻易放弃。

小麦具有分蘖能力，当主茎和大蘖受冻死亡后，小蘖可以取代成穗。虽然小麦在拔节以后一般不再分蘖，但每个叶腋内都存在潜伏的分蘖芽。在主茎和大蘖的幼穗受冻死亡后，植株体内的养分会向尚存的其他生长点转移，从而激活分蘖芽。在发生严重霜冻，地上部叶片和叶鞘严重枯萎，主茎和大蘖的幼穗大量死亡的情况下，对于弱苗，可以考虑当机立断不误农时改种其他作物。但对于壮苗和旺苗，由于储存养分较多，可以通过促进潜伏分蘖芽生长和成穗来弥补损失，经过浇水、追肥和适当松土管理，新生蘖 20 天后就可抽穗，约 50 天可以成熟，仍可获得一定的收成。千万不要割麦叶或在霜冻后再镇压人为加重机械损伤。

2.4 柑橘冻害

2.4.1 概念与发生概况

2.4.1.1 柑橘生长的气候条件

柑橘是亚热带常绿果树，果实形色美观，营养丰富，甜酸爽口，质优味美，经济价值很高，是我国最重要的水果之一。

柑橘性喜温暖湿润气候。我国的柑橘大致分布在 18～33°N，97～122°E 之间，即南起海南岛南端，北至秦岭山脉南坡，东至台湾东岸，西至雅鲁藏布江河谷。但具有经济栽培的地区还是在 20～33°N 左右，海拔高度 800 m 以下的地区。大致可以分为四川盆地柑橘区、长江中下游柑橘区、华南沿海柑橘区、台湾柑橘区和云贵高原柑橘区等 5 个地区。其中四川、湖南、广东、广西、浙江、福建和台湾等地栽培面积较大；湖北、江西、贵州、陕西、云南、江苏、安徽、河南等地次之；甘肃省的武都地区、上海的长兴岛等地也有少量栽培。

我国学者对柑橘与气候条件关系进行了大量研究（《中国的气候与农业》编辑委员会 1991，张养才等 1991，王道藩等 1986）。温度是影响柑橘地理分布和生长发育的主要因素之一。日平均气温达 12.5 ℃以上柑橘开始生长，23～29 ℃最适宜，35 ℃以上叶片光合作用明显降低，45 ℃发生“日烧”现象。一般说来，柑橘在年平均气温 15 ℃以上、最冷月（1 月）平均气温 5 ℃以上和全年≥10 ℃活动积温 5 000 ℃·d 以上的地区才能生长结果。柑橘果树对低温非常敏感，在低于－3 ℃的低温情况下，会产生不同程度的冻害。柑橘果树的需水量很大，每生产 1 g 干物质需要蒸腾水分 292 g。一般要求年降水量1 000～1 500 mm。雨量不足或季节分配不匀会造成干旱或湿害，影响柑橘生长和结果。柑橘果树偏向阴性，光饱和点较低，但在我国湿润的亚热带地区，充足的光照可使柑橘树生长迅速，结果良好。

温度与柑橘果实品质有密切关系。我国北亚热带地区柑橘含糖量低，含酸量高，风味不浓；中、南亚热带地区品质较好，含果汁量、可食部分比例和糖分增加；≥10 ℃的积温高于 8 000 ℃·d 的北热带琼山柑橘品质反而不理想。水分和光照也与柑橘果实的外观特征和肉质有密切关系。在柑橘果实膨大后期及成熟期，光照充足、雨日少的年份（地区）比阴雨天多、雾多、光照不足的年份（地区），果实着色好，糖、酸含量高，风味浓，而且采收后贮藏性能好，不易腐烂。

我国广东、福建、广西等柑橘产区黄龙病为害严重。同时，湖南、湖北、江西、浙江、江苏等北、中亚热带柑橘栽培地区在越冬期间的周期性冻害也是影响柑橘产量增长的主要因素，往往因某次强低温天气过程而遭受灭顶之灾。所以有“南黄北冻”之说。

2.4.1.2 柑橘冻害的天气类型和地域分布

2.4.1.2.1 天气类型

柑橘性喜温暖潮湿，对温度反应非常敏感。世界上大多数柑橘种植生产国都有冻害威胁。美国佛罗里达州 1957—1958 年冬季最低气温达－10.0 ℃，12 月份冰冻时间持续 6～12 小时，全州柑橘严重冻害占 5%～10%，其中幼树有 2%全部冻死。1962 年绝对最低温度－7.7～－11.1 ℃，持续 60 小时以上，冻死柑橘树 30%。西班牙 1956 年 1 月份出现－10.0 ℃的低温，持续 3～4 小时，柑橘不仅落果严重，许多整棵被冻死。此外，日本、法国、前苏联等国柑橘也常因低温冻害而减产。柑橘越冬期间因寒潮入侵或强冷空气南下引起的冻害是我国柑橘生产的主要农业气象灾害。

受冷空气南下的时间、强度、路径以及地形的影响，各地区出现的冻害天气及降温强度有很大差异。据张养才等（1991）研究，我国柑橘冻害发生的天气类型大致有以下三种：

（1）晴冷型。寒潮冷锋过境时，刮偏北风，风力骤增，冷锋过后天气晴朗，降温剧烈，雨雪后转晴更为明显。这种低温引起的柑橘伤害称晴冷型冻害。

（2）阴冷型。强冷空气南下至我国亚热带、热带地区，遭遇暖湿空气，形成阴雨寡照或雨雪连绵天气，日平均气温在 0 ℃以下，日最低气温在－7 ℃以上。光合作用减弱，植株抗冻能力大大削弱，称为阴冷型冻害。

（3）混合型。指晴冷和阴冷两种天气型交替发生造成的冻害，是我国亚热带地区柑橘发生冻害的主要天气类型。当强寒潮抵达长江流域及以南地区，一方面急剧降温；另一方面出现雨雪、冰冻天气，随后几股冷空气连续不断地下来，交替出现阴冷和晴冷的低温冻害天气。混合型冻害比单一冻害天气型危害要严重。

2.4.1.2.2　地域分布

强大的寒潮南下可造成我国亚热带地区气温急剧下降到 0 ℃以下，个别年份的部分地区甚至降到－10 ℃以下，这样强的低温往往导致柑橘树体的伤害以至死亡。我国亚热带大部分地区有冻害威胁，程度随纬度降低而减轻。西北路和北路寒潮爆发是我国亚热带地区柑橘最易遭受严重冻害的路径。江汉平原和江南丘陵寒潮容易入侵，降温强度大，常为冷中心。如武汉、溧阳曾分别出现－18.1 和－15.3 ℃的最低值，这样剧烈的降温，必然会使柑橘发生严重的冻害，甚至有毁灭的可能。但四川盆地、长江三峡及汉中盆地，一般寒潮不易入侵，降温幅度小，避冻能力强，柑橘发生冻害少。

另外，亚热带地区的复杂地形对极端最低气温的分布有明显的影响。秦巴山脉成为我国西部亚热带地区柑橘生产的天然屏障。一些冬暖效应明显的局部地区冻害也较轻。

低温出现的频率和持续时间，也是衡量各地区柑橘发生冻害的重要气候因子。根据对柑橘冻害指标极端最低温度≤－5 ℃，≤－7 ℃，≤－9 ℃，≤－11 ℃低温出现频率及连续 2 和 5 天以上出现最低温度≤－5 ℃，≤－7 ℃，≤－9 ℃低温次数的统计，得知：－7 ℃等值线在 30°N 以北，基本上呈纬向分布。四川盆地、宜昌、恩施地区及浙江沿海地区－7 ℃低温出现频率不到 10%。－9 ℃频率等值线在南阳盆地、江汉平原及江南丘陵三个地区呈冷舌状向南伸展。另外，连续 2 天最低温度≤－7 ℃的低温平均每年出现一次的等值线，在东台、南京、固始、南阳至镇安一线以北地区；连续 2 天最低温度≤−9 ℃低温平均每年出现一次的等值线已北退到淮阴、亳县、许昌、洛阳一线以北，基本上不属于亚热带地区。至于连续 5 天最低温度≤−7 ℃，≤−9 ℃低温的情况，不是平均每年出现 1 次，但是在柑橘栽培的北缘地区，这种持久的低温，5 年、10 年或更长时间一遇的机会还时有发生。这种周期性的冻害是当前限制亚热带地区柑橘生产的一个严重问题。因为柑橘受冻以后，一般需经 2～3 年才能恢复（恢复期长短因冻害程度而异），如果冻害出现的频率大到一定程度，就会失去柑橘的经济栽培价值。

概括地说，根据各级低温出现的频率及持续时间，30°N 以北地区柑橘冻害区域较大，30°N 以南地区柑橘冻害发生在局部地区。

2.4.2 柑橘冻害机理症状和指标

2.4.2.1 机理

冬季是柑橘果树休眠或停止生长的时期。当温度下降到使营养器官（叶、枝梢、主干等）或生殖器官（如夏橙的果实）受害以至死亡时便出现冻害。当温度在−2.5～−3.0 ℃时，柑橘叶片的细胞间隙中形成冰晶，并随着温度降低而继续增多、增大。当细胞间隙中的冰晶挤压力超过一定限度时，原生质的层膜结构遭到破坏。柠檬耐寒性最弱，在−2～−3 ℃时树体就会受冻致死；柚、甜橙的临界温度为−4 和−6 ℃；温州蜜橘、福橘、朱红的耐寒性最强，在−9 ℃的低温条件下植株才开始受冻。有时强大的寒潮入侵，骤然降温，会使细胞内水分来不及外渗，直接在细胞内形成很小的冰晶，分散在原生质中，使原生质的层膜结构受到严重破坏，细胞很快死亡，出现严重的冻害。

2.4.2.2 受冻部位和症状

根据低温强度的不同，柑橘树的叶、枝、干及花果的受冻部位和症状有不同表现。

叶片最易受冻，重冻害时叶片卷曲，凋萎干枯，落叶严重，光合作用停止；轻冻害时，叶片慢慢卷缩或部分落叶，光合作用减弱。枝梢的受冻程度与枝梢形成时间有关。秋梢容易受冻，夏梢次之，春梢抗冻能力最强。幼树枝梢比成年枝梢易受冻。严重冻害发生时，树皮爆裂，甚至脱皮死亡。花果最不耐寒，越冬的夏橙果实在−3 ℃即受冻，引起落果。

2.4.2.3 柑橘冻害的农业气象指标

柑橘的冻害受多种因素的综合影响，但冬季的低温是主导因子。据张养才等（1991）研究，柑橘发生冻害的低温指标，基本上可以分为－5，－7，－9 和－11 ℃四个低温等级，分别代表柑橘开始受冻、轻冻害、冻害及严重冻害。

除了最低温度强度和持续时间外，柑橘冻害还与受冻期间或之后其他气候要素（风速、空气湿度、土壤温度等）、解冻时的气象条件等有密切关系。柑橘树木受冻害程度还与其自身抗寒能力有重要关系，而抗寒能力强弱又与品种、树龄、树势、物候期以及土壤条件、栽培管理措施等多种因素有关。

2.4.3 柑橘冻害气候区划

冬季的周期性冻害直接威胁着柑橘生产基地的建立和橘园的发展前途。为了反映各地区柑橘可能受冻害情况，做到因地制宜发展柑橘生产，合理布局品种，保证柑橘安全越冬，各地区根据越冬期冻害气候条件，编制了不同尺度的柑橘冻害气候区划。张养才（1982）根据 85 个气象站点 1957—1979 年的气象资料，以≤－5 ℃，≤－7 ℃，≤－9 ℃，≤－11 ℃低温出现频率为主导指标，连续 2 天以上≤－5 ℃，≤－7 ℃，≤－9 ℃低温平均出现次数为辅助指标，采用叠加法编制成我国亚热带地区柑橘冻害气候区划，初步分为无冻害区、轻冻害区、冻害区、重冻害区和严重冻害区五级（图 2.1）。

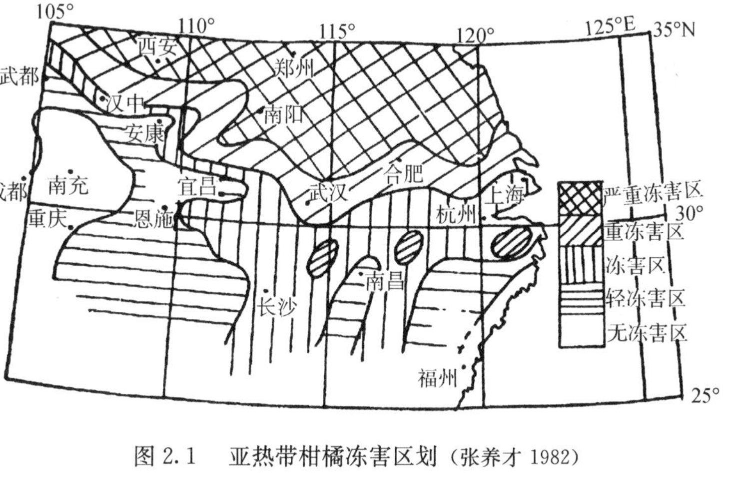

图 2.1　亚热带柑橘冻害区划（张养才 1982）

（1）严重冻害区。大致为自东台经武进、南京、六安、麻城、房县、西峡向西北伸展一线以北，该区是亚热带最北地区。≤－5 ℃低温出现频率为 100%，连续 2 天以上≤－5 ℃低温平均每年出现 2 次以上；≤－11 ℃低温出现频率为 20%～60%，连续 2 天以上≤－9 ℃低温平均约 2 年出现 1 次。该区冻害严重，基本上不宜栽培柑橘。

(2) 重冻害区。严重冻害区以南，东起上海经宜兴、安庆、嘉鱼、宜城、郧县、石泉一线以北的带状地带。≤−5 ℃低温出现频率为60%～90%，连续2天以上≤−5 ℃低温平均每年出现超过1次；≤−11 ℃低温出现频率为10%～20%；连续2天以上≤−9 ℃低温平均每10年2遇。该区实现柑橘的经济栽培尚有困难。

(3) 冻害区。包括浙江省中、北部，湘东，鄂西北山地及汉中盆地北缘。≤−5 ℃低温出现频率为40%～70%，连续2天以上≤−5 ℃虽不是平均每年出现1次，但≤−11 ℃低温及连续2天以上≤−9 ℃的低温也还是有可能出现。该区柑橘能否安全越冬仍然是一个严重的问题。

(4) 轻冻害区。浙东南小部分、湘西南、宜昌、恩施地区、汉中盆地及武都地区。≤−5 ℃低温出现频率为10%～50%，连续2天以上≤−5 ℃低温平均每10年出现1～2次，≤−11 ℃低温及连续2天以上≤−9 ℃的强低温基本上不出现，严重的冻害一般可以避免，栽培甜橙则冻害频率大，宽皮橘、金柑类冻害较轻。该区宜栽培耐寒性强的品种，在有屏障作用的山间盆地、向阳山坡等处可以扩大栽培面积。

(5) 无冻害区。浙江省东南沿海地区及四川盆地，历来为我国柑橘主要产区，也是柑橘最适宜的栽培区，可以大面积发展柑橘生产。

不同尺度的柑橘冻害气候区划各有其用途。大尺度区划，往往从宏观方面提供柑橘布局的战略决策；中小尺度区划则密切配合地理生态环境（地形、水体等），对选择橘园位置、品种搭配等更具有实际意义。

2.4.4 柑橘冻害的历史演变及近年发生情况

从我国历史时期柑橘冻害记载及20世纪50—70年代间发生的几次柑橘大冻害的事实可以看出，我国亚热带柑橘栽培的北缘地区存在着严重的冻害威胁。据历史记载，江苏太湖的洞庭山区从宋政和元年（公元1111年）到清光绪29年（公元1903年）柑橘遭受严重冻害多达15次。另外，从上海、武汉两地长年冬季极端最低温度资料的分析可以间接看出柑橘冻害发生的可能性。上海1873—1979年极端最低温度资料的分析表明，上海从20世纪40年代开始至80年代及1897—1915年属暖冬期；1915—1940年及1897年前属冷冬期，冷（1893年，−12.1 ℃）暖（1975年，−4.3 ℃）振幅相差7.8 ℃，足见该地区冬季冷暖波动之大。武汉1907—1979年（中间有缺年）期间极端最低温度波动较多，1940年前基本上属于偏暖，而后属于偏冷趋势，冷（1977年，−18.1 ℃）暖（1907年，−1.7 ℃）的振幅相差16.4 ℃。对照前面所说的柑橘冻害指标，武汉最低温度≤−7 ℃的频率比上海高约 10%；连续 2 天以上最低温度≤−7 ℃出现次数，平均 2 年出现 1 次，上海平均 3 年多出现 1 次。

从实际的灾情记录看，20 世纪 50—70 年代中，我国亚热带地区柑橘遭受了 1955，1969 和 1977 年三次大范围的严重冻害，不仅直接影响到当年产量，而且由于受冻伤的树体需要几年才能逐步恢复，有些地方重新栽种新苗，造成损失非常严重。如 1954—1955，1968—1969，1976—1977 年湖南全省柑橘产量分别比冻前减产 55.1%，36.7%和 70.6%。1976—1977 年的大冻害中，湘、鄂、赣、浙、苏、皖、沪等省（市）受冻的成龄树占结果树的 72.3%，其中冻死 6.3%，冻后不结果的占 47%。

工业革命以来人类活动加剧了温室气体的排放，导致全球气候发生变化，全球变暖已经成为不争的事实。我国多数地区也出现了气温特别是冬季气温上升的现象。那么，在全球变暖背景下柑橘冻害是否会减轻呢？

江西省南丰县地处中亚热带，冬季低温冻害是影响南丰蜜橘种植和生存的不利气象条件。利用地理信息系统和遥感等技术手段，结合柑橘冻害指标，对南丰县及其周边地区制作了 20 世纪 60，70，80 和 90 年代的柑橘气候可种植面积和实际可种植面积分布图，发现该地区 20 世纪最后 40 年的 1 月平均气温每 10 年上升 0.1～0.2 ℃，因此蜜橘气候可种植面积和实际可种植面积也相应随之变化。气候最优区面积增加幅度最大，其他区域（较好区、一般区和不宜区）的面积减少，其中较好区的面积减少最快，一般区和不宜区的面积减少较慢。这主要是因为不同年代间随着 1 月平均温度的上升，大部分较好区变成了最优区。显然，这对当地蜜橘发展是非常有利的。但是对比分析还发现，不同年代之间实际可种植面积的变化幅度小于气候可种植面积的变化幅度，这是因为从气候角度来看，冬季增温变暖，山区温度升高。但实际上受土地性质的限制，山上没有合适的蜜橘种植条件，因而实际可种植面积不可能无限制地增加（殷剑敏 2007）。可见，冬季变暖对扩大南丰蜜橘种植面积的受益是很有限的。

相反，值得注意的是，随着全球气候变暖趋势的加剧，各种极端天气气候事件发生的频率有所升高。20 世纪 80 年代以来，在冬季平均温度升高的同时，强寒潮天气、短时间剧烈降温、严重的雨雪冰冻灾害还是时有发生。

表 2.9 是对浙江省历史上几次较大的柑橘冻害灾情及相应最低气温进行的总结（毛裕定等 2007）。可以看出，20 世纪 80 和 90 年代同样有柑橘冻害发生。只有合理利用气候资源，在气候适宜的地区种植，选用适应当地气候的柑橘品种，才能够有效避免柑橘冻害的发生。

表 2.9　浙江省历年主要柑橘产区冻害情况

冻害发生时间	地点	减产或损失程度	主要灾害级别	受冻区最低气温（℃）
1930 /1931 年冬	宁波	死亡 1/3	4～5	－10.0
1933 /1934 年冬	黄岩（台州）	冻死颇多	4～5	－8.7
1967 年 1 月	金华、衢州	3 成多	2～3	－7.6～－9.2
1967 年 12 月	黄岩（台州）	53%	3	－5.5（燥冻）
1970 年 1 月	黄岩（台州）	18.9%	2～3	－6.8
1970 年 1 月	金华、衢州	4～5 成	3	－8.7～－10.4
1972 年 2 月	金华、衢州	4～5 成	3	－7.9～－8.9
1977 年 1 月	衢州	90%	4	－10.0
1980 年 2 月	金华、衢州	5 成以上	3～4	－8.4～－8.9
1984 年 12 月	金华		1	－4.9
1991 年 12 月	衢州	23.9%	2～3	－7.0

资料来源：毛裕定等，2007

又比如福建地处南亚热带，除了春季 20 世纪 80 年代略变冷外，其他各季及全年均在变暖。但是，陈惠等（2000）指出，亚热带作物（如果树）在扩种和引种时，不应只看根据年、季、月温度分析得出的福建气候变暖的结果，还应分析当地极端最低气温及其出现几率。如 1991 和 1999 年福州年平均气温分别为 20.3 和 20.5 ℃，比常年高出 0.6 和 0.9 ℃，属于明显的偏暖年。这两年的 12 月平均气温分别为 13.9 和 13.0 ℃，比常年高出 1.1 和 0.2 ℃，均属偏暖月。但就是这两年的 12 月出现了严重的冻害，福州的极端最低气温分别下降到－1.7 和－0.3 ℃，大量果树冻死。因此，在气候变暖的大环境下，必须针对具体作物分析关键因子关键时段的变化。

2005 年冬季湖南、贵州出现严重冰冻灾害（中国气象局 2006）。特别值得一提的是 2008 年 1 月中旬我国南方大部分地区遭受历史罕见的低温、雨雪、冰冻灾害，具有范围广、强度大、持续时间长、灾害重等特点。灾害对交通运输、能源供应、电力传输、农业及人民群众生活造成了严重的影响和损失，湖南、湖北、江西、安徽、贵州等省灾情尤为严重（王凌等 2008）。农林业上的损失主要包括蔬菜大棚设施破坏和蔬菜冻死、柑橘减产、油菜冻坏减产、经济林木断裂倒伏。其中湖南柑橘树枝结冰严重，冻雨和较大降雪使枝条折断严重，来年无法开花挂果。江西约 1/3 橘园出现树干枝条折断撕裂，秋梢普遍出现冻伤，部分柑橘树皮受损。赣南脐橙一部分留树果冻伤，部分柑橘幼苗和苗木受冻。浙江约 1/3 柑橘受雪害和冻害成灾。柑橘树被压坏，叶、枝等被冻伤。

2.4.5 柑橘冻害的防御措施和气象服务

2.4.5.1 防御措施和灾后管理

我国柑橘北缘产区产量的较大幅度起落往往与冻害有关，采取行之有效的气象防御措施是发展柑橘生产的一个关键性问题。

由于冻害是在强寒潮爆发南下出现剧烈的降温时引起的，因此，防御柑橘冻害，就是实施与气象有关的灾前、灾中、灾后防御或调控技术措施。在寒潮入侵之前，一方面设法从生理上提高柑橘抗御低温的能力；另一方面从小范围阻挡寒风入侵，减弱降温强度。各地果农在生产实践中针对冻害气候特点，开展了多种形式的试验，探讨防御冻害的方法和有效措施。

(1) 合理利用气候资源，选用适应当地气候的品种。植物本身的抗寒能力在防止冻害发生上起着十分重要的作用。选育抗寒性强的品种，提高植株抗冻能力，是避免或减轻冻害的战略性措施。另外，合理利用气候资源，正确进行农业布局，选择无冻或轻度冻害地区栽培柑橘则是主动有效防御灾害的积极措施。一些地区在柑橘栽培的北缘地区盲目种植不耐冻的甜橙、柚和柠檬等，一旦强冷空气南下就会引起严重冻害，给生产带来重大损失。

(2) 利用局地小气候环境，实行避冻栽培。在我国亚热带柑橘栽培的北缘地区，充分利用山体或水体有利的小气候条件栽培柑橘，可有效地避过或减轻低温引起的冻害。长江中下游地区利用江、河、湖泊水域小气候资源发展柑橘，已取得明显的效果。如太湖的洞庭山区、长江入海口处的长兴岛等。在丘陵山区，可选择坐北朝南的马蹄形地形内侧，东西走向山脉的南坡中部，以及靠近水域（湖、江、库）的岛屿、半岛和沿岸地区栽培柑橘，避免在低洼谷地和风口处开辟橘园。另外，营造柑橘园防护林，人工改变小气候条件，也是减轻冻害的有效方法之一。

(3) 加强冬前管理，增强抗冻能力。加强和实行科学的冬前管理，充分作好越冬准备，深耕改土，合理施肥，及时灌水抗旱，狠抓疏果和防治病害。另外，使用生长抑制剂，控制枝梢生长，使树冠紧凑、枝叶均匀充实、树势健壮，也能提高树体的抗冻能力，减轻冻害。

(4) 采取必要的应急措施。地膜覆盖：在我国亚热带北部地区，冬季用塑料薄膜覆盖柑橘园土壤表面，可以改善柑橘园小气候环境，对提高土温和防御柑橘冻害有良好作用。

植株覆盖：采取树干覆盖、树盘覆盖、主干包草等措施。

喷施化学药剂：喷施生长激素可以控制秋季营养生长，增强抗冻能力；低温来临前喷施抑蒸保温剂可以抑制叶片蒸腾，提高树体温度。

根际培土：冬季培土在夜间和早晨有增温作用。只有达到一定培土厚度效果才显著。

果园管理：根据柑橘不同冻害程度进行灾害管理，冻害较轻的果园要摘除冻伤枝叶、病虫枝叶，轻度断裂的果树进行包扎复位，重度断裂的采取锯干（枝）等措施，同时浅松土、薄施肥、合理施肥打药。特别还要注意防治柑橘炭疽病。

另外，必要时有条件的果园可以采取凌晨点火熏烟造云、提高近地层温度等应急措施，防止辐射降温。

2.4.5.2　减轻柑橘冻害损失的气象保障服务

（1）灾前柑橘冻害预报预警和预损失评估服务。提供准确及时的低温冻（寒）害天气预报预警，力争在灾情发生前对影响或损失做出快速的预评估，并发布相应的预警信号，是防御柑橘冻害、减轻灾害损失所必不可少的。

福建气象部门对1963—2004年冬季（11月—翌年2月）的气候资料分析发现，造成福建省冬季低温天气过程的冷空气地面高压中心强度、路径、位置与地面最低温度关系密切。利用逐步回归方法分别建立了福州、厦门和邵武三个探空站最低气温的短期预报方程，再利用各地当晚20时的云量、风速、湿度值估算当晚的降温幅度，进一步对最低气温做出短时临近预报（夏丽花等2007）。

进行预警信息服务时，他们利用短期预报和短时临近预报方程的预报结果，结合各地果树主栽品种及其抗低温冻害指标，及时发布低温冻害预警预告，提醒果农做好必要的防寒防冻措施。

建议果农在接到短期预报未来1～3天将出现使果树受冻害的低温天气时，可以采取将树干涂白，树干基部进行培土；用稻草包扎大树树干、用稻草遮盖树冠；用稻草棚全遮盖小树等措施。

建议果农在接到短时临近预报12小时内将出现使果树受冻害的低温天气时，采取以下措施：①灌水（有条件的最好是喷灌）提高空气中的相对湿度，减少当晚的降温幅度；②分批点燃果园内杂草与土混杂的草堆，以熏烟方式减少当晚的降温幅度；③对于小范围的果园可采取点火增温；④对于小范围且位于山坡中下部的果园可在坡底用鼓风机鼓风，扰乱空气层结，以减轻贴地层的低温强度。

这些及时有效的防御措施有助于减轻或避免强低温对果树造成的灾害，提高水果的产量和质量。

（2）灾中做好与气象有关的工程性防冻措施的技术指导服务。及时为政府部门、农民提供现有的与气象有关的可操作的工程性措施，如天气信息、熏烟、覆盖、包扎、培土、灌水、设施增温等。

（3）灾后根据恢复生产和重建的要求针对性地提出气象服务措施。在恢复生产所需的规划布局、趋利避害、品种选择、基地选择和防灾减灾过程中，气象部门都可发挥独特的优势。

（4）逐步开展柑橘低温冻害保险气象服务。柑橘是浙江省主要特色经济作物之一，低温冻害也是当地柑橘生产面临的主要农业风险之一。开展农业保险是提高柑橘种植的防灾防损以及灾后恢复能力、分散农业风险的行之有效的方法。但是传统的农业保险以实际灾害损失作为赔付依据，实际操作时往往存在道德风险、逆选择以及相关风险等问题。浙江气象部门研究开发了从柑橘冻害气象指标出发的气象指数保险，以客观的气象观测资料为依据，不需要保险者提供实际的田间产量数据和进行查勘定损（毛裕定等 2007）。

根据极端最低气温≤−11 ℃，≤−9 ℃，≤−7 ℃，≤−5 ℃，≤−3 ℃出现的几率，以及对各地历年最低气温的变化及冻害灾情分析，将浙江省 28 个主产区的保险分区划分为浙中西丘陵盆地和浙东部沿海两个柑橘产区，分别以衢州和台州两市为代表。气象保险指数指定为极端最低气温，保险内容为：沿海地区的轻度冻害保险指标为年极端最低气温在−3～−5 ℃，中度冻害保险为年极端最低气温在−5～−7 ℃，重度冻害保险为年极端最低气温在−7～−9 ℃；浙中、西丘陵地区与沿海地区的低温区间取值错开一级，即年极端最低气温在−5～−7 ℃为轻度冻害保险，−7～−9 ℃为中度冻害保险，−9～−11 ℃为重度冻害保险。在实际投保时，柑橘冻害气象指数还需要根据当地不同的柑橘品种类型、地形等因素做相应的调整。

目前绝大多数气象台站的气象记录在时间长度、观测质量、可靠性上基本达到进行气象指数保险的要求，近年来建立的中尺度（20 km 左右）气象观测网能够及时、准确地监测柑橘产区的气候要素，为保险公司进行灾前预警、灾后评估提供了重要的技术支持与客观依据。但是由于小气候环境的不一致，各地柑橘遭受的冻害程度也会不同，实际应用中应根据具体情况及保险公司和投保户的要求，在柑橘园附近建立自动气象观测站，以便更有针对性地开展“点对点”服务。

2.5 华南经济林果寒害

2.5.1 概念与发生概况

2.5.1.1 概述

华南地区是我国热带作物、经济林果的唯一生产基地，是重要的粮食、甘蔗、蚕桑、水果、水产、蔬菜、花卉等多种农产品综合性商品生产基地。地处福州—大埔—英德—百色—新平—盈江一线以南，包括福建省东南部、台湾省、广东省中部和南部、广西南部以及云南省南部。土地总面积（包括台湾省）49.6 万 km^2。区内地形以山地丘陵为主，约占土地总面积的 90%，平原仅占 10%，各种土地类型交错分布，耕地集中分布在平原、盆地、台地上；沿海港湾、岛屿众多，渔场辽阔。珠江、韩江、九龙江、晋江等下游的大小三角洲，平原较宽，河网密集，灌溉和运输方便。

华南地区冬季气候资源丰富。冬季太阳总辐射量为 1 500～2 100 MJ/(m^2·a)，≥0 ℃积温 2 000～3 000 ℃·d，降水量 200～400 mm，平均气温 15～20 ℃；1 月平均气温大于 10 ℃，1 月平均最低气温为 8～12 ℃，白天平均最高气温为 18～25 ℃，夜间平均气温在 10 ℃以上。显著的冬暖气候资源优势，使华南地区成为我国冬季的“天然温室”，适宜于发展冬季热带和亚热带水果、蔬菜、花卉、鱼类，以及茶叶、桂皮、八角、肉桂、田七等土特产和名贵药材等的生产。因此，充分利用华南地区的冬暖气候资源优势，将其建成我国冬季时鲜农产品市场供应的生产基地，不仅可以解决农产品季节性短缺的问题，而且对有效减少能源消耗和环境问题具有战略意义。

我国是世界第一大荔枝、龙眼生产国（卢美英等 2004），第三大香蕉生产国（舒肇甦 2005）。荔枝面积、产量分别占世界荔枝总面积、总产量的 84.5%和 70.5%，龙眼面积、产量分别占世界龙眼总面积、总产量的 73.6%和 59.7%；香蕉的收获面积、单产、总产量在世界上的排名分别居第五、第三和第三位，单位面积产量高于世界平均水平。华南的广东、广西、福建、海南是我国荔枝、龙眼、香蕉的四大主产区，如广东荔枝面积、产量分别约占全国总面积、总产量的 70%和 67%。近年来，全国蔬菜出口创汇已占主要种植业产品出口总金额的 1/3 以上（聂德毅等 2002）。华南地区作为全国蔬菜出口创汇的主要基地之一，生产量和出口量一直呈上升趋势。目前华南地区水果、蔬菜等冬季农产品的生产，已基本形成区域化、规模化、专业化生产的格局，不仅成为我国冬季时鲜农产品国内市场供应和对外出口创汇的关键源地，也成为当地农业经济发展新的增长点和增加农民收入的主导产业之一。

2.5.1.2 寒害的概念

华南地区冬季农业生产中，常受强冷空气和寒潮的影响，造成强烈降温，导致农业生产对象遭受危害。寒害是指热带、亚热带植物在冬季生育期间受到一个或多个低温天气过程（一般在 0～10 ℃，有时低于 0 ℃）影响，造成植物生理的机能障碍，导致减产或死亡（崔读昌 1999）。按照寒害的概念界定，实际寒害发生过程中有可能伴随着霜冻、冻害的发生，即在有最低温度

≤0 ℃的寒害过程中，如按不同低温灾害致灾的温度条件，可细分为寒害、霜冻、冻害；从一定意义上可以说霜冻、冻害是寒害过程中危害更为严重的两个阶段。寒害发生期为10月—翌年3月，主要发生时段为12月—翌年2月，主要危害经济林果、冬作物、蔬菜、花卉和养殖鱼类等。温度越低，持续时间越长，则受害越重。

2.5.1.3 寒害的发生概况

近年来，随着高产、高效、高附加值冬季农业的快速发展，华南地区冬季农业占整个农业经济的比重不断加大。耐寒性较差的热带、亚热带果树、蔬菜、作物等的比例明显增加，对冬季寒害的敏感性加大，寒害造成的损失不断增加。除局地性寒害年际间常有发生外，华南地区于1955，1957，1975，1991，1993，1996和1999年相继发生了大范围的严重寒害，对区域冬季农业生产造成了严重危害和经济损失。其中仅1999年的寒害就造成广东农业经济损失高达108亿元，广西超过150亿元，福建超过20亿元。同时，由于寒害发生后果树等受灾体的恢复需要相当长的时间，其间接损失更大。而一个中等强度的台风正面袭击广东所造成的经济损失平均约为十几至20亿元。华南寒害已成为经济损失超过台风、洪涝的第一大灾害，是影响当地冬季“三高”农业发展的关键制约因素。因此，尽快采取积极的应对措施，防御或减轻寒害对农业生产的危害，对保障华南地区农业的可持续发展和社会经济的稳定意义重大。

2.5.1.3.1 广东寒害

1949年以来，广东省严重的冬季寒害共发生7次，分别是20世纪50年代2次（1955和1957年），70年代1次（1975年），90年代4次（1991，1993，1996和1999年），对全省的冬季农业生产造成了严重危害和经济损失，其中仅90年代的4次寒害就给广东农业造成了213亿多元的经济损失（1991年18亿多元，1993年41亿多元，1996年46亿多元，1999年108亿元）（罗晓玲等 2002）。21世纪以来，虽然寒害比20世纪90年代有所减少，但2002—2005年也出现了不同程度的寒害过程，其中2005年的寒害给广东冬种作物和果树带来了较大的危害，水果、茶叶、蔬菜都受到较大影响，山区和低洼地带的果树部分冻死，直接经济损失4亿元。广东省寒害灾情的主要特点如下：

（1）气候变暖背景下农业寒害灾情趋重。广东省自20世纪80年代后期进入气候变暖期，气候变暖幅度最大出现在冬季（杜尧东等 2006），暖冬频繁出现，冬季热量资源明显增加。通常情况下这一变化应有利于冬季农业生产的发展，但是，在气候变暖的背景下，极端天气气候事件有增加趋势，广东冬季农业寒害也不例外，新中国成立以来 7 次严重寒害就有 4 次发生在 20 世纪 90 年代。这足以说明，尽管冬季气候变暖，但冬季寒害风险不仅存在，而且有加重趋势。实际生产中，有些生产者缺乏气候风险意识，不依气候规律发展生产，盲目扩种引种，导致寒害发生，人为加大了生产灾损。

（2）农业产业结构调整使农业寒害灾情趋重。随着农业产业结构调整，“三高”农业、特色农业迅速发展。广东冬季农业生产种植面积不断扩大，越冬果树、花卉、水产养殖和冬种蔬菜、玉米等产量、产值不断增加。因此，在遭遇寒害时造成的损失也越来越大。

（3）广东境内南亚热带地区灾情最严重。广东省自南向北跨北热带、南亚热带和中亚热带三个气候带。粤北地区主要属于中亚热带区，一般不种植不耐寒的南亚热带作物和植物，冬季农业种植面积也较少，因此，寒害在该区造成的损失也比较小。位置偏南的雷州半岛属于北热带地区，越冬和冬种的热带、南亚热带作物比较多，但由于该区地理位置偏南，冬季不很强的冷空气到达时已是强弩之末，造成严重影响的几率低，所以寒害损失也比较小。广东大部分地区属于南亚热带区，理论上适宜发展南亚热带作物和植物，荔枝、香蕉、龙眼、花卉、冬玉米、冬蔬菜、水产养殖等绝大部分都在该区种养，但该区常年频繁受冷空气影响，遭遇强冷空气或寒潮时，寒害损失最为严重。

2.5.1.3.2 广西寒害

截至 2005 年底，广西的荔枝、龙眼、芒果、香蕉等热带、亚热带水果种植面积达 116.48 万 hm^2，总产 459.37 万 t。其中，荔枝种植面积 23.6 万 hm^2，年产量 36.1 万 t，约占我国荔枝总产量的 1/4；香蕉种植面积 6.24 万 hm^2，年产量 107.34 万 t，约占我国香蕉总产量的 1/5；龙眼种植面积 22.57 万 hm^2，居我国第一位，年产量 35.58 万 t，约占我国龙眼总产量的 1/3；芒果种植面积 4.13 万 hm^2，年产量 13.39 万多 t，约占我国芒果总产量的 1/5；甘蔗种植面积近 80 万 hm^2，蔗糖产量约占全国食糖产量的 55%。随着我国农业产业结构的调整，以及受市场供求价格上涨影响的驱动，广西荔枝、龙眼、香蕉、芒果、甘蔗等作物种植面积稳步发展，并有向北、向西发展的趋势，对促进当地“三农”经济的发展起到了非常积极的推动作用。

冬季寒害，特别是伴随寒害过程的霜冻、冰冻天气现象的出现，常对广西荔枝、龙眼、芒果、香蕉、甘蔗等热带、亚热带经济林果等造成严重危害，甚至造成毁灭性的破坏。如 1999 年 12 月 23—27 日，广西出现了历年同期罕见的、全区性的严重霜冻（冰冻）天气，荔枝、龙眼、芒果、香蕉、甘蔗等热带、亚热带作物受灾严重，农业直接和间接经济损失高达 200 亿元，经济损失超过 1949 年以来任何一次同类灾害造成的损失（何燕等 2000）。表 2.10

汇总了1950—2006年广西冬季寒害（含霜冻、冻害）的发生概况及其对农业生产的影响（张玉坤等1996；何燕等2000；黄雪松等2002；李艳兰等2003，2005，2007）。

由表2.10可以看出，寒害已成为广西继干旱、洪涝灾害之后的最为严重的灾害之一。并且随着农业产业结构的调整，以及冬季农业开发力度的加大，冬菜北运生产基地的扩展等，特别是荔枝、龙眼、香蕉、甘蔗等热带、亚热带作物种植面积不断增加和向北、向西扩展，寒害的危害有呈上升的趋势。

表2.10 1950—2006年广西寒害（含霜冻、冻害）发生概况及其对农业生产的影响

年份	农业受灾情况
1954	冬季严寒，为几十年所未有，作物失收或减产
1955	南部沿海地区1月份出现罕见的低温霜冻，90%～96%的橡胶树冻死。桂平、贵县、陆川1月份出现结冰、霜冻天气，80%以上的橡胶树冻死
1957	2月8—10日全州、灌阳、恭城受寒潮影响，果树冻死，电线被覆冰压断，耕牛冻死
1963	11月30日—12月7日藤县连续8天出现严重霜冻，各种作物受冻害
1964	2月下旬桂林地区东北部出现严重冰冻，为多年少见。其中资源、灌阳雨凇压断电话线、树顶。灌阳，连续11天积雪、结冰，作物冻坏
1965	12月16—18日，桂北山区普降大雪，各地均冻死很多耕牛，作物冻坏，为历史少见
1966	1月16—19日，桂东南大部及田林、柳城、南宁、凭祥、钦州等10多个县出现重霜和冰冻。甘蔗、烟草、香蕉、木瓜等作物几乎冻死，耕牛冻死，损失严重；其中田林县自上年12月至1月14日，低温达30多天，紧接着又出现6～7天的冰冻和重霜冻，耕牛大量冻死，历史上未有过。灵山、浦北、钦州等地，均从上年12月26日至1月19日，出现长达26天的严重低温霜冻，农作物受害严重
1973	1月底至2月初桂东北出现降雪、冰冻；冻死耕牛，作物、蔬菜损失严重。12月26—31日，沙塘、巴马、西林、宁明、北流连续出现霜冻，作物受害严重
1974	广西5个地区（除桂林、梧州、百色3个地区），自上年12月25日至当年1月8日，出现重霜冻和冰冻。各地作物严重冻害，耕牛大批冻死，来宾县冻死耕牛几千头。东兴市的马路及防城港市的防城镇、那梭一线西、北部橡胶苗冻死80%左右
1975	广西7个地区（除百色地区），12月中旬初至12月底，受寒潮影响，普遍出现历史上罕见的降雪、霜冻和雨凇。田间作物、树木受严重冻害，耕牛冻死，电线压断
1976	1月27日至2月5日，2月8—10日，资源下雪，冰冻严重，交通中断
1980	1月底，资源、荔浦、平乐、金秀大范围下雪、结冰，地面积雪6～7 cm，农作物不同程度受害
1982	12月份，凌云、崇左、宁明出现霜冻，牲畜、作物受害严重

续表

年份	农业受灾情况
1983	12月下旬，河池地区、右江南北山区及阳朔，下了罕见大雪，各地普遍积雪十几厘米，交通中断，作物严重受害。龙胜受1月初强冷空气影响，下雪，冰冻，造成5天气温低于0℃，积雪深16 cm，是有记录以来最大的一次。资源、桂林、三江、融水、来宾、田林1月下旬降大雪，交通中断，作物受冻害
1985	1月2—11日，2月18—21日，12月10—14日，资源3次出现冰冻雨凇，损失严重，仅交通部门损失约6万元
1987	12月出现了比较明显的霜冻天气，桂南香蕉产区不同程度受害
1989	1月中旬初，2月上旬中，资源出现冰冻和雨凇，交通中断，作物冻害；桂南香蕉产区不同程度受害
1993	1月15—18日，桂西南地区的龙眼、荔枝、芒果等遭受较为严重的霜冻影响，损失严重
1995	1月5—7日，广西出现了近年来较强的低温天气，广西境内的龙眼、荔枝、芒果等热带、亚热带果树出现了不同程度的霜（冻）害，轻者嫩梢、花序枯萎，重则整株受霜（冻）害枯死。仅崇左县左江华侨农场那隆分场67.9 hm^2 龙眼中就有21.7 hm^2 的植株冻枯至基部，占该分场龙眼种植面积的32.0%，损失惨重
1999	12月21—29日，广西大部分县（市）出现严重霜冻、冰冻天气，全区受灾作物面积近140万 hm^2，经济损失近200亿元。其中甘蔗受冻33.4万 hm^2，占未砍收甘蔗面积的87.2%，严重受灾面积达25.5万 hm^2，占未砍收甘蔗面积的58.7%。受冻果树面积达46.3万 hm^2，占全区果树种植面积的43%，其中香蕉6.9万 hm^2，龙眼15.7万 hm^2，荔枝9.7万 hm^2，柑橙类10.3万 hm^2，其他果树3.7万 hm^2。另外冻死果树苗木5 284万株。冬菜受灾面积为28.7万 hm^2，占已种冬菜面积的53%，其中受冻死亡冬菜5.9万 hm^2，占已种冬菜面积的11%。此外，冬玉米等粮食作物也普遍遭受冻害，受害面积8.6万 hm^2，失收1.8万 hm^2。另外，广西的水产（淡水、海水）养殖业也严重受灾，罗非鱼、鳗鱼等亚热带鱼类及对虾被冻死
2000	12月22—26日，有32个县、市先后出现1～6天霜冻或冰冻天气，农作物不同程度受灾
2001	1月28—29日及2月14—17日，先后有55站次出现不同程度的霜冻和冰冻天气，全区农作物成灾面积3.05万 hm^2，其中粮食作物成灾面积0.59万 hm^2；经济作物成灾面积1.46万 hm^2，包括甘蔗0.49万 hm^2、蔬菜0.77万 hm^2；水果成灾面积1.0万 hm^2，包括香蕉0.12万 hm^2、荔枝0.43万 hm^2、龙眼0.32万 hm^2。 12月22—31日，有80个站次出现了不同程度的霜冻和冰冻天气。其中出现冰冻的有26个县（市），大部分出现在桂东北。此外，百色地区的隆林、靖西，南宁地区的上林，钦州市的灵山也出现了冰冻；出现霜冻的县（市）达54个。据农业部门12月29日统计，全区有9个地（市）32个县因霜冻不同程度受灾，农业经济损失达1.3亿元，全区农作物受灾面积12.09万 hm^2，其中粮食作物受灾面积1.14万 hm^2；经济作物受灾面积7.37万 hm^2，包括甘蔗4.33万 hm^2、蔬菜2.53万 hm^2；水果受灾面积3.58万 hm^2，包括香蕉0.85万 hm^2、荔枝1.51万 hm^2、龙眼0.64万 hm^2

续表

年份	农业受灾情况
2002	12月25—27日，全区有33个县（市）出现雨夹雪或小雪，12个县（市）出现冰冻，受灾农作物2.85万hm^2，成灾1.73万hm^2，绝收0.5万hm^2；死亡大牲畜3万头；农业经济损失8.2亿元
2003	1月5—6日，桂北、桂中有47个县（市）降雪，桂北有13个县（市）还出现了冰冻，10个县（市）有雨凇。1月7—13日，广西大部地区出现霜（冰）冻天气。降雪或霜（冰）冻天气使甘蔗、冬菜、水产养殖、畜牧业及经济林果不同程度受害，受灾较重的是桂林、河池、百色、柳州4市和南宁、梧州、贺州等县（市）。全区共98个县（市、区）受灾，农作物总受灾面积54.49万hm^2；农业直接经济损失达20.92亿元
2004	2月9—10日，广西先后有64个县（市）出现霜冻、冰冻天气。百色、河池、北海、防城港、来宾5市共14县（市），116个乡镇受灾，农作物受灾面积3.43万hm^2，其中玉米0.067万hm^2，甘蔗1.96万hm^2，水果0.656万hm^2；死亡家禽655只、牲畜224头；损失水产品9 t
2005	1月1日，受强冷空气影响，广西有35个县（市）出现冰冻，2个县（市）出现霜冻。1月14—15日，广西北部出现霜（冰）冻，其中14日有9个县（市）出现霜冻，22个县（市）出现冰冻，15日有7个县（市）出现霜冻，9个县（市）出现冰冻。12月7—8日，桂东北部分县（市）出现霜冻或冰冻，其中7日冰冻10个县（市），霜冻3个县（市）；13—23日，广西共42个县（市）出现霜冻或冰冻，其中阳朔、荔浦出现了7天；范围最大的一次是在19日早晨，共有32个县（市）出现霜（冰）冻。霜（冰）冻天气对当地甘蔗、香蕉等造成不利影响，全区作物受灾面积17.31万hm^2、成灾4.19万hm^2
2006	1月7日，桂东北有8个县（市）出现冰冻或霜冻。1月9—11日，桂东北38个县（市）出现冰冻或霜冻天气。12月7—8日，桂东北13个县（市）出现霜冻或冰冻。12月13—23日，广西共有42个县（市）出现霜冻或冰冻，其中阳朔、荔浦等地持续出现7天霜（冰）冻天气。霜（冰）冻天气对蔬菜、水果及水产养殖、家畜安全越冬有不利影响

2.5.2 致灾机理与成因

热带、亚热带植物对温度条件的要求比较高，喜高温多湿，怕低温，忌霜寒。在遭受寒害后，因品种类型、低温强度不同，受害的表现症状有所不同。轻者叶片、枝条焦枯，重者树干干枯甚至整株死亡，造成减产，甚至绝收。最易见的一般症状是表面斑点、局部坏死和外观变色，不耐寒的热带植物遇到短暂低温即现褐色斑点。成长的绿色果品受害后通常不能正常成熟。如绿色香蕉在稍低的温度下蕉皮即呈烟熏状或暗黄色；温度更低时，蕉皮则转暗褐色或黑色。表面斑点、局部坏死及组织衰弱都易引起腐烂。受害的组织易感染诸如链孢霉腐菌的微生菌。即使不腐烂，贮藏寿命也将因斑点、坏死、不成熟而大为缩短。

有关植物寒害的研究表明（龚玉兵等 1989，李茂富等 2005，刘长全 2006），寒害扰乱了植物整个代谢与生理过程。其主要致灾机理与成因如下：

（1）细胞原生质膜遭到破坏。植物在低温逆境条件下，细胞原生质膜的结构受到破坏，细胞膜的选择透性改变或丧失，细胞内物质大量外渗。低温是通过损伤植物细胞生物膜达到损伤细胞乃至植物体的；液泡膜结构的破坏是导致细胞死亡的关键。电解质的外渗，导致组织浸泡液电导率增高，植物抗寒力下降。研究发现，香蕉的抗寒力与电导率呈负相关。

（2）光合作用减弱、产物输运受阻。低温造成植物光合作用速率下降，合成的糖分（主要是葡萄糖）减少；同时，由于光合产物输运受阻造成蔗糖、淀粉一类碳水化合物的积累，更加降低了光合作用的速率。

（3）呼吸作用失调。低温使植物呼吸作用（与光合作用相比）增强。植株为抵御寒冷，通过呼吸作用释放大量的能量，使得作为呼吸作用基质的糖分解加快。但由于光合作用很弱，合成的糖很少，不足以提供消耗所需的能量，迫使部分淀粉水解转化为糖以供消耗。

（4）酶促反应平衡遭到破坏。低温损伤了生物膜上酶的活性。酶是由蛋白质构成的，具有很强的催化作用，但酶的催化性能必须在适当的温度下才能实现。低温使合成酶活性降低，而水解酶活性却被激活。随着酶水解的增加，细胞内酶含量减少，导致生物合成速度的降低和停止。

（5）水分、养分平衡遭到破坏。寒害出现前，由于植物在温暖的环境下生长旺盛，植株体内积累糖分少，含水率高，其抗寒能力较弱。寒害出现时，由于气温急降、空气干燥，使植株蒸腾失水剧增，可导致植株体因失水过多而生理干死。寒害出现后，特别是大面积霜冻、冰冻后，处于冻结状态的植株受到早晨太阳照射后，融解速度加快。植株冻结融解后的水分还未回到细胞内即被蒸发，使植株因水分不足而死亡，加重了寒害的危害程度。

造成华南经济林果寒害的低温天气过程一般可分为辐射降温型、平流降温型和混合降温型 3 种类型：①辐射降温型寒害。主要是夜间辐射降温剧烈，白天光照条件较好，过程日平均气温不是很低，但气温日较差大，造成寒害的主要气象因子是极端最低气温。②平流降温型寒害。一般是冷空气达到后，天气出现连续阴天或伴随有降水，过程日平均气温比较低，气温日较差小，过程持续时间相对比较长；寒害的形成除受降温程度影响外，还与寒冷的时间积累（积寒）有关。③混合降温型寒害。一般是弱的冷空气到达后，出现低温阴雨天气，其后有较强冷空气补充，天气急转晴，由原来主要是平流型降温转为主要是辐射型降温。

2.5.3 致灾指标

寒害致灾指标可分为生物学、气象学指标两类。生物学寒害指标，以表征承灾体受害症状和受害程度为主，主要是在对承灾体受害症状实际调查的基础上进行指标确定。气象学寒害指标，主要是依据区域寒害发生的天气条件，筛选致灾因子或因子组合，结合承灾体受害情况，进行区域寒害指标的确定。两类指标相比，生物学寒害指标在资料获取和区域比较等方面存在明显的局限性。目前有关气象学寒害指标的研究，区域涉及广东、广西、福建等省（区），对象涉及冬季寒害、经济林果、橡胶和水稻。

2.5.3.1 香蕉、荔枝寒害指标

长期以来，香蕉、荔枝寒害的致灾因子都是沿用表征寒潮的过程降温幅度和最低气温，但最新研究表明（杜尧东等 2006），70%以上的寒害是由中弱冷空气多次补充南下造成的，并未达到寒潮标准。而香蕉、荔枝寒害的临界温度为 5.0 ℃；即日最低气温在 5.0 ℃以下才会使香蕉、荔枝受害。当日最低气温≤5.0 ℃时，香蕉、荔枝寒害过程开始；当日最低气温>5.0 ℃时，寒害过程结束。因此，仅考虑寒潮过程及其指标，不能准确地表征香蕉、荔枝寒害。为此，杜尧东等（2006）选择寒害过程的极端最低气温、日最低气温≤5.0 ℃持续日数、≤5.0 ℃积寒、最大降温幅度作为致灾因子，构建综合寒害指数；以综合寒害指数进行香蕉、荔枝寒害等级划分。其意义在于用降温幅度、最低气温可以较好地表征强冷空气入侵引起的平流型、辐射型寒害的剧烈程度，用低温持续日数、有害积寒可以较好地表征中弱冷空气多次补充造成的平流型寒害的累积作用，实现了对香蕉、荔枝平流型寒害、辐射型寒害和混合型寒害的全面表征。

（1）综合寒害指数的计算。将 4 个致灾因子的标准化值分别乘以权重系数后求和，作为原来 4 个致灾因子的综合指数。即：

$$HI=\sum_{i=1}^{4}a_iX_i \tag{2.5}$$

式（2.5）中 HI 为逐年综合寒害指数；X_1 为逐年极端最低气温的标准化值；X_2 为逐年日最低气温≤5.0 ℃持续日数的标准化值；X_3 为逐年日最低气温≤5.0 ℃积寒的标准化值；X_4 为逐年最大降温幅度的标准化值；a_1，a_2，a_3，a_4 为相应因子的权重系数，采用主成分分析法进行计算。

对逐年值进行数据标准化处理的计算公式如下：

$$X_i=\frac{x_i-\bar{x}}{\sqrt{\frac{\sum_{i=1}^{n}(x_i-\bar{x})^2}{n}}} \tag{2.6}$$

式（2.6）中 x_i 为某一致灾因子第 i 年的实际值；$\bar{x}$ 为相应致灾因子的多年平均值；i 为年份；n 为总年数；X_i 为某一致灾因子第 i 年的标准化值。

（2）香蕉、荔枝寒害等级指标。依据综合寒害指数，将香蕉、荔枝寒害分为轻度、中度、重度、极重四个等级（表 2.11）。

表 2.11　香蕉、荔枝寒害等级指标

致灾等级	轻度	中度	重度	极重
综合寒害指数（HI）	$-1\leqslant HI<0$	$0\leqslant HI<1$	$1\leqslant HI<2$	$HI\geqslant 2$
减产率（Δy）危害参考值（%）	$\Delta y<10\%$	$10\%\leqslant\Delta y<20\%$	$20\%\leqslant\Delta y<30\%$	$\Delta y\geqslant 30\%$

2.5.3.2　荔枝、龙眼、芒果霜冻害指标

庞庭颐（2000）根据 1999 年 12 月下旬广西出现的大范围霜冻、冰冻天气，通过对受灾比较严重的桂南 14 个县（市）气象站附近果树的调查分析，确定了荔枝、龙眼、芒果等霜冻害分级标准及温度指标（表 2.12），为广西进一步开展荔枝、龙眼、芒果等果树种植气候区划及寒害监测、预警服务提供了参考依据。

表 2.12　广西荔枝、龙眼、芒果的霜冻害分级指标

级别	受害程度	荔枝、龙眼成龄树冻害指标 最低气温（℃）	芒果成龄树冻害指标 最低气温（℃）
1	晚秋梢或冬梢叶片受害，树冠叶片受害率<10%	−0.1～−1.5	−0.1～−1.0
2	树冠叶片受害率为 10%～50%	−1.6～−2.0	−1.1～−1.5
3	树冠叶片受害率为 51%～80%	−2.1～−3.0	−1.6～−2.5
4	树冠叶片受害率为 81%～100%，主枝枯，或主干裂皮	−3.1～−4.0	−2.6～−3.5

资料来源：庞庭颐，2000

2.5.3.3　甘蔗冻害指标

1970 年以来，国内有关文献一般将甘蔗冻害分为 4 级：轻（霜冻）、中（霜冻）、重（霜冻）及严重（霜冻），但不同文献的分级标准有所不同。

李仕谟等（1985）根据对广西 1982/1983 年冬季的甘蔗冻害调查结果，首先给出了广西甘蔗冻害温度指标。

涂方旭等（2002）在前人调查结果基础上，以气象站和气象哨观测场附近的冻害程度和霜冻低温记录为依据，通过分析当地大田甘蔗重冻害比率（全县甘蔗重冻害面积与甘蔗种植面积的百分比）与最低气温的关系，发现重冻害比率与最低气温之间的相关密切，确定最低气温 1.0，−0.4，−1.0 和

－2.0 ℃作为甘蔗轻（霜冻）、中（霜冻）、重（霜冻）及严重（霜冻）各等级冻害的起点最低气温指标（表 2.13）。

表 2.13　广西甘蔗冻害（霜冻）等级指标

级别	受害程度	最低气温（℃）
轻	蔗叶轻微或部分受害	1.0～－0.4
中	蔗叶上部和生长点受害	0.5　1.0
重	生长点及茎上部芽冻死	－1.1～－2.0
严重	地上茎全部冻死	＜－2.1

资料来源：涂方旭等，2002

谭宗琨等（2006）依据广西南宁、百色、扶绥、玉林、贵港、来宾、柳州、蒙山等农业气象试验站 1999/2000 年冬季严重霜冻灾害期间，对不同区域、不同程度受害甘蔗的田间调查及甘蔗田间锤度测定结果，结合 1982/1983 年冬季广西甘蔗冻害调查资料及有关文献，对广西甘蔗受冻害症状等级及相应的温度指标做了订正和补充（表 2.14）。

表 2.14　广西甘蔗受霜冻、冰冻危害程度及症状与低温强度

冻害等级	甘蔗受害症状	最低气温（℃）
轻	叶片仍呈青绿，无明显受害症状，但生长点已经坏死、变黑	2.0～－0.4
中	大多数叶片 1/2～1/3 的面积及叶尖已枯死，生长点及以下几个蔗芽坏死变黑，鞘部蔗芽受伤，留种受到影响。甘蔗仍可进行光合作用，蔗茎糖分仍可继续上升	－0.5～－1.0
重	叶片大部分枯白，只有叶鞘和近叶鞘的三叉口叶片有条斑状绿色，梢部蔗茎及蔗芽大部分死亡，无法留种茎	－1.0～－2.0
严重	蔗叶全枯白，蔗茎、芽全部死亡，有的蔗叶流糖汁，纵剖蔗茎呈黄色透明，似黄色的腊肉状，蔗糖分和纯度下降较快，如果霜后天气较暖，蔗糖分损失更大	＜－2.0

资料来源：谭宗琨等，2006

2.5.3.4　橡胶寒害指标

温福光等（1982）依据橡胶寒害发生的天气条件，将橡胶寒害分为平流型寒害和辐射型寒害 2 种类型分别确定寒害指标。平流型寒害指标：①轻寒害年，最大一次寒害积温＜50 ℃·d，橡胶 4～6 级受害率＜30%；②中寒害年，最大一次寒害积温为 50～70 ℃·d，橡胶 4～6 级受害率为 30%～50%；③重寒害年，最大一次寒害积温＞70 ℃·d，橡胶 4～6 级受害率＞50%。辐射型寒害指标：①轻寒害年，极端最低气温＞－1.0 ℃，橡胶 4～6 级受害率＜30%；②中寒害年，极端最低气温为－1.0～－2.2 ℃，橡胶 4～6 级受害率为30%～50%；③重寒害年，极端最低气温<－2.2℃，橡胶4～6级受害率>50%。

2.5.4 时空分布特征

2.5.4.1 广东寒害时空分布特征

近50年广东冬季寒害的时空分布特征（王春林等2004）如下：①寒害频数北多南少，各地平均年均1次，其中严重寒害近4成，严重寒害中又以降温型亚类最为典型，占6成以上；②寒害过程降温幅度平均达13.6℃，且越往南降温幅度越大，过程最低气温平均为2.6℃，高于冻害临界值0℃，寒害过程降温平均历时4天；③寒害分布于10月末至翌年3月底，其中12月到翌年1月累计占85%，月际分布大致呈以1月为峰值的单峰型，降温型亚类12月和2月多于1月，呈双峰分布；④1980年是广东冬季气温变化的分水岭，寒害年均综合频数前30年多（160站次），后20年少（96站次）；⑤寒害年代际变化特征为20世纪50，60，70年代逐渐增强，80年代迅速减弱，90年代有所回升，年代际寒害由强到弱顺序为20世纪70，60，50，90和80年代。冯颖竹等（2005）用广东省22个代表站1957—2001年冬季（12月至翌年2月）逐日平均气温和最低气温资料构建综合寒害指数，经自然正交分解，发现广东冬季寒害的地域分布主要有2大类型，即整体分布型和南北分布型；经小波变换分析，寒害整体分布型的主要振荡为准8年周期，南北分布型的主要振荡为准22年周期，综合而言，广东冬季寒害除具有准8年振荡的主要周期变化外，还有2～4年及22～24年的周期变化。

2.5.4.2 广西寒害时空分布特征

1959—2000年广西冬季冻害的地域分布和时间分布特征（易燕明等2002）如下：

（1）地域分布特点。①北部多于南部，山区多于河谷、平原。桂东北是全区发生冻害最多的地区，其次是金秀、南丹等高寒山区。出现冻害日数最多的是广西最北部的资源，42年共出现738天，平均每年出现17.6天。其次是桂东北的全州、灌阳、兴安、龙胜、三江，桂西北的乐业、南丹及金秀，平均每年冻害日数在5天以上。冻害发生概率最低的是桂东南及沿海地区，平均每站每年出现1.76天；其中桂东南的玉林、陆川、博白及沿海的防城、钦州、北海42年未发生过冻害。②以24°N为界，南、北部冬季冻害差异明显。北部42个站，42年间，平均各站发生冻害141天，平均每站每年冬季发生冻害3.4天；南部46站，42年间，平均各站发生冻害13天，平均每站每年发生冻害 0.3 天。平均各站冻害日数北部是南部的 10.8 倍。南部冻害日数最多是那坡，42 年间共出现 88 天，平均每年出现 2.1 天，不足北部冻害日数最多的资源的 1/8。北部冻害日数最少的是忻城，42 年间共出现 10 天，南部冻害日数最少为 0 天。

（2）时间分布特点。①年度变化。在 1959—2000 年的 42 个冬季里，广西每年都有冻害发生，平均每年出现冻害 155.2 站次，最多是 1975 年，出现 654 站次，其次是 1976 年，出现 541 站次，最少的是 1990 年，全区共出现 3 站次。42 个冬季里，广西平均每年出现冻害 19.8 天，最多的是 1962 年，出现 43 天，最少的是 1990 年，出现 2 天。②阶段变化。20 世纪 60 年代到 70 年代前期（1960—1976 年）为冻害频发时段，平均每年出现冻害 236.1 站次；20 世纪 70 年代后期到 20 世纪末（1977—2000 年）为冻害低值期，平均每年出现冻害 98.5 站次；在 1977 年以后的 24 个冬季中，只有 1982，1983 和 1999 年冻害站次在 42 年平均值以上，其余 21 个冬季的冻害站次均在多年平均值之下，42 年来的冻害最低值出现在 1990 年。广西冻害的频发时期，以 20 世纪 70 年代前期变化最剧烈，振幅最大，最多年冻害站次是最少年的 38.5 倍，42 年来最严重的冻害年 1975 年就出现在这一时段。③年代际变化。广西冬季冻害站次 20 世纪 70 年代最多，90 年代最少，由多到少依次是 70，60，80 和 90 年代，最多年代年平均站次是最少年代的 2.3 倍；从冻害日数年代际变化看，60—90 年代，广西冬季冻害平均日数逐年代减少，平均日数最多为 60 年代，最少是 90 年代，最多年代年平均日数是最少年代的 2.1 倍。

2.5.4.3 福建寒害时空分布特征

1950—2000 年福建冬季低温时间分布特征（蔡文华等 2005）如下：近 50 年全省范围出现了 3 个（1954/1955 年，1962/1963 年，1999/2000 年）异常偏冷年，2 个（1991/1992 年，1966/1967 年）明显偏冷年；出现异常偏冷和明显偏冷的总站次分别为 92 和 108 站次，频率分别为 2.7％和 3.2％。20 世纪 80 年代为偏暖年代，50 年代为偏冷年代。异常偏冷年，全省有一半以上的县、市出现明显或异常偏冷的低温；明显偏冷年，全省有 23％以上的县、市出现明显或异常偏冷的低温。异常或明显偏冷年的出现，往往会给福建省的果树、花卉及其他冬季作物造成不同程度的冻害或寒害。

依据极端最低气温及其频率的大小，将福建省划分为 5 个冻害等级区（马治国等 2006）：

（1）无冻害区。东南沿海地区，1971—2004 年没有出现≤－4 ℃的极端最低气温，几乎不受冻害的影响，本区包括 39 个站点。

（2）轻冻害区。该区出现了≤－4 ℃的最低气温，其频率为 2.94％～

20.59%，但没有出现≤−6 ℃的最低气温，受害轻微，包括福安、福鼎、三明、南平、闽清、武平、上杭、永安、漳平、永泰、永定等11个站点。

(3) 冻害区。该区出现了≤−6 ℃的最低气温，发生频率为2.94%～8.82%，对柑橘冻害影响很大，包括永定、古田、连城、大田、政和、沙县、尤溪、德化、松溪、建瓯、将乐、顺昌等12个站点。

(4) 严重冻害区。该区出现了≤−8 ℃最低气温，发生频率为2.94%～14.71%，包括长汀、武夷、清流、浦城、拓荣、建阳、明溪、邵武、宁化、泰宁、周宁、寿宁、屏南等13个站点。

(5) 极端重冻害区。只有少数站点出现了≤−10 ℃的最低气温，对柑橘形成了极端严重的冻害，但是不经常出现，影响较小，包括建宁、光泽和九仙山高山站等3个站点。

2.5.5 2008年南方低温雨雪冰冻灾害

2008年1月中旬至2月中旬，我国南方地区连续遭受低温雨雪冰冻灾害天气过程袭击。此次灾害性天气过程具有范围广、强度大、持续时间长等特点，极端最低温度和持续时间在许多地方达到了有气象记录以来的极值，大部地区为50年一遇，个别地区为100年一遇。据不完全统计，在此次低温雨雪冰冻灾害过程中，农作物受灾面积达2.15亿亩，绝收2 957万亩；森林受损面积近2.6亿亩；农业直接经济损失高达数百亿元。同时对交通运输、能源供应、电力传输及人民群众生活等造成了极其严重的影响和损失。总体上看，此次灾害性天气过程为新中国成立以来所罕见，既超出历史极值，也超出人们的经验估计。

2.5.5.1 灾害性天气过程特点与农业灾害发生概况

2.5.5.1.1 灾害性天气过程的特点

(1) 范围广。持续的低温雨雪冰冻灾害天气过程，不仅影响了包括贵州、湖南、湖北、安徽、江西、广西、重庆、广东、浙江、四川、陕西、江苏、云南、福建、河南、上海等省（区、市）淮河流域以南的大部区域，而且还影响了包括甘肃、山东、山西、宁夏等省（区）淮河流域以北的部分地区，全国共计有20多个省（区、市）受到影响，影响范围之大为历史所罕见。

(2) 强度大。河南、四川、陕西、甘肃、宁夏等省（区）降水量达1951年以来同期最大值。长江中下游地区的最低气温降至−6～0 ℃，部分地区降至−6 ℃以下，日最高气温与最低气温接近。湖北、安徽、江西、湖南、贵州、广西等省（区）大部地区气温比常年同期偏低2～4 ℃，部分地区偏低达4 ℃以上；河南、湖北、湖南、广西、重庆、贵州、甘肃平均气温均为历史同期最低值，宁夏为次低值。

(3) 持续时间长。长江中下游（江苏、安徽、湖北、湖南、江西、上海）及贵州日平均气温小于 1 ℃的最长连续日数仅少于 1954/1955 年，为历史同期次大值；长江中下游及贵州雨雪日数超过 1954/1955 年，为历史同期最大值；冰冻日数接近 1954/1955 年，为历史同期次大值。其中湖南、湖北、广西雨雪冰冻天气是 1954 年以来持续时间最长、影响程度最严重的，贵州 26 个县（市）的冻雨天气持续时间突破了历史记录。

造成此次灾害性天气过程的主要成因是大气环流异常和拉尼娜事件的影响。此次过程，欧亚地区出现的罕见、持续而稳定的大气环流异常形势，是大范围低温雨雪冰冻灾害的直接原因。这种大气环流异常形势主要表现在 4 个方面：①2008 年 1 月以来，中高纬度欧亚地区的大气环流呈现西高东低分布；②西北太平洋副热带高压偏强偏北，强大的副热带高压的位置稳定维持在我国东南侧的海洋上空，并多次向西伸展；③青藏高原南缘的南支低压槽活跃；④由于冷暖空气交汇区，暖湿空气在上，因此在对流层中低层形成稳定的逆温层。

自 2007 年 8 月，赤道中东太平洋海温进入拉尼娜状态后迅速发展；至 2008 年 1 月，已连续 6 个月海表温度较常年同期偏低 0.5 ℃以上。分析表明，这次拉尼娜事件是 1951 年以来发展最为迅速的一次，也是前 6 个月累计强度最强的一次。入冬以来，我国出现的降水异常分布特征和历史上较强拉尼娜事件发生后的冬季气候特征非常相似，表明拉尼娜事件是影响此次大范围持续低温、雨雪天气的重要原因之一。

2.5.5.1.2　对农作物的主要危害方式

此次低温雨雪冰冻灾害天气过程对农作物的主要危害方式有以下 5 种：①低温直接危害，包括 0 ℃以下低温造成的作物冻害、霜冻，5 ℃以下低温造成的南亚热带作物寒害；②积冰、积雪、冰冻，造成作物机械损伤；③低温寡照，造成作物发育不良；④土壤过湿，造成作物根系发育不良或渍害；⑤寡照高湿，诱发作物病害发生流行。

2.5.5.1.3　农业致灾的主要成因

此次低温雨雪冰冻灾害天气过程发生的时间正值我国南方地区冬季农业生产盛期和北方地区设施农业生产关键期。不同地区出现的低温冰冻是导致农作物冻害、寒害、机械性损伤发生的直接原因。主要致灾成因如下：

(1) 长时间持续低温雨雪冰冻已超出大部分农作物的临界生长（死亡）温度，导致叶片、花蕾或幼果的组织细胞脱水甚至冻裂。

(2) 灾害发生前，我国大部地区气温偏高，导致作物生育期提前，江南、华南、西南部分地区的油菜进入抽薹期甚至开花期、小麦进入拔节期甚至孕穗期，抗冻能力下降。

(3) 江南、华南、西南大部分地区地处山区或丘陵地带，农作物种植地多数分布在海拔高度相对高的区域，致使作物遭受低温冰冻、寒害影响更为严重。

(4) 在南亚热带和亚热带气候过渡带，由于常年气温相对较高，绝大多数作物的栽培多为露地栽培，采取设施防护的不多，加上种植的作物多为南亚热带喜温不耐寒作物，导致严重寒害的发生。

(5) 长时间积冰、积雪、冰冻，造成作物、蔬菜叶片、茎秆机械性破损、折断、开裂；果树树干枝条折断、撕裂等。积雪过厚引起部分大棚倒塌，使设施农业遭受毁灭性打击。

(6) 长时间连续低温雨雪、寡照、高湿，造成大田作物和大棚蔬菜生长严重受阻；植株长势变弱，苗情变差，叶片卷曲枯萎、落花落果、根系萎蔫、病害加重。部分蔬菜失去商品价值，上市时间普遍推迟 1 个月以上。大棚秧苗由于长势衰弱或冻死苗，无法按时移栽或无苗需重播改种。融雪后排水不畅，大田作物根系生长受阻，部分地区发生渍害。

(7) 受电力、交通、通信系统中断等的影响，部分水果、蔬菜主产区已采收的大量果品、蔬菜未能及时运出销售被冻烂或腐烂。

2.5.5.1.4　农业灾害发生区域分布概况

全国有 20 多个省（区、市）农作物不同程度受灾，越冬作物、蔬菜、设施农业、亚热带和南亚热带经济林果等遭受严重损失。尤其以油菜、冬种蔬菜、温室大棚、柑橘、茶叶、香蕉、荔枝、龙眼、菠萝、甘蔗、马铃薯、冬小麦等受灾最为严重。

从灾害区域分布看，西南地区的贵州、广西，长江中下游地区的湖南、湖北、江西受灾最为严重，其次是云南、四川、浙江、安徽、广东，其余省份受灾较轻。从海拔高度看，高海拔地区受灾最重，中海拔地区其次，低海拔地区较轻。

从灾种区域分布看，西南丘陵山地冰冻发生最重，长江中下游地区雪灾和湿害发生最重，华南中北部寒害发生最重。

按油菜、蔬菜、果树、茶树和小麦等进行受灾作物分类统计表明，全国油菜、蔬菜和果树受灾最重，受灾面积分别为 409.1 万，316.2 万和 185.6 万 hm^2。其次为茶树，受灾面积达到 43.9 万 hm^2。小麦受灾相对较轻。从受灾面积、成灾面积、绝收面积综合分析，湖南、湖北、贵州、江西、广西受灾最严重，其次为云南、四川、浙江、安徽、广东，其他省份相对较轻。绝收面积最大的5个省份分别是湖南、江西、贵州、云南、广西。

全国油菜受灾面积409.1万hm^2，其中成灾面积264.9万hm^2，绝收面积37.5万hm^2。受灾最重的省份是湖南、安徽、贵州、湖北、江西，其次是四川、云南、浙江、重庆、陕西。

全国蔬菜受灾面积316.2万hm^2，其中成灾面积155.6万hm^2，绝收面积56.5万hm^2。受灾面积超过19.3万hm^2的10个省份分别为：湖南、湖北、江西、广西、贵州、云南、四川、浙江、广东、山东。

全国果树受灾面积185.6万hm^2，其中成灾面积76.4万hm^2，绝收面积20.6万hm^2。受灾最重的省份是湖南、广西、江西、浙江和广东，其次是四川、贵州和湖北。

全国茶树受灾面积43.9万hm^2，其中成灾面积18.5万hm^2，绝收面积2.5万hm^2。受灾最重的省份是湖南、浙江、湖北、贵州和四川，其次是安徽、江西和河南。

2.5.5.2　广西灾害性天气过程特点与农业受害概况

2.5.5.2.1　灾害性天气过程的主要特点

2008年1月12日—2月18日，广西连续遭受低温雨雪冰冻天气过程袭击。此次灾害性天气过程的主要特点如下：

(1) 降温明显，平均气温异常偏低，范围广。

降温：受强冷空气影响，2008年1月12—15日，广西各地先后出现了大幅度的降温天气，大部分地区日平均气温下降幅度达8～18 ℃，共有63个县、市达到广西寒潮标准。

平均气温：2008年1月12日—2月18日，广西各地平均气温为0.9～11.5 ℃，比常年同期偏低3.8～5.8 ℃，全区所有县（市）的平均气温均为建站以来同期最低值。全区平均气温为6.6 ℃，比常年同期偏低4.9 ℃，偏低程度居1951年有气象观测记录以来同期第一位（图2.2）。

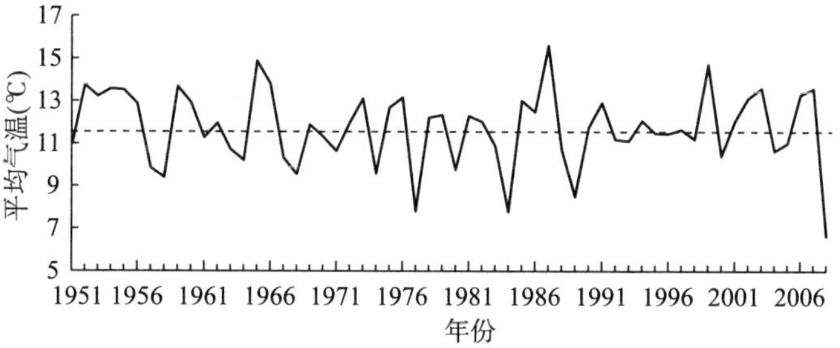

图2.2　1月12日—2月18日广西全区平均气温逐年变化图

（2）持续时间长。2008 年 1 月 14 日—2 月 12 日，全区平均气温连续 30 天低于 8 ℃，是 1951 年有气象观测记录以来持续时间最长的低温天气过程（持续时间次长的是 1984 年 1 月 19 日—2 月 7 日，持续 20 天）。2 月 13 日全区平均气温为 8.4 ℃，与 2 月 12 日相比较，上升了 0.6 ℃。这是自 1 月 14 日以来，全区平均气温首次高于 8 ℃（图 2.3）。

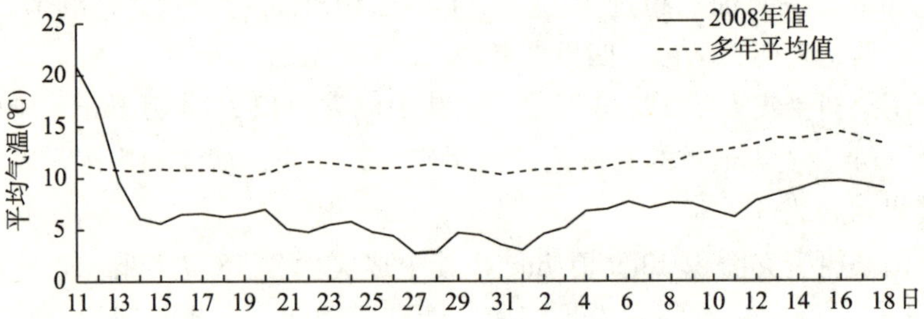

图 2.3　2008 年 1 月 11 日—2 月 18 日广西逐日全区平均气温变化图

（3）冻雨、冰冻影响严重。2008 年 1 月 14 日—2 月 18 日桂北地区共有 226 站次出现冰冻（图 2.4），101 站次出现冻雨（图 2.5），冰冻、冻雨最长持续日数分别为 22 和 21 天。是广西近 50 年来冻雨总站次最多、持续时间最长、影响最严重的一次过程。冰冻最长持续日数为近 50 年来第二位（第一位是 1975 年 12 月 10 日—1976 年 1 月 3 日，持续 25 天）。

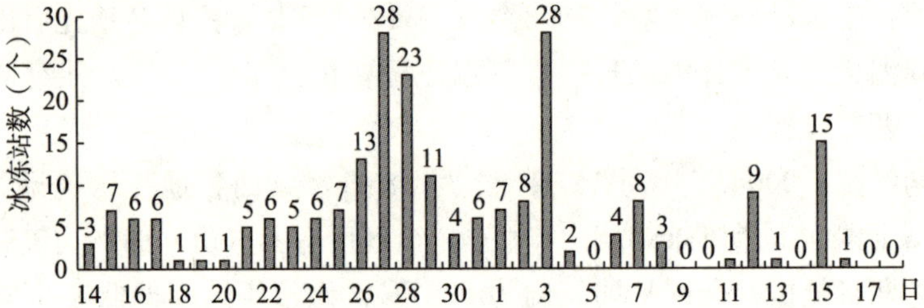

图 2.4　2008 年 1 月 14 日—2 月 18 日广西逐日冰冻站数变化图

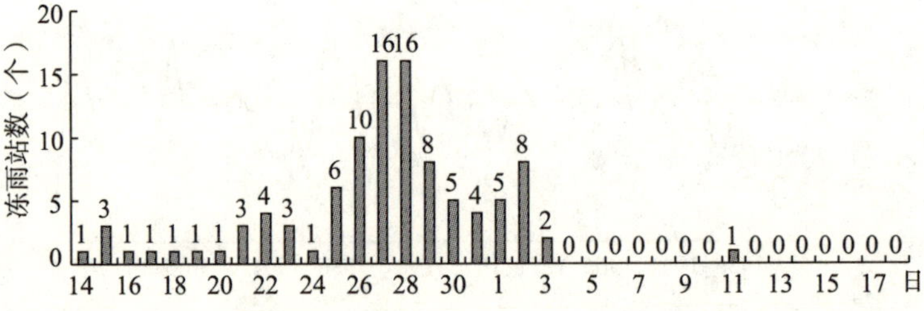

图 2.5　2008 年 1 月 14 日—2 月 18 日广西逐日冻雨站数变化图

（4）降水范围广，阴雨日数多。2008 年 1 月中下旬，全区各地降水量为

8.4～167.8 mm，与常年同期相比，大部分地区偏多3成～5倍。全区平均降水量为63.2 mm，比常年同期偏多1.2倍，偏多程度居1951年以来同期的第三位，仅次于1953和1997年。2008年1月中下旬大部地区降水日数为10～17天，全区平均降水日数为13天，比常年同期偏多4天，偏多程度居1951年以来同期第三位。

2.5.5.2.2 农业灾害发生概况

广西全区有106个县（市、区）不同程度受灾，冬季农业生产遭受严重损失，尤其以蔬菜、果树、甘蔗、茶叶、木薯、蚕桑、油菜等作物受灾严重。全区农作物受灾面积为134.3万 hm^2。其中：蔬菜受灾31.8万 hm^2，受灾率为63.5%；果树（包括柑橘、香蕉、菠萝、荔枝、龙眼、芒果和落叶果树等）受灾49.3万 hm^2；甘蔗受灾29.9万 hm^2，受灾率为32.2%；茶树受灾2.7万 hm^2，占全区茶园总面积的62.5%；木薯受灾16.5万 hm^2，占2007年种植面积的55%；油菜受灾4.1万 hm^2。全区农作物成灾面积为53.0万 hm^2。其中：蔬菜31.8万 hm^2，水果49.3万 hm^2，甘蔗29.9万 hm^2，茶树2.7万 hm^2，木薯16.5万 hm^2，油菜4.1万 hm^2。全区农作物因灾经济损失约为104.32亿元。不同农作物受害情况见图2.6。

大田莴笋受害情况

大田西红柿受害情况

大田白菜受害情况

大棚茄子苗受害情况

大棚食用菌受害情况

大田甘蔗受害情况

甘蔗芽冻坏

柑橘林结冰

正在生长的柑橘冻伤

大田香蕉受害情况

正在生长的香蕉果实冻坏

大田菠萝受害情况

荔枝花序受害

荔枝花芽坏死

芒果花序受害

芒果花芽坏死

大田茶树受害情况

茶树结冰

大田油菜受害情况

大田油菜受害情况

柑橘树受害折断

桃树受害折断

图 2.6 2008 年低温雨雪冰冻灾害广西主要农作物受害情况

从灾害发生区域分布看，桂北、桂中、桂西地区遭受灾害的影响最为严重，其次是桂南、桂东南、右江河谷地区。其中桂北的资源、灌阳、兴安、全州、龙胜；桂东北的富川、昭平、八步、钟山、蒙山；桂西的隆林、西林、田林、凌云、乐业；桂西北的天峨、南丹、凤山、环江、宜州、三江等县（市、区）受灾最为严重。

2.6 水稻高温热害

2.6.1 概念与发生概况

水稻高温热害是影响我国南方稻区水稻增产的农业气象灾害之一，主要影响长江流域中稻结实率和双季稻区的稻谷子粒重。水稻高温热害主要发生在长江流域和华南稻作区。尤其是长江流域的双季早稻和中稻的开花灌浆期正值盛夏高温季节，经常出现高温，造成水稻结实率下降及稻米品质变劣、影响生产。近年来，在全球气候变化的背景下，长江流域高温发生频率和强度均有所增加，与伏旱并发，对农业生产造成的危害程度加重，例如 2006 年长江上游的川渝地区高温伏旱，导致水稻减产 500 万 t 以上，2007 年夏季江南、华南的高温干旱也对水稻生产造成严重影响。

水稻在生长发育过程中对环境温度有一定的要求，当外界温度超过其生物体所能承受的温度时，就会受到伤害，在不同的发育阶段造成的影响有所不同。高温热害是指环境温度超过水稻适宜温度的上限，对水稻的生长发育造成危害，导致产量下降。受种植区域气候影响，水稻高温热害主要发生在三个阶段：一是早稻、中稻孕穗开花期；二是早稻、中稻灌浆期；三是晚稻育秧期。在水稻的整个生长发育过程中，以开花期对高温最敏感，灌浆期次之，营养生长期最小；但从产量构成来看，则表现为结实率对高温影响最敏感，每穗粒数次之，千粒重第三，每株穗数量最小。水稻不同发育期遭遇高温热害，造成的危害不同，秧苗期遭遇热害，轻则导致幼苗灼伤，重则导致死苗；幼穗分化期遇到高温，主要造成枝梗和颖花大量退化，禾穗短小，穗粒数少；减数分裂期和抽穗开花期遇到高温危害，主要影响花粉形成和发育，破坏受精过程，导致空壳率增多，结实率下降；灌浆期遇到高温主要是造成谷粒灌浆恶化，子粒不饱满，千粒重和实粒率下降，三者均导致减产。高温逼熟是指灌浆期的水稻所受的热害，不仅会导致子粒灌浆不饱满，粒重减轻，而且还造成米粒疏松、碎米率提高、垩白增大、米质变劣。不同高温强度及其持续时间对水稻结实率和灌浆的影响不同，温度越高、持续时间越长对水稻的伤害越大，秕粒率、空壳率越高。

2.6.2 致灾机理与成因

江南、华南双季早稻一般在6月中旬至7月初进入孕穗开花阶段，7月进入灌浆成熟阶段；四川盆地、长江中下游地区中稻一般在7月中下旬至8月上旬抽穗开花。水稻开花后需经25～45天左右成熟；此时，我国南方天气主要受副热带高压控制，一般年份长江流域正处于出梅以后的高温、少雨的干燥阶段，因此高温对早稻灌浆和中稻穗分化、开花影响较大。

水稻从抽穗开花到结实成熟阶段，是决定实粒数、结实率、粒重和产量的关键时期。在正常情况下，在稻穗抽出剑叶的当天或1～2天就会开花。水稻开花过程是指从外颖张开到闭合的过程。一般情况下，从外颖张开到全开度，约需10～20分钟，在全开度下，持续半小时以上，颖壳开始闭合，闭合过程需20～30分钟。温度高，开颖过程短；温度低，开颖过程长。水稻开花时间还因品种、地区和季节而有差异。从群体来看，抽穗开花全过程约5～7天，抽穗与开花时间基本呈同步，或相差1～2天。水稻多在上午8—10时开花，10—12时开花最旺盛，下午3时后开花数极少。

高温对扬花期水稻的危害主要有几个方面：一是影响开花，特别是高温低湿时，影响浆片吸水膨胀，造成不开花；二是影响花药开裂，高温时失水过快，花药开裂困难甚至不开裂；三是影响花粉活力，高温下花粉寿命大大缩短，当最高气温达到37 ℃以上时，水稻花粉死亡速度加快；四是影响花粉管伸长，温度高于40 ℃时，花粉管伸长明显不良；五是影响受精，由于上述因素的综合影响，高温下造成受精不良，最终降低结实率。水稻灌浆期最适温度为21～25 ℃，35 ℃以上高温会使水稻子粒内磷酸化酶和淀粉的活性减弱，灌浆速度减低，稻粒就易停止发育，影响到干物质的积累，形成半实粒，并且造成米粒质地疏松、千粒重降低、米质变差。

在高温条件下开的花，花药容易干凋，花粉不易飞散，柱头生理受损，或因花粉破裂，失去授粉能力，造成空壳。高温的强度、持续时间、出现时段及昼夜温差等都对空秕率有直接影响。因此，水稻对高温危害的敏感期为盛花期，高温直接导致水稻的颖花不育，花粉的畸形率增加，影响水稻颖花的开花、散粉、受精过程。研究表明：高温对水稻开花过程造成的伤害主要是破坏了受精过程，雄蕊受高温危害，花粉失水不能开裂或代谢过程受到破坏，降低了生活力，不能正常授粉。与此同时，失水的雌蕊柱头附着花粉的能力降低，花粉总量和发芽的花粉量减少，柱头上的花粉不能萌发或变成畸形，即使萌发但因高温影响而停止花粉管伸长，当气温高于 40 ℃时，花粉管伸长明显不良，不能到达胚囊，从而导致不实、空壳粒增多。水稻颖花开花前是对高温最敏感的时期。在开花、授粉结束，子房体明显伸长后抗热能力有所加强。对单花而言，敏感期为开花的前一天；对稻穗或稻田而言，敏感期为盛花期，此时遇有高温胁迫，易诱发小花不育，造成受精障碍，严重影响结实率及产量。试验结果表明（西山岩男等 1981），将未进行高温处理的花粉授于经过高温处理的颖花上，在 35 ℃的高温条件下授粉，颖花几乎完全受精；在 38 ℃高温下授粉，颖花的受精率也相当高，但在 41 ℃高温条件下授粉，颖花则完全没有受精。因此，水稻开花期受高温影响不受精的主要原因是雄蕊或花粉对高温的敏感性强而引起的；雄蕊受高温影响造成的开花障碍主要是由于花药开裂不良，花粉达不到柱头以及柱头上的花粉发芽不良所造成的。在水稻开花第一天进行 5 小时 40 ℃高温处理，结果表明（张彬等 2007）：高温处理后，颖花的花粉活力均显著下降，但随开花日序的后移其下降幅度逐步减小；高温处理的当天或其后 1 天，花粉在柱头的萌发率以及花粉溶液的可染率分别平均降低了 12%和 26%，而在处理后 4 天的降低幅度减小。相同的趋势也表现在同期开花颖花的结实特征上，高温处理的当天和其后 4 天开花颖花的结实率分别下降了 14%和 52%；而高温处理当天的空粒率和秕粒率也提高了 4%～10%。表明水稻遭遇短期高温后，随着开花日序的后移高温对颖花形成的热害逐渐降低。

高温对水稻灌浆的影响主要表现在秕粒率增加，实粒率和千粒重的降低上。水稻受害表现为最后 3 片功能叶早衰发黄，灌浆期缩短，千粒重下降，秕粒率增加 10%～30%，有的高达 40%～50%。其危害的机理是增加植株的呼吸强度，减少干物质积累。同时，高温加剧作物蒸腾失水，导致植株体水分代谢失衡，使子粒灌浆能力削弱，促使子粒在尚未达到饱满时就很快成熟，造成秕粒。持续高温天气对结实的影响，主要是通过影响水稻生育后期的生长状态，改变营养物质的制造、积累、运转、分配状况，加剧灌浆物质供应水平的恶化，从而影响水稻结实的。有关研究表明，乳熟前的高温伤害主要是降低实粒、增加秕粒，乳熟后期的高温伤害主要是降低千粒重。研究还表明高温对水稻灌浆的影响主要在于子粒过早减弱或停止灌浆，即高温缩短了子粒对贮藏物质的接纳期。其原因是灌浆期遇到高温会使子粒内磷酸化酶和淀粉的活性减弱，灌浆速度减低，影响到干物质的积累。另外，高温还增加了植株的呼吸强度，使叶温升高，整个植株体代谢也明显失调，所以灌浆期的高温最终表现为“逼熟”现象。结实期的高温，尤其是36 ℃的持续高温，对水稻的结实很不利，不仅导致水稻子粒充实度差，结实率低，糙米率低，而且会使稻米的氨基酸含量降低，外观品质变劣。高温下水稻叶片叶绿素总量及叶绿素a和叶绿素b的含量下降，光合效率降低。高温导致植株叶绿素失去活性，阻滞光合作用的暗反应，降低光合效率，消耗增强；高温使细胞内蛋白质凝聚变性，细胞半透性丧失，植物的器官组织受到损伤；高温使光合同化物质输送到穗和粒的能力下降，酶的活性降低，灌浆期缩短，子粒不饱满。还有研究表明，高温抑制淀粉合成不是由于光合产物供应不足，而是由于淀粉合成过程中有些酶的失活造成的。研究显示，高温可使水稻的腹白米率达30%。另外，高温对稻米的碾米品质和食用品质均有影响，主要是由于灌浆成熟期高温使稻米的直链淀粉含量增加，皮层加厚，精米率和碾米品质降低。

2.6.3 致灾指标

水稻在抽穗前后10天对高温较为敏感，当日平均气温达30 ℃以上，就会对器官和开花结实造成影响。孕穗期如遇35 ℃以上的持续高温，会造成花器官发育不全，花粉发育不良，活力下降；抽穗扬花期如遇35 ℃以上高温，会影响散粉和花粉管伸长，导致不能受精而形成空壳粒。同时，湿度和光照等气象因素，对空秕粒的形成也有很大影响。水稻开花受精最适宜的湿度为70%～80%，在高温情况下，气候太干燥，更容易形成空壳。

结实率下降的幅度随着温度的升高、持续时间和开花期相遇时间的延长而加重。研究结果表明：在29～32 ℃范围内，杂交水稻的空秕率随温度的升高而降低；在32～41 ℃范围内，随温度升高而增加；在38～41 ℃范围内，增加尤为剧烈。杂交中稻开花授粉期，在同样高温条件下抽穗扬花，杂交稻的空壳率明显高于常规稻。灌浆期当日最高气温≥35 ℃时，粒重增长速度受到明显抑制；连续3天最高气温≥35 ℃，千粒重开始下降；连续7天最高气温≥35 ℃，受害明显加剧；连续10天以上最高气温≥35 ℃，千粒重会降到最低值。

热害与高温的持续时间关系较大，研究表明（郑建初等 2007），在水稻抽穗期遇到持续 3 小时 35 ℃的高温或者持续 1 小时 37 ℃的高温，对结实影响不大；而遇到持续 5 小时 39 ℃以上的高温或者遇上 3 天（5 小时/天）以上超过 35 ℃的高温，将会对水稻结实率造成严重的影响。当抽穗期温度持续 3 天以上（5 小时/天）达到 35 ℃时，水稻结实率降至 70％以下；当抽穗期温度持续 3 天以上（5 小时/天）达到 37 ℃时，水稻结实率低于 50％；当抽穗期温度达到 41 ℃时，持续时间仅 1 小时结实率就可下降 50％。

在实际生产中，高温往往与低湿相伴出现，共同影响结实率。如果在水稻花期气温＞34 ℃，但水稻穗层相对湿度大于 60％以上时，其受害程度明显降低。但目前关于空气湿度与热害间相关定量的研究较少，水稻高温致灾指标多以气温为主要指标。

2.6.4 时空分布特征

长江中下游地区一般年份在 6 月中旬中期入梅，7 月上旬末出梅。梅雨结束时，大气环流有一次大的调整，冷空气势力范围进一步北撤，太平洋副热带高压（简称“副高”）逐渐西伸北抬，副高脊线北移到 25°～30°N，588 线控制江南大片区域。副热带高压控制下，盛行下沉气流，天气晴朗少云，地面增温迅速，出现持续高温天气，往往日最高气温达到 35 ℃以上，甚至可达到38～40 ℃。因此，在 7 月中下旬至 8 月上旬进入开花灌浆的中、早稻常常会受到高温危害，但由于每年副高的进退与强弱不同，高温影响的区域与范围有所差异。

江汉平原是水稻花期高温危害的重灾区，该地区 7 月中旬至 8 月中旬常受副热带高压控制，容易出现持续高温天气，加上该地区的粮食主产区多为平原地区，其特有的盆地环境常会使持续高温加重，而此时正处于中稻孕穗和抽穗开花的敏感时期。研究表明（李守华等 2007）：江汉平原 7—8 月（中稻花期）一般高温危害天气的发生频次明显大于严重高温危害天气，20 世纪 60 年代初的个别年份发生频次较高，一般高温危害天气高达 9 次，严重高温危害天气也高达 4～5 次。20 世纪 90 年代以后，平均气温≥30 ℃连续 3 天特别是连续 5 天的高温天气的发生频次明显增加，没有发生高温危害的年份极少，仅 1999 年；日最高气温≥35 ℃连续 3 天的高温天气的出现频次也明显增加，出现了 3 次以上的就有 4 年；导致江汉平原中稻花期灾害的高温天气主要集中于 7 月中、下旬和 8 月上旬。

江淮地区也会发生水稻高温热害，据郑建初等（2007）研究，每隔 1～2 年就会出现持续 5 天以上日最高气温高于 35 ℃的高温，表明这一地区 7 月中旬至8月中旬出现高温危害水稻的几率较高。有研究表明，近50年江淮地区7月下旬至8月上旬的极端最高气温以1966年为最高，其次为2003年，其他还有1959，1967和1994年等，但高温对水稻结实影响最大的为2003年。图2.7显示了江淮稻区代表站1981—2005年持续高温日数的出现次数，表明20世纪90年代以来，高温的频次有所增加。

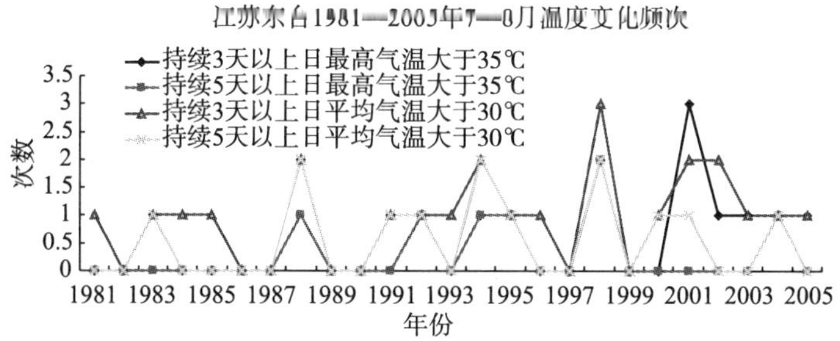

图2.7　江淮地区代表站水稻开花灌浆期不同强度高温天气的出现频率

江南地区热害的发生频率较高，研究表明，20世纪90年代浙江几乎每年都出现高温逼熟，出现几率高于20世纪其他年代。浙江省高温热害主要出现在浙江中西部。另据统计，江西高温逼熟出现的气候概率为55.6%，平均不到两年出现一次，图2.8和图2.9显示了南昌1994—2003年逐年持续高温的

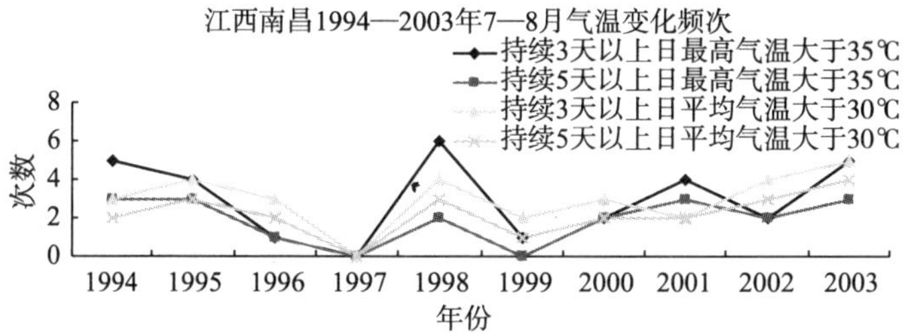

图2.8　江南地区代表站水稻开花灌浆期不同强度高温天气的出现频率

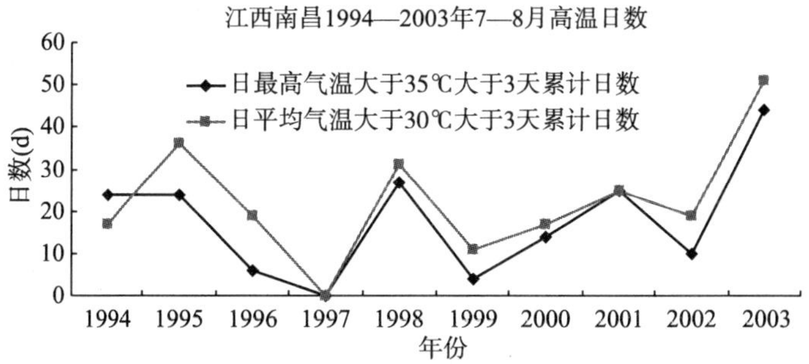

图2.9　江南地区代表站日最高气温高于30和35℃累计日数

出现频次以及高温的累计日数，其中2003年高温持续时间最长。湖南高温热害主要发生在7—8月，全省平均发生概率约为66%，其中部分地区曾在1998年7月27日—8月27日出现了连续32天的高温热害天气；大部分地区20世纪70年代中前期和90年代前期水稻高温热害较轻，20世纪70年代后期到80年代和21世纪初水稻高温热害较重。

四川盆地东部是水稻高温热害的多发区，主要发生时期为7月中旬至8月上中旬，并且常常与伏旱同时出现，其发生频率达40%～80%，高温与伏旱形成的复合灾害对水稻的危害较重，造成水稻产量的波动幅度最大可达20%以上。高温伏旱对水稻生产的危害程度是由其发生时间的早晚、持续时间的长短及范围的大小来左右的，在高温和伏旱同时出现的年份，水稻产量均为平年或减产年。常年四川盆地东部伏旱期内≥35 ℃高温天气一般为10～20天，伏旱较重的2001年大部地区高温持续日数为20～35天；最为严重的高温伏旱年为2006年，≥35 ℃高温日数为30～55天，部分地区≥40 ℃的高温日数达5～17天，局部地区突破44 ℃，导致水稻减产幅度达20%以上。

历史上大范围典型的高温热害年是1971和2003年。1971年长江流域稻区整个夏季气温持续偏高，早稻开花灌浆期遇到持续15天日平均气温在30 ℃以上的高温天气，导致早稻产量明显降低。2003年夏季，我国南方地区，特别是江南和华南地区出现持续高温（日最高气温≥35 ℃）天气，历时40余天，其持续时间之长、范围之广、强度之强，均为历史罕见。据南方13个省（区、市）的212个站资料统计，2003年夏季出现35 ℃以上高温天气的共有143站，占统计站数的67%。高温范围大大超过常年，造成南方13个省（区、市）稻区受害，江淮地区2003年从7月23日至8月7日连续16天日平均气温超过30 ℃，日最高气温超过35 ℃，其中7月23日至8月2日连续11天日平均气温超过32 ℃，日最高气温为36～39 ℃；气温之高，持续时间之长，为历史同期罕见。凡在这一阶段抽穗扬花的水稻均受到不同程度的影响，导致水稻结实率下降到30%～61%之间，受害严重的只有15%左右，有的田块甚至绝收，对中稻产量造成严重影响。江汉地区7月下旬至8月上旬出现了自1907年以来所仅见的持续暴热天气，造成在这一时期抽穗扬花的中稻结实率明显下降。湖北全省有46.7万多 hm^2 中稻结实率不同程度下降，其中结实率在30%以下的有6.7万多 hm^2，在50%左右的有20多万 hm^2，因灾损失粮食5亿多kg。长江中下游地区各地高温热害的出现时段略有差异，典型年不尽相同（表2.15），造成的损失有所不同，迄今为止，范围最广、危害最重的热害年为2003年。

高温与干旱形成复合灾害最严重的年份为2006年，从7月中旬至8月中旬四川、重庆大部地区日平均气温达 30 ℃以上，较大面积的稻田脱水时间多在 30 天以上。长时间的高温干燥天气使处于孕穗期的水稻无法抽穗，已抽穗的也不能正常授粉，空秕率增大；处于灌浆期的水稻，受失水和高温影响，出现逼熟现象。据调查，四川盆地中部和东北部未完全脱水的稻田水稻空秕率在 30％～40％，脱水开裂的稻田空秕率在 50％以上，盆地西南部稻区空秕率也高达 40％左右，均比正常年增加 25％～35％。旱区水稻普遍出现逼熟现象，灌浆期缩短，成熟期比常年提前 5～10 天，水稻千粒重比常年低 5％～10％。

表 2.15 长江中下游地区水稻热害的发生时段与典型年

地区	热害发生时段	典型年
长江中下游	7—8 月	1959，1960，1964，1965，1966，1967，1971，1977，1988，1989，1990，1994，2000，2003
江淮	7 月中旬—8 月上旬	1959，1966，1967，1994，2003
江汉	7 月下旬—8 月上旬	1959，1960，1965，1971，1977，1988，1994，2000，2003
江南	7—8 月	1964，1971，1988，1989，1990，2003

第3章 水分异常引起的农业气象灾害

3.1 概述

植物体内的水分对于植物生命有重要作用。在绝大多数植物器官中，水占鲜重的90%以上，细胞内含有60%～90%的水，其部分作用是使细胞具有刚性，其余10%～40%的水渗入细胞壁，作为专司运输的维管束细胞与植物其他部位之间的连续介质。因此，在物质输送中，水不但在全植株，而且在细胞内部起作用。另外，水也作为无机和有机溶解物质的溶剂，并作为细胞内化学反应的组成部分，如在光合作用中水和CO_2合成为碳水化合物；水分充足，通过细胞膨压支撑植株，有利于作物捕捉较多的太阳能和CO_2。叶片水分蒸腾是作物吸收水分和养分的动力之一，且有调节作物体温之功效。虽然植株体内的含水量与通过植株蒸腾的水量相比是很少的，但植物蒸腾实质上是为进行光合作用从大气中获取CO_2不可避免的结果。生产1 kg小麦约需1 000 kg水，生产1 kg水稻或干果需2 500 kg水，生产1 kg棉花（皮棉）需5 000 kg水。而1 kg小麦、水稻、干果或棉花的含水量却少于0.15 kg。在农业生产和作物生长过程中，只有适量适时供水才能保证农业生产顺利进行，作物才能获得丰收。“适量”意味着供水量满足作物需水要求，“适时”意味着供水及时。如果仅适时而不适量或仅适量而不适时，甚至既不适时又不适量则可认为是农业水分异常。

降水量及其分布是评价一个地区作物水分供应状况的重要指标，虽然对作物生育有直接影响的是土壤水分，但土壤水分的多少主要取决于降水，在灌溉农业区也与灌溉有关，但灌溉水也来源于降水。因此降水的异常是引起农业水分异常的主要原因。

3.1.1 水分对农业的影响

众所周知，水是农业的命脉，没有水就没有农业，形象地说：有水一片绿，无水一片黄。

水分对农业的影响是多方面的，也是很复杂的。它对农业产前、产中、产后每个环节均有影响。

3.1.1.1 水分对作物分布及种植制度的影响

世界各地年降水量的多少与作物分布关系密切，在年降水量少于250 mm的地区，如果无灌溉条件，则几乎无农田，年降水量为300～400 mm的地区属农牧过渡带。全世界90%以上的水稻都集中在东亚和东南亚的季风区域内，83%的小麦分布在年降水量500～1 000 mm的地带内。种植制度的地域性不仅受热量条件限制，而且也受水分条件制约，如我国黄河流域无霜期200～250天，年降水量500～1 000 mm，其种植制度为一年二熟或二年三熟，主要是旱作物，如小麦—玉米或小麦—棉花等。长江流域无霜期为230～300天，年降水量为1 000～1 500 mm，是一年二熟或一年三熟区，主要是双季连作稻。

3.1.1.2 水分对农业类型的影响

水资源是农业最为重要的自然资源。我国水资源总量（全部河川年径流量和部分通过水文循环补给更新的年地下水资源量之和）为28 405亿 m^3，居世界第6位，人均占有量仅及世界人均占有量的27%，在世界上排第110位。我国水资源地区分布十分不均匀，由东南向西北逐渐减少。占国土总面积47%的西北地区和半干旱带，年水资源量只占全国的7%，而占国土总面积约1/3的东南湿润和十分湿润地带的水资源量却占全国水资源量的81%，在西北、东南之间占全国面积19%的半湿润带则占全国水资源量的12%。在我国农业用水占水资源总量的约70%，说明我国农业生产相当大程度上依赖于灌溉。在耕地较集中的东中部湿润和半湿润地区，降水不能完全满足农作物生长需要，需进行补充灌溉，而西部的干旱半干旱区则基本属于灌溉农业区，这种有水资源条件和灌溉设施的农业称为灌溉农业。没有水源，只能靠天吃饭的则为雨养农业，又称旱地农业。我国粮食总产量的80%、棉花总产量的90%和蔬菜总产量的95%都是来自于占全国耕地面积50%的灌溉土地。因此合理开发、利用和保护水资源是我国农业可持续发展的重要保障。

3.1.1.3 水分异常导致农业旱涝灾害

水分异常导致的旱涝灾害是我国最为严重的农业自然灾害，所造成的粮食损失约占所有农业气象灾害的60%以上。我国洪涝灾害发生频率高，地区广，历时长，危害大，如1991年淮河发生大洪涝，受灾耕地面积达551.67万 hm^2，成灾410.6万 hm^2，直接经济损失约340亿元。1994年全国各地洪涝灾害受灾耕地面积达 1 960 万 hm^2，受灾人口 3.23 亿人，死亡 5 340 人，直接经济损失高达 1 796 亿元。干旱对农业的影响比洪涝还要严重，从受旱率和成灾率来看，全国平均受旱率为 15%，成灾率为 7%。1950—1998 年全国平均每年受旱面积 2 000 多万 hm^2，成灾面积 850.2 万 hm^2，每年粮食损失约 1 197 万 t，占同期全国粮食总产量的 4.2%，个别严重年份约占 10%。单位面积因旱造成的粮食损失 20 世纪 50 年代为34.65 kg/hm^2，20 世纪 90 年代为 183.22 kg/hm^2。20 世纪 80 年代前平均单位面积因旱损失粮食为 60 kg/hm^2，20 世纪 80 年代后为 176.96 kg/hm^2，增加了近 2 倍。

1950—1990 年的 40 年间，全国平均每年遭受洪涝、干旱灾害面积分别为 1 457.33 万和 2 084 万 hm^2，成灾面积分别达 447.6 万和 931.87 万 hm^2，成灾率分别高达 55%和 44.7%。20 世纪 70 年代和 80 年代水旱灾害面积均超过 3 333 万 hm^2，约占全国耕地面积的 2/3。可见水旱灾害对我国农业生产的危害极为严重。

农田的水环境不良，不仅直接影响农作物生长发育，而且还会引起病虫害、土地盐碱化和荒漠化等灾害和环境问题，也对农业造成不同程度的危害。

3.1.1.4 水分对农产品质量的影响

水分的多少不仅对农作物产量有影响，而且对农产品质量也有影响。我国南方小麦比北方小麦麦粒皮厚、蛋白质含量低、出粉率低，就与南方降水量多、气候湿润有关。棉花在吐絮期如果缺水会加速植株衰老，减弱光合作用，养分少，且养分的输送和转化慢，影响种子和纤维发育，导致品质下降。

3.1.1.5 水分对农业影响的复杂性

水分对各种作物的影响并非都是相同的，干旱也好，涝渍也好，对各种作物产生的结果都不会是相同的，这取决于每种作物的生态适应性，即耐旱性和耐涝性。在干旱气候环境下形成了旱生型作物的生理、生态特征：根系发达，叶片小，表皮层和角质层厚，具有茸毛，有的气孔深陷入表皮层内，细胞液有较大渗透压，吸水能力较强，原生质有较大的黏滞性与弹性，亲水性较大。旱生型作物在缺水时原生质破坏较少，抗萎蔫能力强；同化作用强，酶的合成活动在缺水时仍占优势。因此，能够忍受较长时间的干旱。而能够长期生长在水分饱和缺氧的土壤中的湿生型作物如水稻具有独特的植物-水关系。其根系发育有溶生性气腔或通气组织，且与叶片和茎的通气组织相连，通过它们，氧进行扩散，为水稻根系供氧。这种适应性使水稻在渍水（低洼地）和非渍水或雨养（高地）条件下均能生长。水稻的另一独特之处是它属于浮生或深水栽培作物品种，当水深暂时增加时，茎秆可伸长很高，在上部结籽。只能生长在水湿条件适中的土壤中的中生型植物属湿生作物与旱生作物之间的作物，其形态结构和生理特征也介于这两类作物之间，一般栽培作物多属中生型植物，要获得这类作物较高的产量必须为它们创造适宜的水分条件。

在同一作物的不同生育期中，缺水和水分过多对作物的危害程度也有差异，这是因为作物生育的不同阶段需水量的多少和对水分亏缺或过剩的敏感度不同所致。有的生育阶段缺水对最终产量影响不大，有的生育阶段缺水则会造成严重减产。一般来说，在作物播种期、作物水分临界期和谷类作物灌浆成熟期缺水对产量影响严重。在作物播种期，土壤有效水分不足，会延误适宜播种期，即使适时播了种，也会造成不出苗或缺苗断垄或者形成弱苗，如果不及时供水就会影响后期生长。在作物水分临界期，即在作物对水分最为敏感的时期，即使水分不是亏缺严重，作物产量也会明显降低。水稻、小麦等禾谷类作物的水分临界期一般在拔节—抽穗期，玉米的水分临界期在抽雄前“大喇叭口”时期，棉花、高粱、薯类等作物的水分临界期在华北地区出现在7月中下旬到8月上旬。水稻在水分临界期缺水会严重影响其光合作用和对矿质养分的吸收，引起大量颖花形态败育和生理败育，减少了颖花数，花粉粒发育不全、畸形，抽穗后不能受精而造成空壳。小麦在水分临界期缺水会减少小麦的穗粒数，花粉发育不良，减少结实率，减产明显。其后即使土壤水分充足，也无法挽回因前期缺水所造成的减产。玉米在水分临界期缺水会影响雄花正常发育，被称之为“卡脖旱”。在水分临界期缺水会导致高粱子粒灌浆不足，棉花蕾铃脱落，薯类作物的薯块不能正常膨大。有些作物如高粱、谷子的水分临界期与需水最大期处于相同时期，均在抽穗—灌浆期，但有些作物两者并不吻合，冬小麦水分临界期在拔节—抽穗期，该期需水量占全生育期需水量的20%～30%，而需水最大期即灌浆期的需水量却占全生育期需水量的33%～35%。春玉米水分临界期需水量占全生育期需水量的23%～25%，而抽穗—成熟期的需水量占全生育期需水量的45%～50%。虽然作物在水分临界期对缺水的敏感度高，缺水减产严重，但作物需水最大期缺水也会造成减产。谷类作物的灌浆成熟期是需水最大期，在此期间也应保证水分供给，否则会影响灌浆速度，降低粒重，甚至空壳秕粒，从而减产。因此掌握不同作物的耗水规律，对科学管理农业水分有重要意义。

3.1.2 水分异常引起的灾害类型

农业气象灾害是农业自然灾害之一，是自然条件异常和社会因素综合作用的结果，但自然条件异常是农业自然灾害发生的基本原因。水分是农业生产不可缺少的条件，如果水分条件发生异常，即不能适时适量地供给农业生产所需要的水分，就会引起水旱灾害。农业生产的对象是农业生物体，即农作物和动物。对种植业来说，农业灾害的受害体就是农作物。农作物生长所需要的水分是直接由根系从土壤中吸取的。因此土壤水分异常应是导致农业干旱和涝渍的自然原因。然而农田中的土壤水分主要来自降水，在有水资源和灌溉设施地区，灌溉水也是土壤水分的来源，但灌溉水也是来自降水。由此可见土壤水分异常是由自然降水异常引起的，也就是说农业上的旱、涝、渍害是由自然降水异常引起的。当降水量在作物生育期间持续偏少或不降水，就会引起农业干旱。而降水量持续偏多，农田积水，土壤水分过饱和，就会发生涝、渍灾害。

3.1.2.1 旱灾

长期无降水或少降水或降水量持续异常偏少，使土壤水分逐渐减少，空气干燥，农作物体内水分发生亏缺，导致经济活动（尤其是农业生产）和人类生活受到危害，即为旱灾。一般来说，达到标准的农业干旱均能对作物造成减产，因此对农业干旱和旱灾不作严格区分。

农业干旱根据其成因可分为土壤干旱、大气干旱和生理干旱。这三种干旱虽然成因不同，但它们之间互有影响，大气干旱会加剧土壤失水，从而加剧土壤干旱。土壤干旱也会反过来加重大气干旱，两者同时发生的机会也不少，危害倍增。生理干旱程度与大气干旱和土壤干旱也有关。在同样不利土壤环境条件下，土壤干旱和大气干旱都会加重生理干旱。若土壤水分充足，则会减轻生理干旱，若大气不干旱则生理干旱轻。在这三种干旱中，以土壤干旱发生的频率最高，对作物的危害也最大。

由于不同作物耐旱性不同和需水量的差异，即使在同样的缺水情况下，是否受害或受害程度也会不同。因此，农业干旱又细分为作物干旱，如小麦干旱、水稻干旱、果树干旱等。各地不同季节发生的农业干旱称为季节旱，有春旱、夏旱、秋旱和冬旱，也有不少时候发生季节连旱的大旱。

3.1.2.2 涝灾

农业涝灾是由于降水时间过长、过于集中、降水量过大而造成的农业损害的总称。

根据水分过多的程度可分为洪水、涝害和渍害（湿害）三种。由于大雨、暴雨引起山洪暴发，河水泛滥，淹没农田，毁坏农舍和农业设施，这类灾害称为洪水。由于雨量过大或过于集中，造成农田积水，使旱田作物受害；另外，有的地区春季大量冰雪融化，土壤下层又未化通，水难以下渗，造成农田积水，像这类灾害称为涝害。由于连阴雨时间过长，雨量过多，或者在洪水、涝害过后农田排水不良，使土壤水分长期处于过饱和状态，作物根系因缺氧而发生伤害，称为渍害，有些地方称为湿害或沥涝。

按照涝灾发生的季节，可分为春涝、夏涝和秋涝。春涝以渍害为主，涝害较少。夏涝以洪水为主，但涝、渍害也往往相伴。秋涝发生较少，只有局部地区因大雨和暴雨发生小范围涝害，有时因连阴雨会发生大面积渍害。

涝灾对农作物的危害包括洪水对植株的机械损伤和水分过多对作物生理机能的破坏。不同作物的耐涝能力有差异，水稻涝灾多为洪水害，小麦多为渍害，玉米则涝害和渍害均有。

3.1.3 减灾思路与途径

旱涝灾害是我国农业最为严重的自然灾害，是影响我国农业可持续发展的瓶颈。随着全球变暖，极端气候事件频发，危害更加严重，近年来全球重大旱涝灾害的频繁发生和造成的重大损失都证明了这一点。因此，必须进一步加强对旱涝灾害的防御工作，有效地减轻其对农业的危害。

3.1.3.1 减灾思路

农业旱涝灾害的减灾包括防灾、抗灾和救灾三个方面，应坚持“以防为主，防救结合”的减灾原则，变被动抗灾为主动防灾。另外在农业旱涝减灾对策方面，应坚持长远目标和近期目标相结合，标本兼治。从农业可持续发展的战略出发，要把坚持不懈地建设良好的农业生态环境，从根本上改变农业生产条件放在首位，同时积极地推广应用各种有效的农业旱、涝防治技术措施。这样才能有效地减轻旱涝对农业的威胁，为农业高产稳定发展提供有力的保障。农业旱涝灾害的发生发展和防治是一个综合体系，涉及多部门和多学科，需要联合起来减灾。农业旱涝灾害的发生和危害及防治涉及极为复杂的科学问题和技术问题，要提高减灾能力和效果，仅依靠传统的技术措施是不够的，还必须发展有关现代科学技术理论，建立抗御旱涝灾害能力强的生产体系；建立先进的旱涝灾害监测预测系统，开发应用先进的旱涝减灾技术等。

农业旱涝灾害随着气候变化有趋频趋强的可能，我们必须作好迎战特大旱涝灾害的准备。因此，需要因地制宜地制定综合集成减灾技术体系，在此体系中包括工程措施、农艺措施、物理化学技术、农业生物技术以及灾害监测、评估、预测技术等，以形成强有力的减灾效果。

在农业旱涝减灾工作中，需要完善的和效能高的减灾管理体制，在我国已形成了“政府统一决策，部门分工负责”的稳定的管理体制，但还需要建立减灾保障体系，以保证稳定灾后农村社会秩序和迅速恢复农业生产。

农业旱涝灾害的发生与其他自然灾害一样，需要具备灾害源、灾害载体和受灾体三个条件（有些灾害的灾害源和灾害载体可能是相同的）。其中灾害源是大气和土壤水分的异常（缺水和水过多），受灾体是农作物。农业旱涝灾害具有可管性，即通过人类活动可消除或减弱灾害源，削弱或限制灾害载体，保护或移动受灾体，或者使受灾体适应水分异常条件。另外，可以预测灾害发生发展趋势，并采取防灾措施。农业旱涝灾害的可管性为减轻灾害提供了基本思路。

3.1.3.2 减灾途径

以改土治水为中心，综合治理，整地改土，植树种草，兴修水利工程，改善农业气候生态环境，建立良性循环农业生态系统，从根本上改善农业生产条件。这是减轻农业旱涝灾害的根本途径。

充分合理利用农业气候资源，因地制宜安排农业生产，科学地调整农业结构和种植制度是减轻农业旱涝灾害、趋利避害的重要途径。应用现代化的先进科学技术，开展农业旱涝灾害监测、影响评估和预警，为农业旱涝减灾对策的正确制定和防灾减灾措施的有效实施提供科学依据，这也是减轻农业旱涝灾害不可缺少的途径。以上是防御农业旱涝灾害的共同途径。下面根据农业旱涝灾害的各自特点，分别叙述它们各自的减灾途径。

3.1.3.2.1 农业干旱的减灾途径

农业干旱减灾途径有多种，如节水灌溉、充分利用自然降水、地膜或秸秆覆盖、少耕免耕、选用耐旱作物、培肥土壤、化学抗旱制剂、人工降雨等，现仅简单列出以下五种。

（1）节水灌溉，提高水分利用效率。在有水资源地区，开展节水灌溉。一是要根据作物需水规律和气候特点及水资源情况，因地制宜地制定合理灌溉制度。我国许多农业区干旱缺水严重，无法充分灌溉，应推广不充分灌溉制度，即保证作物需水临界期或关键期灌水，提高有限水资源的利用效率。如华北地区冬小麦优化灌溉制度，在麦田底墒充足的一般气候年份，在需水关键期和干旱期浇1～2次水即可获较高产量，每次灌水量50 m^3/亩。二是因地制宜地采用先进灌溉技术，如喷灌、滴灌、渗灌、微喷灌、膜上灌、膜下灌和改进的沟畦灌溉等技术，有明显的节水、增产、节地、提高水资源利用效率的效果。

（2）充分利用自然降水，提高降水有效利用率。在有一定降水量的缺水地区和旱地农业区，要把农作物消耗灌溉水为主改变为消耗土壤水和自然降水为主。如山东省垣台县采取广积雨水、巧用雨水、开发利用土壤水、减少开采地下水、严禁超采地下水等综合措施，地下水位逐渐上升，全县地下水基本保持采补平衡，农业产量增加。

在山地丘陵缺水区发展集雨工程，即通过汇集房屋屋面、庭院、公路、乡村道路、天然坡面等的雨水进入蓄水窖，留待干旱期灌溉或人畜用水，具有显著的社会、经济效益。如甘肃定西县已修建水窖3万眼，发展灌溉面积6 000 hm^2，果园、蔬菜大棚66.7万 hm^2，初步形成了“梯田、水窖、地膜、微灌、良种、化肥”六组合的农业高效用水模式。

（3）化学制剂抗旱。抗旱农业化学制剂如保水剂和黄腐酸（FA）抗旱剂、抗旱型种子包衣剂等无毒无害，保水抗旱性能强，适用于各类地区。在干旱和干热风条件下，抗旱增产效益显著，一般可增产12%～15%，在正常情况下也可增产。这些制剂已在全国很多地区示范推广。近年来也有一些新产品如新型抑制蒸腾剂“农气一号”、抗旱型种衣剂绿地隆等也开始推广应用。

（4）人工增雨。人工增雨是在自然冰晶不足的云中，播撒干冰、碘化银等催化剂，产生大量人工冰晶，促进降水的发展。同时由于冰晶凝华潜热的释放，使云体温度提高，促进上升气流发展，进一步加强成云致雨的过程。大量试验表明，对于适合人工增雨的云，在适当部位适当时机采用适当催化方法，可以达到增加降雨的目的。我国人工增雨工作正在蓬勃发展，取得了明显的社会、经济效益。

（5）因地制宜的农业干旱综合调控技术。在干旱严重、水资源严重不足的情况下，单项抗旱技术难以有效抵御旱灾，必须实施综合集成抗旱技术。根据华北地区的气候特点和农业生产实际开发的华北农业干旱综合应变防御技术体系和根据西北地区气候特点开发的抑蒸集水集成技术体系均属此类。华北农业干旱综合应变防御技术体系集农业干旱识别、秸秆覆盖、深松、底墒科学利用、有限水分胁迫效应、化学制剂及补充灌溉于一体，在冬小麦生育过程中的推广应用，大大提高了抗旱能力，减轻了严重干旱的影响，提高了产量，显示出有力的减灾效果。

3.1.3.2.2　涝渍灾害减灾途径

（1）兴修农田排水工程。农田排水工程是防御涝渍灾害的极为重要的有效措施，包括明沟、暗管、鼠道、竖井及泵站等单项的排水工程，以及它们组合的综合工程。根据不同类型治理区特点，因地制宜采取相应措施。

（2）农业措施。为了改善土壤排水性能，可在涝渍农田种植绿肥、秸秆还田、增施农家肥、轮作、深耕、冻垡等。为了改善田间排水条件，在涝渍田耕翻时留好犁墒沟，以改善地表径流条件。采用垄沟种植、平整土地、中耕松土等措施减少地面积涝。种植喜水和经济效益高的作物。在排水困难且有水源的地区，改种水稻，以稻治涝。改种经济效益高的水生经济作物，如莲藕、菱角等，以减少涝渍灾害，提高经济效益。

（3）管理措施。建立农田排水工程系统管理机耕，在多灾种共存的地区，根据自然条件和不同作物各生育期的耐涝、耐渍、耐干旱能力制订正常运行管理方案，并随时根据雨情、水情、旱情、涝情和土壤水分的预报和实际情况，及时协调各工程排水与调控，充分发挥排水系统的整体效益。

3.2 农业干旱

3.2.1 概念与发生概况

3.2.1.1 概念

干旱可分为四类，即气象干旱、农业干旱、水文干旱和社会经济干旱。其中农业干旱是干旱的重要分支，它反映出干旱缺水对农业的影响。

农业干旱是指由于外界环境造成作物体内水分失去平衡而发生水分亏缺，影响作物正常生长发育，进而导致减产甚至绝收的一种农业气象灾害。它涉及土壤、作物、大气和人类对自然资源的利用等多方面因素，不仅是一种物理过程，而且也与生物过程和社会经济有关，因此，它是各类干旱中最为复杂的干旱。在这里且不说它涉及的大气、土壤的物理过程的复杂性，仅从生物过程就可看出它比其他干旱的复杂性。比如，不同类型的作物、同一类型作物的不同品种、同一品种作物的不同生育时段对缺水的敏感度都会有相当差异，缺水对作物形态、生理生化过程以及对各器官生长的影响等都是极为复杂的。农业干旱过程的复杂性意味着需要我们对其进行更深入的研究。

造成作物缺水的原因很多，按其成因不同可将农业干旱分为土壤干旱、大气干旱和生理干旱。

土壤干旱是指由于土壤含水量少，土壤颗粒对水吸力大，作物根系吸水阻力增大，吸水量少，不能满足作物各种生理过程的需求，使作物体内水分供需失去平衡，影响各种生理生化过程而发生种种危害。因此农业干旱并非始于降水终止之时，而是从作物根系不再能获得足够水分时才开始。农业干旱是根据土壤含水量多少确定，并非根据降水情况确定，所谓土壤干旱是指根层土壤水分达到限制作物生长和产量的情况。土壤干旱是指根层的土壤干旱。不同作物种类根层深度不同，豆科作物根系深，禾本科作物根系浅，前者根层厚度大于后者。即使同一作物，不同生育期的根系深度也有很大差异。不同降水量地区，作物根系深度也有很大差异。干旱少雨区的作物根系一般较深，而多雨地区的作物根系较浅，如日本全国年降水量平均高达1 750 mm，作物根系浅，在作物需水量高的盛夏季节雨量少，表层土壤变干，常发生土壤干旱。在作物生长初期，根系浅，上层土壤含水量多，即使下层水分不足也不会影响作物生长，但下层土壤水分继续缺少，则会导致产量下降。在我国华北地区夏季降水为冬小麦提供了充足的底墒，在小麦播前若无降水，则表层土壤干燥，需人工造墒播种，以保证小麦出苗和苗期正常生长。但到小麦生长的中后期，根系扎到 1 m 以下，土壤上干下湿并不妨碍小麦生长，不需要灌水。在降水较少的旱作农业区作物产量与深层土壤含水量呈线性关系，这是由于旱作作物根系深，能充分利用深层土壤水分的结果，因此土壤水分监测是非常重要的。

在有些情况下，即使土壤不缺水，作物也同样会发生水分亏缺。这是因为当太阳辐射强，温度高，空气湿度低，风大时，大气蒸发力很强，导致作物蒸腾旺盛，根系从土壤中吸收的水量不抵蒸腾量，从而使作物体内发生水分亏缺，这就是大气干旱。我国典型的大气干旱是北方广大冬、春小麦产区在产量形成期的干热风。另外一种情况是当土壤环境不良，如土壤含盐碱量过多、温度过高或过低、水分过多、氧气不足等，使作物根系吸水困难，体内水分失调而受害，这就是生理干旱。

3.2.1.2 发生概况

我国是季风气候显著的国家，农业干旱在各地均有发生，只是程度有差异，总的来说北方多于南方、重于南方。据有关统计，从公元前 206 年到公元 1949 年，我国发生不同程度的旱灾有 1 056 次，平均每两年一次，近 500 年在 25°～30°N 范围内发生了 26 次严重干旱，在 30°～35°N 范围内有 34 次，在 35°～40°N 范围内有 58 次，连年发生的情况也不少见，1951—1990 年，平均每年发生 7.5 次，最多年份达 11 次，最少年份为 3 次。

1950—1998 年全国平均每年受旱面积达 2 000 多万 hm^2，受旱率为 15%，成灾面积 850.2 万 hm^2，成灾率为 7%，每年粮食损失约 1 197 万 t，占同期全国粮食总产量的 4.2%，个别严重年份因干旱损失的粮食产量约占当年粮食总产量的 10%。

我国从 1950 年以来，发生面积大、范围广、危害严重的大旱的年份有 1960，1965，1972，1982 和 1988 年。1960 年，连续 150～180 天无透雨，春、夏严重连旱，全国受旱面积 3 300 多万 hm^2，山东、河南、山西、陕西等省发生了水井干涸、河流断流情况，土壤含水量普遍在 10%以下，小麦生育期缺水严重，造成严重减产。1972年北方发生了严重干旱，受旱面积达3 000万 hm^2。1988年春、夏季节干旱严重，6月底全国受旱面积达2 000多万 hm^2，一些旱情严重的地区无法夏收，大春作物凋萎枯死，进入夏季，江苏、安徽北部及河南中部以南地区高温少雨，旱情变本加厉，不少地方河塘干涸、稻田龟裂，粮食总产量比上年减少2.2%。

3.2.2 致灾机理与成因

作物体内水分亏缺为什么会影响作物正常生长发育和产量呢？需要进一步分析其机理。

3.2.2.1 致灾机理

3.2.2.1.1 作物水分亏缺的发生和发展

当作物蒸腾超过水分吸收时，即发生水分亏缺。在一天中，上午蒸腾增加时，水分损失往往超过水分吸收，这是因为根从土壤吸水有相当大的阻力，而叶和茎的膨胀薄壁细胞中有颇多的极易损失的速效水，因此，当上午蒸腾增加降低了叶片水势时，水分首先由薄壁细胞流向气孔，并降低了薄壁细胞的膨压，当中午薄壁细胞膨压丧失时，蒸腾的水主要源于根系。下午，随着气孔关闭，蒸腾下降，而吸水却以高速度进行，直至薄壁细胞重新充满水。这样，在逐渐减少土壤有效水供应的植株上，就会产生长期水分亏缺。随后土壤水势逐渐降低，在夜间不能恢复，当水分在变干的土壤中向根系移动太慢而不足以补充白天失水时，就出现白天萎蔫，当土壤水势降低到发生萎蔫的叶水势时，就出现永久萎蔫。

水分亏缺引起叶片和植株水势降低，不同器官或不同组织间的水分，按各部位水势大小重新分配，由高水势部位流向低水势部位，如干旱时，幼叶向老叶夺水，使老叶枯死。在干旱时，胚胎组织把水分配到成熟部位细胞中去，因此禾谷类作物穗分化时遇到干旱，小穗小花数减少；灌浆时缺水，颗粒不饱满，影响产量。

3.2.2.1.2 缺水对植物生理过程的影响

（1）缺水对光合作用和呼吸作用的影响。缺水对光合作用影响明显，当缺水时，气孔导度降低或关闭使光合速率下降，此时叶肉细胞间隙 CO_2 浓度减少，即所谓光合的气孔抑制。但轻度缺水不影响叶绿体光合酶活性，因而对光合作用影响不明显。而当水分亏缺严重时，光合的非气孔抑制是光合作用降低的主要原因。主要通过以下途径影响光合作用：一是缺水直接影响光合器官的结构和活性；二是缺水影响作物体内其他生理过程，从而间接影响光合作用，如气孔对CO_2导性降低，光合产物运输受阻，使光合产物在叶片中积累等。

光合速率下降主要与叶绿体功能障碍有关，叶绿体对缺水最为敏感。水分亏缺会严重阻碍叶绿体分化，使叶绿体含水量和细胞体积变化，并使叶绿体膜或类囊体膜发生断裂，叶绿体核糖体和淀粉粒消失，最终使类囊体膜降解。缺水使作物细胞内的自由基或活性氧含量增加，从而引起叶绿体超微结构损伤，叶绿素降低，光合酶活性降低和光合系统Ⅱ（PSⅡ）活性降纸，进而导致整个电子传递活性降低。

缺水对呼吸作用影响比光合作用小，一般认为缺水可增强呼吸作用。

（2）缺水对氮代谢的影响。在作物的物质代谢中，氮代谢与产量关系密切，根系吸收的NO_3^-在叶片中经过一系列反应，最终还原成NH_3被利用。硝酸还原酶（NR）对NO_3^-同化过程的速度有影响，反映了作物利用氮的速度。NR对缺水很敏感，轻度缺水就会明显受到抑制，这是因为在缺水时多聚核糖体水平低，蛋白质合成受抑制，NR酶蛋白合成速度低；另外木质部液流中NO_3^-含量减少。

干旱缺水除了导致合成酶活性降低和水解酶活性增加，使蛋白质降解外，还直接影响蛋白质的合成，使作物体内蛋白质含量减少，这是作物生长和代谢极为不利的因素。

另外，干旱缺水还影响豆科作物的固氮作用，首先影响与豆科作物共生的根瘤菌，并直接影响根瘤形态结构和固氮酶的活性。

（3）缺水对激素代谢的影响。作物体内源激素有五大类，即生长素（IAA）、赤霉素（GA）、细胞分裂素（CTK）、乙烯（$CH_2{=}CH_2$）和脱落酸（ABA），缺水和缺水后复水过程中，植物体的一系列反应和适应都与内源激素密切相关。如：生长素在缺水时含量下降，并使运输受阻，从而使叶片脱落和叶面积减少；乙烯在缺水时含量增加，能使叶片衰老，叶绿素降解和脱落；脱落酸在缺水时促使叶绿体释放脱落酸，由结合态转变为游离态，根源脱落酸大量合成并向上运输，导致叶片中脱落酸大量积累，使气孔关闭，蒸腾减少，抑制生长等。

3.2.2.1.3 缺水对作物不同器官生长的影响

轻微缺水使叶片扩展生长受到明显抑制，这是膨压势的改变引起的，在严重缺水时，叶片生长速度降低，老叶脱落，叶面积减少。一旦苗期缺水解除，叶片能在短时间内迅速生长来补偿，如玉米、谷子、棉花等蹲苗后都会发生这种补偿作用，又称“反冲作用”。作物在繁殖生长期缺水，减产比其他时期都重，品种抗旱性的差异在这一阶段也更明显。

缺水使根的生长速度降低，影响根的伸长率、根系密度和根分布，也改变根冠比，通常使根冠比增大。

3.2.2.2 致灾成因

农业干旱成因很复杂，它是气象、土壤、生物、地理及社会因素综合影响的结果，在各地区的农业干旱形成过程中，上述因素所起作用并非相同，有的影响大，有的影响小，同时各因素又相互联系、相互制约。

(1) 气象条件与农业干旱。气象条件与农业干旱形成有关，特别是降水的多少和变化是农业干旱形成的主因，因为降水是土壤水分的主要来源，所以降水少必然造成土壤水分减少，则供给作物的水分也相应减少。在作物生育期间，降水量在时间的分配上也是与农业干旱形成有密切相关，如果降水量分布在作物需水关键时期，则不易形成农业干旱，相反则易旱，我国各地降水量的时间变化与大气环流关系密切，大气环流异常是造成降水量异常的主要原因。

(2) 农田土壤与农业干旱。农田土地平整有利于纳雨保墒，减轻干旱。土壤结构良好，土层深厚、疏松，保水渗水能力强，也会减轻干旱。

(3) 地理因素与农业干旱。一般而言，纬度低、距海近的地区降水多，发生干旱的机会少，不同地貌如平原、丘陵、山地和盆地等降水分布有很大差异，引起不同干旱情况，如黄土高原区，大部分耕地分布在黄土丘陵山坡上，遇到暴雨时，大量水土流失，易发生干旱。山脉走向对农业干旱形成也有影响，它阻挡气流运行，迎风坡多雨，背风坡少雨，因此背风坡易旱。

(4) 生物因素与农业干旱。不同作物抗旱能力不同，抗旱能力强的作物受旱轻。作物不同生育阶段对缺水敏感性不同，缺水敏感阶段易受旱。植被具有截流蓄水、保持水土、提高土壤含水量、增加空气湿度的作用，因此植被多的地方，一般干旱较少，植被稀少的地方易发生干旱。

(5) 农业干旱发生的社会原因。旱情是自然因素引起的，旱情能否成灾和成灾轻重程度则社会因素起着主导作用，大量砍伐森林，毁坏草地，减少植被，农业生态环境恶化，会促使农业干旱发生和发展。农业结构不合理，作物布局不当，作物需水量大大超过降水量，又没有其他水源供应，则会发生农业干旱。

3.2.3 致灾指标

农业干旱成因复杂，影响因子多样，正确制定其致灾指标并非易事，为了适应抗旱减灾工作的需要，科技工作者从不同角度，应用不同方法研制了许多指标，用于监测、诊断农业旱情。

3.2.3.1 农业气候意义上的农业干旱指标

（1）降水量。从广义上说，农业干旱是指农业生产中水分供应不能满足需求的现象。从农业气候角度出发，降水量少可引起农业干旱，某一地区多年平均降水量是确定的，根据常年降水量安排的农业生产也是相对稳定的。如果某一年或某一时段的降水量少于某一界限值，就可发生农业干旱，这个界限值可作为农业干旱指标。如东北平原中部，常年降水量为 500 mm，种玉米、高粱，一年一熟制，若年降水量少于 350 mm，则会缺水减产，少于 250 mm会发生严重干旱。当然降水量的季节分布也会影响干旱程度，为了解决这一问题，可把一年分成不同时段，确定相应指标，如北京 3—5 月份降水量分别为 45 和 25 mm 时，则分别为轻旱和重旱，7—8 月份降水量为250 mm 时，则为伏旱。

（2）连续无雨日数。在无灌溉情况下，连续无雨，土壤水分逐渐减少，特别是在农作物生长旺盛时期，叶面积大，蒸腾耗水多，连续几天无雨即可发生干旱，农谚“三日无雨一小旱，五日无雨一中旱，十日无雨就大旱”正是这种情况的反映，如湖南省黄花菜在盛夏旺长季节，连续 5 天无雨就出现旱象，连续 10 天无雨就会发生严重干旱。

（3）降水距平百分率。我国各地年平均降水量差异很大，因此种植制度、栽培作物、品种布局也差异明显，同样的降水量或连续无降水日数在有些地区可能不旱，而另一些地区则可能大旱。因此需用降水距平百分率作为农业干旱指标。如果连续 3 个月以上降水量偏少 25%～50%则为一般干旱，偏少 50%以上为重旱，连续 2 个月以上偏少 50%～80%为一般干旱，偏少 80%以上为重旱。

（4）水分供求差或水分供求比。这类指标反映某时段可供水量与作物需水量的关系，既考虑农田水分收入，又考虑水分支出，比仅用降水量更合理。

降水蒸发差：$$D=P-Ep \qquad (3.1)$$

降水蒸发比：$$D=\frac{Ep}{P} \qquad (3.2)$$

式中 P 为降水量，Ep 为可能蒸散量。式（3.1）中当 $P-Ep$ 为负值时则为旱，式（3.2）中当 $Ep/P>1$ 时为旱。

3.2.3.2 从土壤-植物-大气系统出发的农业干旱指标

农业干旱是大气降水、土壤水分和作物生理响应等综合作用的结果，因此应从土壤-植物-大气系统出发，以反映作物生长与水分利用关系的物理量作为农业干旱指标。

（1）相对蒸散。相对蒸散表示植株缺水程度，其表达式为

$$a=\frac{ET_a}{ET_m} \tag{3.3}$$

式中 a 为相对蒸散量；ET_a 为实际蒸散量；ET_m 为农田最大蒸散量，即作物需水量。当 $a<1$ 时，则作物缺水受旱。

（2）实际蒸散与最大蒸散差（水分亏缺量）。该指标是指实际蒸散量与作物需水量之差，所以又称水分亏缺量。

$$D=ET_a-ET_m \tag{3.4}$$

式中 D 为水分亏缺量。当 $ET_a<ET_m$ 时，作物缺水受旱。

(3) 作物干旱指数(CWSI)。根据热量平衡原理提出了作物水分胁迫指数(CWSI) 概念，其表达式为

$$CWSI=1-\frac{ET_a}{ET_p} \tag{3.5}$$

式中 ET_a 为实际蒸散量；ET_p 为潜在蒸散量。当 $CWSI>0.3$ 时，作物开始受害，当 $CWSI>0.5$ 时，生长将停止。

于沪宁等(1992) 将式(3.5) 的实际蒸散量和潜在蒸散比(ET_a/ET_p) 改为蒸腾比，其表达式为

$$CWSI=1-\frac{T}{CWR} \tag{3.6}$$

式中 T 为作物实际蒸腾量；CWR 为作物需水量，即叶片气孔充分开启时的蒸腾量。这类指标不仅反映作物缺水状况与环境因素的关系，而且从生理上反映了作物水分状况与叶片气孔阻力变化之间的定量关系。

3.2.3.3 用土壤水分表示的农业干旱指标

作物利用的水分主要是通过根系直接从土壤中吸取的，土壤干旱缺水是农业干旱的直接原因，因此可用土壤水分作为农业干旱指标。

（1）土壤湿度（重量或体积百分比）。不同质地土壤作物受旱的土壤湿度不同，沙地土壤的土壤湿度值一般较小。不同作物及作物不同生育期对土壤湿度要求也有差异，因此其受旱指标各不相同，如冬小麦拔节—抽穗期为需水关键期，受旱指标应比春作物高一些，轻壤土的土壤水分保持在15%～18%较为适宜，低于13%～15%小麦旱象露头。春作物种子出苗最低土壤湿度见表3.1。

（2）土壤相对含水量。土壤相对含水量是指土壤含水量占田间持水量的百分数，土壤田间持水量是灌水后土壤中能保持水分的最大数量，对一般作物而言，土壤相对含水量为60%～80%时最适宜，低于60%对作物生长有一定影响。

表 3.1 春作物种子出苗最低土壤湿度 单位：%

土壤类型 / 土壤湿度 / 作物名称	黏土	壤土	沙壤土	沙土
棉花	18～20	15	12～15	10～12
玉米	17	13～14	12	10
谷子、高粱	15	12～13	10	6～7
花生	15～16	12～13	10～11	9

资料来源：张养才等，1991

在华北地区用土壤相对含水量表示的冬小麦和夏玉米的干旱指标如表 3.2 所示。

表 3.2 华北地区冬小麦和夏玉米干旱指标和适宜水分指标

干旱等级 / 水分指标 / 作物	极旱		重旱		轻旱		适宜	
	土壤湿度（%）	相对含水量（%）	土壤湿度（%）	相对含水量（%）	土壤湿度（%）	相对含水量（%）	土壤湿度（%）	相对含水量（%）
冬小麦	≤75	≤34.0	7.6～9.0	34.1～40.0	9.1～12.6	40.1～55.0	12.7～17.5	55.1～80.0
夏玉米	≤8.5	≤40.0	8.6～12.5	40.0～55.0	12.6～15.0	55.1～70.0	15.1～18.0	70.1～85.0

资料来源：华北平原作物水分胁迫与干旱研究课题组，1991

（3）土壤有效水分量。土壤有效水分量是指土壤含水量与凋萎时含水量之差。谷类作物分蘖—拔节期 0～20 cm 土层中有效水分贮存量低于 20 mm 时，作物生长受影响；不足 10 mm 则明显受旱。拔节—开花期 0～1 m 土层内有效水分贮量少于 80 mm 时，将因水分不足而受旱。

（4）土壤吸水力。土壤借各种力如重力、毛管力、分子引力等吸收水分，这些力的总和称为土壤吸水力，或称张力、负压力。土壤吸水力及其能量的大小与土壤含水量有对应关系，土壤吸持水分需要的能量越大，其所保持的水分就越少，当土壤水分饱和后，吸水力等于 0，多数农作物在土壤吸力为 0.5～0.8 个大气压时，就开始缺水。土壤吸水力一般用大气压表示，1 个大气压等于 1 000 cm 水柱高，使用不方便，于是就换算成与吸水力相当的水柱高度对数值，其符号为 PF。PF 反映了土壤吸持水能量的大小，被广泛应用。

3.2.3.4 利用温度间接表示的农业干旱指标

根据土壤干旱时叶温与气温差值增大的原理，董振国（1986）用每日 13—15时作物层温度与气温差值作为干旱指标：

$$S = \sum_{i=1}^{N} (T_c - T_a) \qquad (T_c > T_a) \tag{3.7}$$

式中 S 为作物水分亏缺指标；T_c 为作物层温度；T_a 为作物层顶以上 2 m 处气温。当土壤水分降低到一定程度时，作物层温度高于气温，连续 N 天正值温差累积值大于 S 时，表示作物干旱。

3.2.4 时空分布特征

3.2.4.1 农业干旱的时间分布

（1）近 500 年的农业干旱时间分布。根据由我国近 500 年旱涝史料绘制的《全国近 500 年旱涝分布图》，有关学者计算了 1470—1977 年共 508 年逐年干旱指数，结果表明，在此期间，按正态分布定出的 50 年一遇的旱年有 1484，1504，1528，1545，1589，1617，1639，1640，1641，1679，1721，1778，1785，1835，1928，1936，1965 和 1972 年；100 年一遇的旱年有 1528，1640，1641，1721，1785 和 1972 年。可见，近 500 年中，16 和 17 世纪及 20 世纪的二三十年代和六七十年代干旱较严重。

从世纪尺度看，1479—1691 年的 213 年是干旱时期，此期间出现了 10 个大旱年，1692—1890 年的 199 年属湿润期，只有 4 个大旱年，1891 年以后又进入干旱时期，在近 500 年中最明显的干旱期出现在 1581—1590 年和 1634—1643 年，即明万历九年到十八年和崇祯七年到十六年，后者是 500 年中最为严重的旱期。因为 500 年中的绝大部分资料是史料记载，这些史料多为农业受害方面的内容，因此，上述规律能够反映农业干旱变化情况。

（2）近 50 年农业干旱的时间分布。根据 1949 年以后每年全国受旱面积和成灾面积，中国水利水电科学研究院统计分析了 1950—1979 年的资料，1950 年受旱面积很小，以后逐渐扩大，到 1961 年达到最大，之后受旱面积逐渐缩小，到 1968 年达到最小，以后又逐渐增大，1958—1962 和 1971—1979 年分别为两个受旱面积高值时期。李代鑫（2000）统计了 1950—1998 年逐年因旱造成单位土地面积的粮食损失，结果是 20 世纪 50 年代为 34.65 kg/hm^2，20 世纪 90 年代为 183.22 kg/hm^2，20 世纪 80 年代前为 60 kg/hm^2，20 世纪 80 年代后为 176.96 kg/hm^2，粮食损失增加了近 2 倍。

农业干旱发生有阶段性或周期性，比较明显的有 10，5 和 2～3 年的周期。

3.2.4.2 农业干旱的空间分布

有关研究结果表明，在近 500 年中，我国低纬度严重干旱发生次数少，随着纬度升高发生次数增加，到 35°～40°N 达到最大，40°N 以北又减少（表

3.3)。

表 3.3　各纬度带各时段重旱发生次数

年代	1470—1569	1570—1669	1670—1769	1770—1869	1870—1977
40°N 以北	—	—	—	—	10
35°～40°N	15	16	8	6	13
30°～35°N	0	0	5	5	0
25°～30°N	6	6	4	4	6
25°N 以南	—	—	—	—	4

资料来源：徐瑞珍等，1978

根据 1950—1998 年我国各地受旱面积和成灾面积占全国受旱面积和成灾面积的百分数，以及占该区耕地面积面分数，可看出黄淮海地区（冀、鲁、豫、晋、陕、内蒙古、京、津）旱灾面积居全国之首，受旱面积和成灾面积均占全国的 40%以上；其次是长江中下游地区，受旱面积和成灾面积分别占全国受旱面积和成灾面积的 20.7%和 18.8%；东北地区（辽、吉、黑）受旱面积和成灾面积分别占全国受旱面积和成灾面积的 12.4%和 12.3%；西北地区（甘、宁、新、青）受旱面积和成灾面积分别占全国受旱面积和成灾面积的 10%和 12%；西南地区（云、贵、川）分别占 10%和 9.5%；华南地区（粤、桂、闽）分别占 5.6%和 4.6%。

从受旱率（受旱面积与作物播种面积之比）和成灾率（受灾面积与作物播种面积之比）来看，全国平均受旱率为 15%，成灾率为 7%，黄淮海地区受旱率为 21%，西北地区为 18%，东北地区为 17%，西南地区为 12%，长江中下游地区为 10.5%，华南地区为 8%，可见北方地区受旱几率高，旱情严重。

另外，不同季节干旱对各地农业影响不同，地区分布也不相同。

我国北方地区春季降水少，蒸发强，干旱频发，素有“十年九春旱”之说。春旱主要影响春作物播种和苗期生长，影响冬小麦生长及产量，华南和西南地区春季受高压控制，降雨少，易发生春旱，广东南部沿海地区和海南岛西南部重春旱年占所有春旱年的 31%～63%，广西西部春旱年达 70%～90%，云南省春旱占所有旱灾的 70%以上。

我国北方初夏季节雨季未开始，土壤水分达到一年的最低值，干旱极为严重，影响夏季作物适时播种。到 7 月份，我国南方地区受副热带高压控制，如果台风偏少，则会发生伏旱，此时正是中稻开花灌浆期、双季晚稻移栽和幼苗生长期，伏旱期间如无水灌溉则会严重影响水稻生长及产量。我国北方地区 6—8 月降水集中，一般能满足农作物生长需水，但受季风气候影响，降水变率大，在降水明显偏少年份也会出现伏旱，影响作物生长。

我国秋旱主要发生在湖南、湖北、江西和安徽等省，此时正是水稻灌浆期，秋旱往往会造成严重减产。秋旱对北方小麦播种和冬前生长不利，对来年春季播种和小麦生长也有影响。

我国冬旱主要发生在华南地区，因为这里冬季温暖，有作物生长，需要充足的水分。但冬季这里降水变率大，少雨年份就会发生冬旱。

季节连旱在我国也时有发生，黄淮海地区春夏连旱和春夏秋连旱几率较高，分别为 4 年一遇和 5 年一遇，有时最长可持续 150 天。长江中下游地区以夏秋连旱为主。西南和华南地区以冬春连旱为主。1972 年是我国百年一遇的严重干旱年，就是由春夏连旱造成的。

3.3　农业洪涝与湿害

3.3.1　概念与发生概况

洪涝与湿（渍）害是由于降水过于集中或时间过长，导致的农田地表积水或地下水饱和而造成作物生长发育受阻、产量降低，甚至绝收的农业气象灾害；是影响我国农业的主要气象灾害之一，每年因洪涝造成的粮食和经济损失约占所有气象灾害造成的总损失的 27.5%左右，个别严重雨涝年，损失更严重，例如 1991 年江淮地区发生洪涝，仅安徽、江苏两省粮食就减产 120 亿 kg。雨涝主要发生在夏季，但春、秋季甚至冬季也时有发生，例如 1982—1983 年冬季，华南就发生了几十年不遇的洪涝灾害。在渍涝灾害严重的年份，作物受渍涝的时间可长达 20～70 天，造成颗粒无收。农田渍涝不仅造成直接经济损失，还会导致甲烷等温室气体的排放量增加，对生态环境造成不良影响，使气候变化速度加快。

洪灾主要指由暴雨或急骤融冰化雪、水库垮坝等引起山洪暴发，江河水量迅速增长，水位急剧上涨，河水泛滥，淹没农田园林，毁坏农舍和农业设施形成的灾害。按其形成原因可分为暴雨洪水、融雪洪水、冰凌洪水、冰川洪水、溃坝洪水等；按形成洪灾的区域地形可分为山地丘陵洪灾、平原地区洪灾、滨海地区洪灾。洪涝灾害表现形式存在差异，山区洪涝灾害以山洪冲击型为主，山洪易涨易落、流速快、破坏性大；丘岗地区洪涝灾害以内涝型和冲击型为主；平原湖区洪涝灾害以内涝型、倒灌型和溃堤型为主。山地洪灾与暴雨、地形、地质等自然条件关系密切，分为普通山洪与泥石流两种不同性质的洪灾。山洪主要指发生在山区溪沟、小河的洪水，流域面积一般在

100 km^{2}以下，由于地面坡度、河道比降陡，山洪流速大，冲刷力极强，山洪的种类主要有暴雨山洪、融雪山洪、冰川消融山洪或几种因素混合形成的山洪，其中以暴雨山洪分布最广。平原地区的洪灾指江河上游来水量超过下游河道宣泄能力，或湖泊水量超过最大容水量，导致洪水漫溢而造成的洪灾，一般以漫淹为主，与冲击型为主的山洪有较大区别，洪水的流速缓慢，冲击力较小，退水迟缓，淹没历时长。沿海地区在有些河流入海处，由于海啸、海潮、海水倒灌等，也会导致农田受淹，农业设施受损，发生洪灾。我国由于地域辽阔、地形复杂、气候多变，可发生的洪水灾害有多种类型，如暴雨洪水、融雪洪水、雨雪混合洪水、冰凌洪水、溃坝洪水、风暴潮洪水等，其中暴雨洪水居多，多发生在夏、秋季节，南方一些地区春季也可能发生；中东部地区以暴雨洪水为主，西北部地区则多融雪洪水和雨雪混合洪水，沿海可能出现由风暴潮或海啸引起的洪涝；北方地区在冬末早春回暖之际，河流上游解冻，流冰在下游积聚形成冰坝阻断，导致河水漫溢成灾。洪涝灾害与湿渍害对作物的危害有所不同，洪灾主要是由洪水径流冲毁设施、淹没农田而造成损失。

涝灾主要指雨量过大或过于集中造成农田积水，无法及时排出，使作物受淹，在受淹的持续时间超过作物的耐淹能力后而造成的灾害。与洪灾的区别在于洪灾是由河流漫溢或堤防溃决造成的，涝灾是由降水过多，较长时间的地面积水造成的；洪灾的破坏性较强，可毁坏各种农业设施、牲畜与庄稼，对农业生产造成毁灭性的破坏，而涝灾一般只影响农作物。北方地区有时会出现冻涝，因农田灌溉不当或大量融雪在冻土层上出现积水而形成涝灾。

湿（渍）害是指因长期阴雨（降水强度不一定很大），地下水位升高及洪、涝灾过后排水不良或早春积雪（或表面湿冻土）迅速融化，在土壤尚未化通时水分下渗受阻等，使作物根层土壤持续处在过湿状态，土壤中有不透水的障碍层，如：砂礓层、黏土层等，使作物根系长期被水浸泡缺氧，影响正常生长发育而造成的灾害。渍害发生时，土壤水分过多会使田间空气湿度增大，易引发病害。湿害可就其成因分为几种类型，如：由于地势低洼，排水不畅，农田长时间积水，因雨涝成渍而造成的积水型湿害；农田受河湖水位影响或有灌溉而排水不良，使地下水位长期处在作物根系活动层内，地下水沿毛管上升达到表土，耕作层土壤含水量接近或超过田间持水量，因湿致渍的潜（湿）渍型湿害，此类湿害广泛分布在河流冲洪积平原等地；农田有礓石层或黏土层存在，透水性差，受其阻隔，降水难以向深层入渗，作物根系长时间被水浸泡，导致作物呼吸作用减弱而窒息受害的礓渍型湿害；地下水埋深浅，可溶性盐随潜水蒸发积聚于土壤表层，耕作层盐碱累积超过作物耐盐碱能力，使作物受害的盐渍型湿害，也是农田湿害的一种特殊形式。

湿害与洪涝虽可从概念上明确划分，但在实际中往往难以分割。有时在同一区域由于地势不同，在雨水过多时部分地段作物被洪水淹没，而部分地段较高，只发生涝害，因此常统称为洪涝灾害。洪涝灾的危害包括洪水的机械损伤（如撕破叶片、折断茎秆以及全株倒伏）和水分过多对农作物生理机能的破坏，前者是显而易见的，后者则比较复杂。另一方面，在许多地区涝和湿渍也是共存的，如水网圩区、平原洼地、山区谷地等既易涝又易渍，往往涝灾与渍害是在同一地区、同一时间或因同一次降水过程而形成的，因此，常将二者统称为渍涝或涝渍灾害。

3.3.2 致灾机理与成因

降水过多、过于集中是发生洪涝灾害的直接原因。尤其是严重的、大范围的洪涝灾害都是由暴雨、特大暴雨或持续大范围暴雨天气造成的。1998 年长江大洪水和嫩江、松花江特大洪水都是由流域性暴雨造成的。一个地区降水量的多少，季节分配的比例，雨季的长短、早晚是洪涝灾害发生的气候背景；而一年中季风的进退、雨带的活动等则是其天气背景。在季风气候区域，夏季暖湿的气流向北推进与北方冷空气交汇，锋面附近形成雨带，并随着太平洋副热带高压增强而逐渐北移。如大气环流发生异常，雨带在某一个地区停留过久，就会因雨水过多而发生涝渍灾害。台风和气旋活动常带来暴雨和大雨，在它们经过的地方，也易出现涝渍灾害。我国大部地区地处季风气候区，呈西高东低的三级阶梯地势，促进了夏季海洋气流的西进和北上，使产生强降水的夏季风北界与西界一直推进到沿大兴安岭和祁连山一线；同时，因青藏高原而形成的高原季风也加强了我国由海陆分布所引起的季风环流。受季风气候影响，我国大部分地区降水集中在 5—10 月，但各地雨季出现的时间有所不同，东北和华北地区由于夏季风到达晚，撤离早，雨季主要出现在夏季，且时间短；长江中下游地区春季和初夏为主要雨季，以春雨和梅雨为主；华南地区有两个雨季，受夏季风影响春季有一个前汛期雨季，雨带北移后受台风和东风波等系统影响出现第二个雨季；西南地区雨季主要集中在夏秋季，受西南季风影响，雨季较长，其中川黔地区基本全年均为阴雨天。因此，季风进退的早晚，直接影响我国各地雨季出现的早晚和降水的强弱，成为洪涝灾害发生的重要原因，也决定了我国洪涝灾害出现的季节与地区差异。在夏季风向北推进与北方冷空气相遇时，形成锋面，在锋面的附近形成雨带。雨带通常 4—5 月位于华南，5 月下旬—6 月上旬位于长江以南，6 月中旬—7 月中旬位于江淮，7 月中旬以后到达华北。由于各个地区不同年份冬夏季风的强弱、进退早晚和持续时间的不同，出现暴雨的区域也不同。大气环流决定着季风的进退，大气环流异常是导致流域性洪涝的直接原因，某些特定环流系统及其相互配置是造成大范围洪涝的重要条件，这些环流系统主要包括副热带高压、南亚高压、西风带槽脊、阻塞高压、极涡、热带辐合带、台风、低涡切变线及准静止锋系等。当大气环流异常时，雨带在某个区域徘徊，大雨一再出现，形成洪涝。例如，副热带高压提前北进，华北的雨季有所提前，反之，雨带则长期停滞在长江流域，当沿海台风登陆后深入内陆停留，与高空低涡和东移西风槽配合，可形成暴雨或连阴雨，造成洪涝和渍害。

地理、地形和水文因素以及土壤和排水状况，可影响洪涝、渍害的发生程度。如汇水面积大的江河下游，易受洪涝灾害；渗水快的沙土地不易发生渍害；而黏土和有不渗水层的土壤，雨水稍多时就易发生渍害。坡地不易发生涝害；但洼地因排水困难，常大面积受涝。洪涝灾害主要源于过量的地表水，地形、地貌与地质土壤对雨后的产流、汇流形成有较大影响。区域的地形、地貌、地质土壤条件也是形成洪涝灾害的重要原因之一，内涝积水能否及时排除，与江河水位高低有很大关系，江河水位的高低取决于上游洪水的大小和有无潮水顶托。因此，水系和水文条件同样是形成洪涝灾害的重要原因。山地丘陵因地形复杂，易发生山洪灾害；平原地区的洪灾主要是由于上游洪水流经当地，超越了河道的最大宣泄能力或堤防的防洪能力，导致洪水泛滥，堤防溃决，淹没农田；涝灾主要是由于当地雨水过多，河道排水能力低或受江河洪水、潮水顶托，堤围区内水不能及时排出，农田积水深度过大，时间过长，超过作物耐淹能力，使土壤中的空气相继排出，造成作物根部氧气不足，根系部呼吸困难，并产生有毒有害物质，影响作物生长，甚至造成作物死亡。平原地区在发生暴雨时涝渍灾害往往伴随洪水灾害同时发生，特别是严重的洪涝灾害，往往是大范围普降暴雨，使平原地区既有客水的洪水入侵，又有当地内水的雨水危害，洪、涝无法分清。流域性洪水和涝灾之间存在着相互影响、相互制约、相互叠加的关系，有时当出现流域性洪水灾害时，平原地区发生洪水泛滥的地区通常已积涝成灾；当河道洪水水位高时，积涝的水则难以排出；排涝能力强的区域，河道洪水的流量将不断增加，特别是河流上游水土流失严重时，大量泥沙下泄，淤积在承泄河道上，河床就会逐年淤高，抬高河道水位，河道高水位持续时间长，使土壤滞水饱和，降水后，洪涝淹浸了农田，地表水和地下水排不出去而形成涝灾，或排除了地表水，解除了洪涝灾害，但未能降低地下水位，而形成渍害。涝渍区多集中于地势低洼的平原区和山间盆地，地势低洼导致降水汇集，自然排泄不畅，造成地下水位升高。在河网地区，渍害发生的几率较高，因为这类地区地下水位较高，土壤透水性差，一次较大的降水后，地下水位很快上升到接近地面，但要降到1 m以下，则需要较长时间。因此，在雨水较多时，地下水位经常在50 cm左右，甚至更浅，形成过湿的土壤环境，发生渍害。此外，水库溃坝、冬季北方地区河流解冻时的凌汛、沿海的海啸和海潮等也可造成漫溢决口，导致洪涝。同时，人类活动对涝渍灾害也有很大的影响，主要是围垦造田、水利设施失修，使河道排水口缩小或堵塞、出水口水位抬高，影响河流排水速度，遭受暴雨便形成涝灾。渍害常发地区多数为黏土或黏壤土，土质黏重，透水性能差，保水力强；有些地方实行水旱轮作，稻田浸水时间长，季节紧，不进行农田干耕晒垡，土壤耕层变深，结构变坏，导致滞水力过强，犁底层土壤过于紧实，通透性很差。质地黏重的土壤，透水性不良，降雨后地下水位迅速升高，地下径流迟缓，土壤入渗能力降低，蓄水能力差；有时土壤中有明显的不透水层阻隔，使地下水外流不畅。例如，北方地区春季由于地表大量冰雪融化，土壤下层尚未化通，水难以透入下层，导致地表积水，也会发生涝渍灾害；水位高于作物的主要根系分布层，土壤水饱和缺氧，影响根系呼吸生长，同时也制约了土壤中肥料的分解与释放；植物所消耗的硝酸盐主要由土壤中细菌通过氨的硝化作用分解产生，这些细菌的生长需要氧气，如果耕地受到水的浸泡，土壤中的氧气缺乏，将导致这些细菌的死亡，植物所需要的养分将减少，影响作物正常生长所需的营养供给，土壤中嫌气性微生物活动加剧，使有毒物质积聚，导致作物烂根，影响发育。

涝渍害的发生还与当地种植的作物种类及其所处的发育阶段、光照条件等有关。不同作物和不同生育时期对土壤过湿和积水的适应能力不同。小麦、油菜、棉花等旱田作物在70%以上的土壤孔隙充满水分时开始受害。水分越多，持续时间越长，受害越重。大豆需水较多，但在幼苗期淹水1～2天就会落叶；三叶期水淹过顶，会影响腋芽分化，使分枝和花都大为减少；灌浆后期田间积水也会引起烂根。水稻较耐涝，但长时间淹水会影响光合作用，孕穗期淹水会使小穗停止生长，出现烂穗、畸形穗或白穗，穗粒数减少，空秕粒增多等。麦类作物苗期虽耐湿，但也会因渍害造成烂根、烂种；拔节孕穗期是冬小麦的水分临界期，遭受渍害会导致根系早衰、茎叶早枯、灌浆不良，并且易感染赤霉病，湿渍害是南方小麦的主要农业气象灾害之一。玉米在土壤水分超过田间持水量的90%以上时，会因湿害造成严重减产，幼苗期遭受湿害，减产更加严重，甚至绝收。油菜受湿害后常引起烂根、早衰、倒伏、结实率和千粒重降低，并易发生病虫害。棉花受渍后常引起棉苗烂根、死苗，抗病力减弱，后期受害引起落铃、烂桃，影响产量和品质。

洪涝灾害发生时地上积水淹及叶片，则无论是旱田作物还是水稻等沼泽作物受淹部分光合作用停止，体内无氧呼吸代替了有氧呼吸，消耗贮藏物质，使能量代谢恶化，生命活动处于停顿或陷入紊乱状态，各器官组织变得软弱无力，逐渐变黏变黑，然后枯萎脱落，即使是沼泽作物，长时间水淹没顶，也会造成严重损伤。淹水越深，时间越长，水温越高，水越混浊，作物受害越重。水退以后，因为作物变得软弱，抗逆性降低，往往诱发病害流行，间接造成损失。

3.3.3 致灾指标

不同区域的自然条件和生产条件不同，不同作物及其不同生育期的抗涝能力也有所差异，因此，洪涝渍害对作物的影响程度与其发生的时期和季节有关，影响的作物不同，危害也存在差异。研究表明，抗涝能力较强的作物为水稻、高粱；抗涝能力中等的作物为小麦、大豆、玉米；抗涝能力较弱的作物为棉花、甘薯、花生、谷子、芝麻等。农作物不同发育期对涝渍灾害的反应差异较大，同一强度的涝渍灾害发生于作物不同的发育期，其损失程度存在较大差异，其中禾本科作物以孕穗、抽穗期对产量影响最大。朱建强等（2000）的试验表明：在产量形成的关键时期受涝渍胁迫，棉花减产反应比大豆敏感，减产幅度大；油菜对涝渍的反应比水稻要敏感，涝渍地种植油菜的减产幅度是种植中稻的2～3倍。

水利部门为对排水工程制定标准，对作物的耐涝、耐渍性进行了试验研究，得出反映作物不同发育期耐涝、耐渍能力的耐淹水深和耐淹历时指标（表3.4），以及几种主要农作物不同生育期的耐渍深度（表3.5）。

表3.4　农作物耐淹水深和耐淹历时

作物种类	生育期	耐淹水深（cm）	耐淹历时（d）
棉花	开花结铃期	5～10	1～2
玉米	苗期—拔节期	2～5	1～1.5
	抽穗期	8～12	1～1.5
	孕穗灌浆期	8～12	1.5～2
	成熟期	10～15	2～3
甘薯	全生育期	7～10	2～3
春谷	苗期—拔节期	3～5	1～2
	孕穗期	5～10	1～2
	成熟期	10～15	2～3

续表

作物种类	生育期	耐淹水深（cm）	耐淹历时（d）
高粱	苗期	3～5	2～3
	孕穗期	10～15	5～7
	灌浆期	15～20	6～10
	成熟期	15～20	10～20
大豆	苗期	3～5	2～3
	开花期	7～10	2～3
小麦	拔节—成熟期	5～10	1～2
水稻	返青期	3～5	1～2
	分蘖期	6～10	2～3
	拔节期	15～25	4～6
	孕穗期	20～25	4～6
	成熟期	30～35	4～6

表 3.5　几种主要农作物不同生育期的耐渍深度

作物	生育期	耐渍深度（m）
小麦	播种—出苗期	0.5
	返青—分蘖期	0.5～0.8
	拔节—成熟期	1.0～1.2
棉花	幼苗期	0.6～0.8
	现蕾期	1.2～1.5
	花铃—吐絮期	1.5
玉米	幼苗期	0.5～0.6
	拔节—成熟期	1.0～1.3
水稻	晒田期	0.4～0.6

降水是造成涝渍的主要因素，许多指标通过对降水量的标准化处理而进行涝渍灾害分级，常用的有 Z 指数、标准化降水指数（SPI）等。姜爱军等（2000）对长江中下游地区雨涝灾害对农业的影响进行了分析，采用降水距平作为雨涝指标，对局地雨涝采用单站指标（表 3.6）：

$$I=\frac{1}{m}\sum_{i=4}^{10}\Delta R_i \tag{3.8}$$

式中 I 为单站雨涝指标；ΔR_i 为 4—10 月降水量距平百分率≥50%的月份的降水量距平百分率；m 为月降水量距平百分率≥50%的月份数。

表 3.6　单站雨涝指标

等级	重雨涝	中雨涝	轻雨涝
单站雨涝指标（I）	≥1.5	1.5～1.0	1.0～0.5

为了客观反映区域性雨涝气候事件，在评估区域性雨涝灾害时不仅要考虑某一个站或几个站的状况，更要考虑到区域内的普遍状况。其计算公式如下：

$$D = \frac{1}{n}\sum R_i X_i \tag{3.9}$$

式中 D 为区域雨涝指标；X_1，X_2，X_3 分别为轻雨涝、中雨涝、重雨涝的站数；R_1，R_2，R_3 为相应的降水量权重，分别为 $R_1=1$，$R_2=1.5$，$R_3=2$；n 为区域内代表站数。区域雨涝同单站雨涝，也分为区域轻雨涝、区域中雨涝、区域重雨涝。其区域指标见表 3.7。

表 3.7　区域雨涝指标

等级	重雨涝	中雨涝	轻雨涝
区域雨涝指标（D）	≥1.5	1.5～1.0	1.0～0.7

土壤、地形、作物、水利设施等因素对农业洪涝和湿害危害程度起着重要的作用，因此，灾害指标需要根据地区、作物及生育阶段来制定。

研究结果显示（黄毓华 2000，马晓群 2003），长江中下游地区形成三麦涝渍灾害的主要气象因子是降水和日照，并定义降水距平和日照距平之差为阴湿系数 Q，用来作为春季三麦涝渍害判断指标，其表达式为：

$$Q = \frac{R-R_0}{R_0} - \frac{S-S_0}{S_0} \tag{3.10}$$

式中 R 为旬降水量（mm）；R_0 为多年旬平均降水量（mm）；S 为旬日照时数（h）；S_0 为多年旬平均日照时数（h）。

以旬阴湿系数 Q 值连续两旬取正值为有涝渍灾害，依据 Q 值与减产率建模，进行灾害损失估算，将 2—3 月作为第 1 时段，4—5 月作为第 2 时段。分时段将指标分级累加。给两时段的 Q 值以不同的权重，建立涝渍灾害强度指标。

霍治国等（2007）选取降水量、降水日数、日照时数为冬小麦、油菜涝渍的致灾因子。综合考虑降水量、雨日和日照的作用，构建了冬小麦、油菜涝渍指数（Q_w）：

$$Q_w = a_1\frac{R}{R_{max}} + a_2\frac{R_d}{D} - a_3\frac{S}{S_{max}} \tag{3.11}$$

式中 Q_w 为涝渍指数；R 为旬降水量（mm），R_{max} 为近三个年代旬最大降水量（mm）；R_d 为旬降水日数（d）；D 为旬天数（d）；S 为旬日照时数（h）；S_{max} 为旬可能日照时数（h）；a_1，a_2，a_3 分别为降水量、降水日数和日照时数对涝渍灾害形成的影响系数。以此为基础，制定了冬小麦、油菜涝渍灾害等级指标（表 3.8）。

表 3.8　冬小麦、油菜涝渍等级指标

作物种类	生育期	发生时间	致灾等级		
			轻度	中度	重度
冬小麦	播种期	10 月	2 旬平均 $0.1>Q_w\geq0.8$	2 旬平均 $Q_w\geq1.0$	—
	冬前苗期	11—12 月	3 旬平均 $Q_w\geq0.7$	—	—
	越冬期	1—2 月	连续 2 旬 $Q_w\geq1.0$	—	—
	拔节期	3 月	连续 2 旬 $1.1>Q_w\geq0.8$，其中有 1 旬 $1.3>Q_w\geq1.0$	连续 2 旬 $Q_w\geq1.1$，其中有 1 旬 $Q_w\geq1.3$	—
	孕穗期	4 月上旬—中旬	连续 2 旬 $0.9>Q_w\geq0.8$，其中有 1 旬 $Q_w\geq1.0$	连续 2 旬 $1.2>Q_w\geq0.9$，其中有 1 旬 $1.4>Q_w\geq1.2$	连续 2 旬 $Q_w\geq1.2$，其中有 1 旬 $Q_w\geq1.4$
	抽穗灌浆期	4 月下旬—5 月中旬	连续 2 旬 $1.0>Q_w\geq0.8$ 或 1 旬 $1.2>Q_w\geq1.0$	2 旬平均 $1.2>Q_w\geq1.0$，其中有 1 旬 $1.4>Q_w\geq1.2$	2 旬平均 $Q_w\geq1.2$，其中有 1 旬 $Q_w\geq1.4$
油菜	播种期	10 月	2 旬平均 $0.9>Q_w\geq0.8$	2 旬平均 $Q_w\geq0.9$	—
	冬前苗期	11—12 月	2 旬平均 $Q_w\geq0.9$	—	—
	越冬期	1月—2月上旬	2 旬平均 $Q_w\geq0.9$	—	—
	抽薹期	3 月中旬—下旬	$1.2>$ 旬 $Q_w\geq1.0$	旬 $Q_w\geq1.2$	—
	开花期	3 月	2 旬平均 $1.2>Q_w\geq0.9$	2 旬平均 $1.4>Q_w\geq1.2$	2 旬平均 $Q_w\geq1.4$
	灌浆期	4 月—5 月上旬	2 旬平均 $1.0>Q_w\geq0.8$	2 旬平均 $1.3>Q_w\geq1.0$	2 旬平均 $Q_w\geq1.3$

部分学者以作物模型为基础进行渍涝灾害的等级指标划分，杨京平等（2001）利用作物模型模拟田间持续渍水对玉米生长发育的影响，以土壤水分 90%作为渍水指标，发现孕穗期渍害对玉米影响最大；在渍水 5 天以上便会导致减产。刘洪等（2005）建立了油菜生长模型的渍害影响模块，根据模型

输出油菜受渍后产量的减少比率，从灾损的角度，划分油菜的渍害等级。由于渍害的主要特征为持续土壤过湿，国家气象中心在农田渍害监测中以土壤相对湿度为指标，以土壤相对湿度 90%以上的持续时间和超过 90%的量值作为划分农田渍害的等级标准。

3.3.4 时空分布特征

洪涝灾害对我国农业的影响仅次于旱灾，1950—2005 年的资料分析表明，我国每年平均洪涝面积为 936 万 hm^2，呈现出明显的阶段性分布。20 世纪 50 年代至 60 年代中前期洪涝成灾面积较大；20 世纪 60 年代中期至 80 年代初期洪涝成灾面积较小；20 世纪 80 年代末以来有明显增加的趋势，成灾率持续在 50%以上，尤其是 20 世纪 90 年代，平均每两年发生一次大洪灾，1991 和 1998 年受涝面积分别为 2 460 万和 2 229 万 hm^2，成灾面积达 1 400 万 hm^2左右，20 世纪 90 年代平均洪涝面积达 1 487 万 hm^2，相当于 1955 年的 1.6 倍；进入 21 世纪洪涝成灾面积虽略有下降（图 3.1），但 2003 年黄河、淮河流域出现暴雨洪涝，受涝面积达 1 928 万 hm^2；2007 年夏季淮河流域再度发生 1954 年以来的严重洪涝灾害，使农业遭受严重损失。

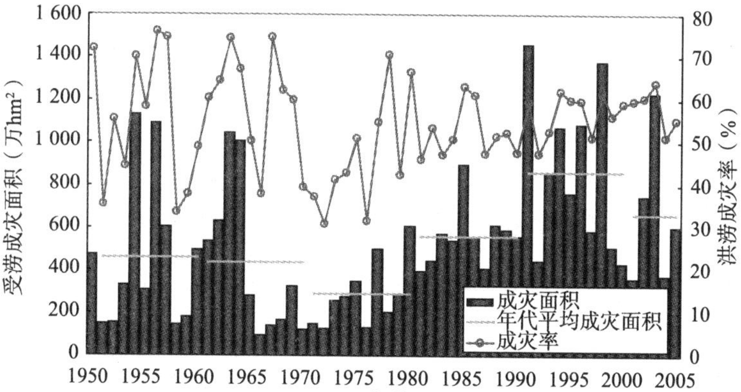

图 3.1　我国 1950—2005 年的洪涝成灾面积、成灾比率以及成灾面积的年代变化

涝渍灾害发生区域多在降水丰沛江河的流域，研究表明：我国的涝渍灾害的主要发生区域位于东北的三江平原、松嫩平原、辽河平原；黄河流域的关中平原；海河流域中下游平原；淮河流域的淮北平原、滨湖洼地、里下河的水网圩区；长江流域的江汉平原、湖区的滨湖区域、沿江洼地；珠江流域的珠江三角洲；此外，还有部分河谷平原受地下水位影响也是渍涝灾害的多发区。据统计，全国易渍涝耕地面积占全国总耕地面积的 30%左右，其中以东北和长江中下游地区的面积所占比例较大，影响的农作物主要有冬小麦、

玉米、棉花、水稻。大部分易涝渍地区的涝渍灾害发生时期主要是受季风气候的降水季节分布影响，同时受土质和地形的影响也较大，但在东北地区，由于冬季严寒，在冬春季节转换之际，土壤化冻时耕作层内存在冰冻层，阻碍了表层土壤水分下渗，形成春融期的渍涝灾害，影响作物播种。

不同区域洪涝与渍害的阶段分布十分明显，华南出现的时间最早，3—4月间静止锋常停滞在华南，会发生湿害；4月常有洪涝灾害，但洪涝较多的是5—6月。长江中下游4—5月多为湿害，6—7月梅雨季常发生洪涝灾害。黄淮海平原和东北地区7—8月为洪涝灾害的主要发生时期。沿海各省因受台风影响，洪涝灾发生期较长，从浙江南部到广西沿海5—9月均会发生，海南岛主要在8—10月，江苏、浙江沿海为6—9月。云南、贵州、桂西、四川夏季有洪涝灾害，秋季秋雨连绵，产生湿害。

受雨带分布影响，我国春季以湿害为主，涝害其次，局部地区有洪水。江淮地区春季常有连阴雨，导致发生大面积湿害。东北三江平原冬季降雪量过大的年份，早春迅速回暖，积雪融化，土壤尚未化通时雪水下渗受阻，常发生湿害甚至涝害。在北方地区冬季河流封冻，当春季上游回暖时，河流上游部分冰冻融化，水和冰块一起向下游流去，在河床上堆积，形成冰坝，堵住流水，致使河水漫溢，淹没农田，发生洪涝害。在华南，春天也常发生洪涝害。我国绝大部分农业区降水量集中于夏季，常因降雨时间过长或短时间内连降暴雨，总雨量过大而发生洪水或涝害。因此，夏季以洪水为主，涝害其次，局部地区有湿害。北方平原地势低洼地区，排水不良，夏雨稍多，土壤水分就处于饱和状态而发生湿害。入秋后雨量迅速减少，涝害比较少。局部地区的大雨、暴雨会引起小范围的积水而发生涝害。连阴雨持续时间过长、雨量过大，会导致大面积湿害。

第4章 多气象要素异常引发的农业气象灾害

4.1 概述

4.1.1 多气象要素异常引发的农业气象灾害类型

除单个气象要素引发的灾害外，还有一些农业气象灾害是由多个气象要素的异常而引起的，通常称为复合农业气象灾害，其中最常见的是由两个或三个要素值的异常引起的。

常见的气象要素异常有以下情况：降水过多或过少，空气干燥或潮湿；气温过高或过低，或剧烈变温，或冷热分布不均；光照过强或过弱；强风、无风或出现强对流；空气成分含有沙尘或污染物质。

理论上任何气象要素异常值的组合都有可能构成复合气象灾害，但实际生产中，有些组合并不出现或很少出现，如阴雨天通常不会伴随高温。

前述单一气象因素引发的灾害实际也包含着多种致灾因素，如越冬作物的冻害，既与低温强度及持续时间有关，又与气象条件是否有利于冬前抗寒锻炼有关，还与越冬期间是否有积雪及其维持时间和厚度有关，也与返青期的气象条件是否有利于恢复生长有关。但因其主导因素是越冬前后的低温，通常不列入复合气象灾害。

由气象因素诱发的生物灾害，由于主导致灾因子是细菌、真菌等微生物及昆虫或寄生虫等有害生物，气象因子只是其诱发环境或触发因素，通常也不列为复合气象灾害。由气象因素诱发的滑坡、泥石流等地质灾害也是如此。有些生物灾害和地质灾害可以看做是气象灾害的次生灾害，但并不能改变其灾害类别。但需要注意的是，诱发这些生物灾害或地质灾害的气象因子往往也具有复合性，如大多数植物病害至少需要一定的温度与湿度条件的配合。

农业生产上较常发生的由于异常气象要素的组合形成的复合气象灾害如

表 4.1 所列。

表 4.1　常见复合农业气象灾害的致灾要素构成及其危害

致灾气象要素	复合气象灾害	影响和危害
光照不足、温度偏低、降雨偏多	连阴雨	水稻烂苗，春播出苗差，授粉不良，光合速率下降
高温、空气干燥、小风	干热风	逼熟、加剧大气干旱、授粉不良
大风、局地强对流、阵雨	雷雨或冰雹	风害倒折、大风机械损伤、雷击
低温、降雪、大风	暴风雪	雪害、冻伤、大风机械损伤
大风、沙尘、低层空气不稳定	风沙	大风机械损伤、沙尘污染、风蚀
强风、强对流、沙尘	沙尘暴	大风机械损伤、沙埋、风蚀、污染
强风、暴雨	台风	大风机械损伤、洪涝、风暴潮、海浪，引发滑坡、泥石流等次生地质灾害
前期低温，中小雨后温度急升	雨后暴热枯熟	根系死亡，叶片萎蔫，停止灌浆
大风、低温	寒潮	冻害、大风机械损伤
降雨、大气污染物	酸雨	腐蚀植物和建筑物
土壤干旱、低温、多风	冻旱或抽条	越冬作物冻害、生理干旱，枝条干枯
高温、少雨	伏旱高温	热害、作物萎蔫
低压、高温、寡照	泛塘	水体溶解氧减少导致鱼类窒息死亡

本章主要介绍干热风与连阴雨两种复合灾害，其他几种农业气象复合灾害简要介绍如下。

4.1.1.1　台风

台风是发生在热带或亚热带海洋上的气旋性旋涡，是世界上最严重的自然灾害之一，死亡人数和经济损失均居全球主要自然灾害之首。每年 5—12 月都可能有台风登陆我国，但多集中在 7—9 月。台风是一种复合灾害，包括风害、洪涝、海浪和风暴潮。台风中心附近最大风速常达 33～50 m/s，最强的超过 100 m/s，对农作物、农舍、农业设施都有极大的摧残；大风掀起巨浪对海上船只、设备、养殖场和渔民生命威胁极大；台风携带的暴雨常在所经地区造成严重洪涝，在山区还常常引发滑坡和泥石流；台风在沿海可形成风暴潮冲击海岸，毁坏海堤，造成海水倒灌，顶托江河洪水，加重水灾。当台风登陆日期与天文大潮相吻合时，风暴潮特别强烈，危害尤其大。

台风的防御和减灾措施主要是：利用卫星遥感和雷达技术加强监测和预报；加固海堤，疏通排水沟；台风到来前加固房屋和农业设施，渔船入港避风；营造沿海防护林，减轻海浪拍击，保护海堤安全；编制应急预案，在强台风或超强台风登陆地区附近应及时组织居民转移到安全地区临时避难并妥善安置。

4.1.1.2 暴风雪

暴风雪是一种伴随着大风降温的降雪天气，在牧区称为“白毛风”，对放牧牲畜的威胁极大。暴风雪来临时畜群往往惊恐狂奔易失散，有的掉入山沟或雪坑后死伤，有的体力消耗过度出汗后受冻死亡。大风雪袭击时呼吸道疾病也明显增加。如 1966 年春新疆的几次暴风雪使全疆损失牲畜 411 万头。1958 年 1 月 12 日内蒙古东乌珠穆沁旗和西乌珠穆沁旗两个旗的暴风雪中损失牲畜 3 万多头，1940 年春呼伦贝尔盟一场暴风雪损失牲畜 40 多万头。

暴风雪主要发生在我国北部和西部牧区，其次是青藏高原中东部。其气候指标是日平均气温＜5 ℃，24 小时降温≥6 ℃，日降水量≥5 mm，风速≥8 m/s。

防御措施：牧区要建立防寒保暖棚圈，疏通牧道，在春季牧场建立产房和羔室，转场途中建立草料库和水窖。野外放牧突遇暴风雪可利用山丘和半月形沙丘、树林附近等有利地形躲避风雪。管好公马、头羊、头牛，防止畜群惊散。做好牧业天气预报，利用有利天气安排转场、剪毛、接羔、配种等活动，以减轻损失。

4.1.1.3 雷雨大风

夏季强对流天气下经常发生雷雨大风，可形成大风、暴雨、雷击等多种灾害。其中最常见的是风雨交加造成作物的倒伏或倒折。在小麦生产上通常以倒伏为主，玉米生产上则以倒折为主。较轻的倒伏和倒折可以逐步恢复到半挺立状态，但产量也会受灾一定损失。严重的倒伏和倒折因灌浆停止和腐烂变质而基本绝收。小麦在孕穗期旗叶尚未展开时易兜水，是对风雨灾害最敏感的时期。玉米在大喇叭口期植株已较高，而气生根尚未充分发生，头重脚轻，是对风雨最为敏感的时期。小麦孕穗期和玉米大喇叭口期也是两种作物的光合作用高峰期，发生倒伏或倒折后对产量的影响极大。

防御风雨造成倒伏或倒折的最根本措施是增强茎秆和根系的抗倒性。首先要选用抗倒品种，特别是根系发达、茎秆坚硬、富有弹性的品种，如掖单系列的玉米品种的茎秆韧性好，抗风力特强；其次加强病虫害防治，特别是茎腐病和玉米螟；第三要合理密植，密度过大时茎秆细弱易倒伏或倒折；第四要合理灌溉，拔节前适当蹲苗促进根系下扎和抑制基部节间伸长，玉米在大喇叭口期如遇旱应及时浇水以促进气生根生长；第五防止片面多施氮磷肥，多风地区应适当增施钾肥。

4.1.1.4 风沙与沙尘暴

风沙是大风把地面沙尘卷起的一种灾害性天气，能对农作物形成机械损伤或对新鲜农产品造成污染，还侵蚀土壤，使土壤肥力下降，淤塞水库、塘坝、水井。风沙分为浮尘、扬沙和沙尘暴三种，只是程度的不同。前两种是尘土或细沙在空中分布较为均匀，使空气能见度降低。沙尘暴是强风将大量沙尘吹到空中，使水平能见度下降到不足 1 km，特别强烈的沙尘暴俗称黑风暴。

风沙的发生必须具备三个条件：足够强而持续的风力；大气低层不稳定，能形成对流把沙尘卷到空中；大风所经地区沙尘量大。风沙与沙尘暴在干旱和半干旱地区经常发生，以春季居多，因为空气和土地干燥，低层空气又不稳定，尤其在冷锋经过时，锋后大风可把大量沙尘卷到空中。

沙尘暴是中国西北地区最严重的自然灾害之一，1993 年 5 月 4—6 日席卷新疆、甘肃、宁夏、青海的特大沙尘暴波及 110 万 km^2、1 200 多万人口的地区，沙尘墙高数百米，遮天蔽日，风力 9～12 级，毁坏农田 3.8 万 hm^2，死亡 85 人，失踪 31 人，伤 264 人。受灾农田 87 万 hm^2，其中绝收或严重减产 11 万 hm^2，受灾果树 2 万 hm^2。受灾牲畜 73 万头，死亡和失踪牲畜 12 万头。沙埋渠系 2 000 km 以上，刮断电杆 6 021 根，毁房 4 412 间。灾情最重的甘肃省有 3 389 个温室和大棚被毁。前苏联和美国也发生过严重的黑风暴。前苏联 1969 年的黑风暴中土壤被严重风蚀，80 多万 hm^2 的麦苗满天飞舞。美国 1934 年的黑风暴从中西部一直刮到东海岸，历时 2 个月，有 47 天不见天日，43%的土地严重风蚀，6 500 万 hm^2 范围内 80%的农田表土丧失，失去了耕作价值。

防御风沙和沙尘暴，最重要的是增加地面植被覆盖。草原应防止超载过牧，农牧过渡带要防止滥垦。北方干旱半干旱地区营造三北防护林防沙效果显著。通过埋设草格可以固定流动沙丘，穿越腾格里沙漠的包兰铁路和穿越塔克拉玛干沙漠的公路依靠草格固沙已稳定运行多年。冬春裸露是北方农牧交错带和华北农田本地沙尘的主要来源，华北应增加越冬作物、地膜或秸秆覆盖以及人工牧草的种植面积，农牧交错带应增加越冬留茬覆盖面积，以减少本地起沙尘。

4.1.1.5 冻旱

冻旱是北方越冬作物和林果生产上经常发生的复合气象灾害。冻旱可加剧小麦、油菜等越冬作物的冻害，使得冻伤苗在受冻脱水时细胞间隙结冰的水分不能被细胞质所吸收，迟迟不能返青，甚至因水分急剧蒸腾呼吸消耗而迅速衰亡。冻旱在林果生产上主要表现为抽条。早春冻土未化通时，树木或果树的根系吸水能力很差。气温升高时幼树主干或幼嫩枝条的蒸腾加大，产生生理干旱，使幼嫩枝条自上而下枯死，严重时幼树可从主干基部开始全部枯死。秋季抗寒锻炼差，早春大风多和气温不稳定时，抽条尤为严重。据测定苹果枝条含水量降到34%～40%，梨降到40%，核桃降到35%就会形成抽条。

防御措施：林木苗圃应选择背风和土层深厚处，冬前适时浇足冻水，入冬后培土或对幼树基部包扎。冬季对幼树喷施抑制蒸发剂。果树应选用抗寒和抗生理干旱的品种和砧木，如苹果中的红星、国光就比富士、青香蕉等的抗性强。秋季控制枝条旺长，如多次摘心、控制水肥等。果园除草以抑制大青叶蝉的危害。早春顶凌耙地保墒。后冬早春在幼嫩枝条上涂抹凡士林或喷抑制蒸发剂。

4.1.1.6 泛塘

由于单位体积水中的溶解氧要比空气中少几十倍，因此水生生物特别是鱼类对氧含量的变化十分敏感。“泛塘”即缺氧窒息，是水产养殖业的主要灾害之一。估计直接或间接因缺氧死亡的鱼类要占到养殖鱼类死亡总数的60%。泛塘一般发生在高密度饲养的池塘，一次较大范围的泛塘可造成几十到上百万千克鱼类死亡，如1986年6月28—29日江汉平原大范围泛塘，仅仙桃市一地就死鱼近百万千克。湖北省估计全省40万 hm^2 水面每年泛塘死鱼的经济损失在1 000万元以上。

泛塘的发生是多致灾气象要素组合效应的结果。泛塘酝酿阶段的特征是高温、低压、偏南风、水中溶氧量减少、透明度下降。泛塘诱发阶段的特征是日照减少、水中溶氧量不足、温度下降。降雨天气易诱发泛塘的发生，而冷空气入侵并产生降水是泛塘的触发机制。如前一天日照不足，夜温又高，则水中含氧量会明显下降。人为原因也可加剧泛塘灾害，如密度过大、投料或施肥过多都可能造成水质恶化。

泛塘的防御措施：在可能发生泛塘的天气到来前提前采取开动人工增氧机或换水等措施。一般在晴天下午开动增氧机效果较好，阴天则应在次日晨，在有泛塘危险时应连夜开动。深水体的下层更容易缺氧，要注意搅动或勤换水。较大的水面受风面大，易起波浪增加溶氧，在易发生泛塘地区可适当扩大水面。掌握合理的养殖密度、饵量和施肥量也是很重要的。一般在 22 ℃的晴天，施肥后 4～5 天即可达肥水标准，阴冷天气则超过 4～5 天，如未达肥水标准也要等到天晴以后才能再次追肥。过量追肥后一旦天晴升温会因肥料大量分解造成缺氧。温度低时不能追肥。北方养殖水面冬季常出现鱼类因长期处于冰下缺氧窒息死亡的现象。雪后应及时扫雪以改善透明度，适时打破冰面搅动水体和定期注入新水都可以减少死亡。

4.1.2 减灾思路与途径

4.1.2.1 复合农业气象灾害的特点

复合农业气象灾害往往具有与单因素引发的农业气象灾害不同的特点。

首先是不同气象要素之间具有一定的耦合与放大效应。如伏旱高温是长江流域夏季常见的复合灾害，伏旱期间持续晴朗无风或风小，使气温不断攀升；而高温又加剧了植物的蒸腾及土壤和水体的蒸发，干旱与高温两种致灾因素之间是相互促进的，使得这种复合灾害的危害更加严重，往往十多天的伏旱高温造成的损失就不亚于北方两三个月春旱所造成的损失。又如冻旱的危害往往要比单纯的低温冻害或冬旱的危害更大，原因在于越冬作物在受冻时细胞脱水并在细胞间隙或细胞壁与细胞质之间结冰，如果低温不是特别强烈并且早春回暖比较平稳，通常细胞间结冰的水分在融化后仍能被细胞所吸收而恢复膨压和生长。但如与干旱相结合，则细胞间结冰水分可以直接升华丧失，使受冻细胞在早春难以恢复。禾本科作物在生长后期单纯的大风一般不会造成倒伏或倒折，但在风雨交加的雷阵雨天气，由于植株截获雨水重量猛增和茎秆韧性下降，很容易形成倒伏或倒折减产。这种耦合效应使灾害损失明显放大，减灾的难度也往往要大于单一要素引发的气象灾害。

其次，与单一要素引发的气象灾害相比，复合气象灾害可形成更多的灾害支链。如强对流天气可以造成大风机械损伤、暴雨洪涝、冰雹机械损伤和雷击等多种灾害损失后果，台风可造成大风机械损伤、暴雨洪涝、滑坡、泥石流等次生地质灾害及海浪、风暴潮等多种海洋灾害的损失后果。因此，对于复合气象灾害往往需要加强多部门的协调联动与综合减灾。

第三，在复合气象灾害的几个致灾因子中，至少有一个是主导因子。如连阴雨的主导因子是连续的降雨，干热风的主导因子是高温，台风的主要致灾因素是海上强烈的对流，寒潮的主导因子是低温。因此，在减灾时也要针对这个主导因子入手。但也有一些复合灾害具有两个主要致灾因子，缺一不可，通过耦合使灾害的破坏效应放大，如冻旱中的低温与干旱、雨后枯熟中的降雨和雨后高温等。

4.1.2.2 复合农业气象灾害的减灾思路与途径

（1）针对不同致灾因素采取综合措施。由于复合农业气象灾害是由多个致灾气象因子引起的，有的灾害还存在若干非气象致灾因子，因此，复合农业气象灾害的减灾必须采取综合措施，分别针对不同的致灾因子，根据不同情况采取遏制、削弱、规避等不同对策。如针对台风，既要对农田采取防洪排涝措施，又要对农业设施采取防风加固措施，山区要防范滑坡、泥石流等地质灾害应急避险，沿海要加固海堤防御风暴潮，海上作业要及时回港避风。

（2）抓住主导因子，确定关键措施。许多复合灾害的多个致灾因子中存在居主导作用的因子，针对主导因子采取的减灾措施就是减灾效益最大的关键措施。如防御冻旱的关键是增强植株细胞的持水能力与根系的吸收能力，主要是促进抗寒锻炼和根系发育。防御寒潮的关键是农业环境的保温和增强作物的抗寒能力。

（3）注意防御次生灾害与衍生灾害。由于复合灾害的致灾因子多，灾害链长和分支多，所引起的次生灾害和衍生灾害也要比单因子导致的气象灾害更多。因此，防御台风、暴风雪、沙尘暴、寒潮等重大复合灾害，需要多部门协调联动。对于其中的地质灾害或生物灾害等非气象灾害，气象部门也要主动配合开展服务，主要是从致灾气象因子的角度配合进行灾害监测、预报和预警，在灾害的应急处置中要在当地政府统一领导下积极开展现场气象保障工作。

4.2 小麦干热风

4.2.1 概念与发生概况

干热风是一种高温、低湿并伴有一定风力的灾害性天气。在中、低纬度地区都有不同程度的危害，在沙漠和沙漠边缘以及干旱多风的地区，危害更为频繁。国外干热风发生地区主要有俄罗斯欧洲部分的南部和东南部、中亚沙漠东部到西伯利亚森林草原地带，乌克兰，美国的南部和中西部，日本的西南温带，北非的撒哈拉一带，以及中东和澳大利亚。国内干热风主要危害北方地区的冬、春小麦；在北方对某些地区的棉花、玉米，在南方对长江中下游的水稻也会产生危害。干热风天气一般4—8月均可能出现，约2～4年出现1次危害严重年。对小麦造成危害的是5—7月的干热风天气。

干热风和干旱的联系与区别：干热风和干旱都含有低湿干燥的因素，并伴有危害的现象出现。干旱是由于长期无雨或少雨，引起土壤中有效水分贮存量的大量减少，造成土壤缺水，致使植物体内水分平衡和叶绿素逐渐破坏，植株发生萎蔫乃至枯黄而死。干热风则是由于气象要素（温、湿、风）的急剧变化，即温度骤升、湿度突降以及风的加强作用，使植物蒸腾和土壤蒸发量很大，造成植物大量蒸腾失水；即使在土壤水分充足的情况下，也易发生植物水分平衡失调、正常的生理活动遭到破坏或抑制等现象，植株在很短时间内受到危害或死亡。干旱在任何季节都可发生，气象要素具有正常的日变化，发生具有一定的持续性；而干热风则仅发生在暖季的植物生长旺盛期，温、湿、风气象要素具有明显的突变性和短时性，正常的日变化受到干扰，白天干热，晚上也干热，植物的水分支出在夜间几乎没有减弱。因此，在土壤干旱时出现干热风会加重对植物的危害。两者造成的植物受害症状表现不同，干旱对农作物的危害一般表现为延续性地发生萎蔫以至枯黄；而干热风发生时，由于叶绿素来不及分解，危害则表现为农作物在短时间内发生青枯、灰绿或青灰，甚至逼熟死亡。

小麦干热风是指在小麦扬花灌浆期间出现的一种高温低湿并伴有一定风力的灾害性天气。它可使小麦失去水分平衡，严重影响各种生理功能，使千粒重明显下降，导致小麦显著减产。

小麦干热风是我国北方麦区的主要农业气象灾害之一，主要分布于黄淮海流域和新疆一带。危害轻的年份减产 5%～10%，严重年份减产 20%～30%。据 1982 年对北方 13 个省（区、市）调查统计（表 4.2），该区小麦播种面积 2 041 万 hm^2，占全国小麦播种面积的 74%；受干热风危害面积 1 446.7万 hm^2，占 70.9%，即超过 2/3 的小麦种植区受到干热风危害；当年减产小麦 18.4 亿～36.8 亿 kg。

表 4.2　北方小麦种植面积和干热风危害情况

地区	种植面积（万 hm^2）	单产（kg/hm^2）	总产（亿 kg）	受害面积（万 hm^2）	损失产量（亿 kg）
河南	412.0	2 962.5	122.0	373.3	5.55～11.05
山东	334.3	2 467.5	82.4	300.0	3.7～7.4
河北	224.3	1 995.0	44.8	200.0	2.0～4.0
安徽	196.8	2 812.5	55.4	120.0	1.7～3.4
江苏	186.7	3 802.5	70.9	80.0	1.5～3.05
陕西	161.6	2 602.5	42.1	120.0	1.55～3.15
甘肃	146.3	2 122.5	31.1	33.3	0.35～0.7

续表

地区	种植面积（万 hm^2）	单产（kg/hm^2）	总产（亿 kg）	受害面积（万 hm^2）	损失产量（亿 kg）
新疆	132.9	1 755.0	23.3	100.0	0.9～1.75
山西	92.8	2 190.0	20.3	46.7	0.5～1.0
内蒙古	87.8	1 440.0	12.7	26.7	0.2～0.35
宁夏	28.0	2 130.0	6.2	26.7	0.3～0.55
青海	22.4	2 812.5	6.3	6.7	0.1～0.15
天津	14.1	1 335.0	1.9	13.3	0.1～0.15
合计	2 041.0	—	519.3	1 446.7	18.4～36.8
全国小麦	2 794.1	2 445.0	684.2	—	—
全国粮食	11 339.6	3 120.0	3 534.3	—	—

资料来源：北方小麦干热风科研协作组，1988

4.2.2 危害机理与天气成因

4.2.2.1 干热风的危害机理

干热风对小麦的危害主要是高温引起的热害、低湿及风引起的旱害两方面。小麦株体在高温低湿持续胁迫到一定时间后，便使细胞代谢紊乱，生理变化失调。主要反映在以下几个方面。

（1）蒸腾失水加剧。在干热风胁迫下，由于温度猛升，湿度骤降，加上风力的扰动，使大气蒸发力加强，小麦植株叶片内外的水势差增加，从而使蒸腾强度急剧增强。研究表明，干热风天气条件下的小麦植株蒸腾强度一般比正常天气条件下高 30%～50%，最高可以达到 66.7%。

（2）根系活力减弱。小麦根系吸收水分和矿物质元素的功能下降。

（3）叶绿素含量降低。一方面使叶绿素迅速解体破坏，另一方面又使叶绿素的合成受阻，从而使小麦叶片中叶绿素含量明显降低，叶片颜色变淡，严重时呈灰白色。据北方小麦干热风科研协作组 1980 年在郑州测定，干热风出现后第 3 天，叶绿素降低了 57%以上，平均每天降低 19.11%，而在 1982 年无干热风条件下测定，叶绿素含量平均每天仅降低 6.64%。

（4）光合速率下降。小麦植株大量失水，叶片含水量迅速下降，绿色面积减少，破坏了植株光合作用的正常进行，光合速率明显下降。温度越高，叶绿素的破坏越快，光合速率降低越多。

（5）灌浆速度减慢，灌浆期缩短。干热风胁迫对小麦所产生的伤害，最终影响到光合产物的制造、输送、转移与贮藏，综合表现为灌浆速度下降、灌浆期缩短，最终导致千粒重下降。实际测定结果（表 4.3 和表 4.4）表明，干热风可导致小麦灌浆速度、千粒重的明显降低。

表 4.3　1979—1981 年干热风对小麦灌浆速度的影响

地点	灌浆速度下降日数（d）	平均日下降值（g）	最大日下降值（g）	灌浆资料年次
泰安	9	1.0	2.0	3
菏泽	15	1.3	3.1	3
徐州	4	1.3	2.6	2
宁晋	11	0.9	2.5	2
商丘	12	0.8	1.2	2
乌拉乌苏	17	1.0	2.5	3

资料来源：陈端生等，1990

表 4.4　干热风对小麦千粒重的影响（河北坝县）　　单位：g

品种	正常年（1976 年）	干热风年（1977 年）	干热风年比正常年千粒重降低值
泰山 1 号	39.8	33.5	6.3
唐山 6898	40.1	28.5	11.6
北京 16 号	45.2	36.5	8.7
晋中 849	41.8	35.0	6.8

资料来源：陈端生等，1990

4.2.2.2　干热风的天气成因

我国黄淮海地区干热风形成的天气系统，依据 1959—1978 年黄淮海地区 78 次干热风天气在 700 hPa 高空图上的直接影响系统进行分类归纳，可将其分为三种类型。

（1）西北气流型。欧亚上空为两槽一脊，东海岸为一深槽，华北和西伯利亚平原是一宽广高压脊，乌拉尔山维持低槽。在此类天气形势影响下，黄淮海地区受西北气流控制，上游又有暖平流输送，加上空气湿度小，天气晴朗，太阳辐射强，高空槽线过境后 24～36 小时即可出现干热风天气，持续 3～4 天。此类型的干热风几率占 42%。

（2）高压脊型。欧亚上空为一脊一槽，东海岸为一深槽，黄淮海至西伯利亚平原受西北气流控制，沿35°～40°N有一小高压配合温度暖舌东移，至河套后形成华北暖高压脊，形成干热风天气。在此类天气形势影响下，河套小高压是移动性的，干热风持续时间较短，一般只有 1～2 天，且强度弱。此类型干热风的几率占 30%。

（3）高压后部型。此类型的天气形势与第二种有联系，即高压后部的干热风天气往往是由高压脊内部转至高压脊后部时产生。此时空气湿度尚未来得及增加，而气温高，即出现干热风天气。但随着脊后偏南气流的增强，空气中湿度增加，云层形成，则干热风天气结束。故此类型干热风持续时间短，一般1～2天，强度弱，几率占28%。

我国西北地区干热风形成的天气系统，主要是从中亚地区东移过来的高压脊，在青藏高原和西北地区得到发展和加强，其次是青藏高原原地有暖高压脊发展北挺。受高压脊影响的地区，中、低层维持下沉气流，天气晴朗，且不断有暖平流输送，导致干热风天气的形成。在多数情况下，西北地区的干热风是由上述两类过程的叠加而形成。

4.2.3 类型与致灾指标

4.2.3.1 干热风的类型

正常成熟的小麦是金黄色，即麦秆节间黄、节端绿；叶片黄，叶鞘绿；芒尖黄，芒根绿。小麦受到干热风危害时，不仅植株外部形态，而且子粒灌浆速度和小麦千粒重都表现出明显的异常：在开花和子粒形成期主要影响开花受精能力，使不孕花数增加，减少穗粒数；在灌浆成熟期则使日灌浆速度下降，缩短灌浆期。

根据干热风气象要素组合对小麦的影响和危害的差异，我国的小麦干热风主要有三种类型。

（1）高温低湿型，是北方麦区干热风的主要类型。在小麦扬花灌浆过程中都有可能发生，一般发生在小麦开花后20天左右至蜡熟期。干热风发生时温度突升，空气湿度骤降，并伴有较大的风速。发生时最高气温可达32 ℃以上，甚至可达37～38 ℃，相对湿度可降至25%～35%或其以下，风速在3～4 m/s或其以上。危害轻者使芒尖干枯，炸芒，颖壳发白，叶片卷曲凋萎；重者则严重炸芒，顶部小穗、颖壳和叶片大部分干枯呈灰白色，叶片可卷曲呈绳状，枯黄死亡。高温低湿型干热风可造成小麦大面积干枯逼熟死亡，产量显著下降。黄淮海地区群众就有“麦怕四月（农历）风，风后一场空”、“麦黄西南风，麦收一场空”、“麦秀西南风，就怕要送终”、“三月西风麦头重，四月西风麦头空”的说法。

（2）雨后青枯型，又称雨后热枯型或雨后枯熟型。一般发生在乳熟后期，即小麦成熟前10天左右。其主要特征是雨后猛晴，温度骤升，湿度剧降。一般雨后日最高气温升至27～29 ℃或其以上，14时相对湿度在40%左右，即能引起小麦青枯早熟。雨后气温回升越快，温度越高，青枯发生越早，危害越重。危害症状表现为使叶片脱水青枯死亡，颖壳和芒青干，颖壳闭合，子粒离脐，穗下茎及茎节呈暗绿色。雨后青枯型干热风发生区域虽不及高温低湿型广泛，但所造成的危害却更为严重，一般可使小麦千粒重下降 4～5 g，减产 10%～20%或其以上。群众就有“麦怕杏黄雨”、“杏黄雨，杀麦刀”、“雨后东风杀麦根”等谚语。这里所说的“杏黄雨”、“雨后东风”皆指雨后青枯型干热风。

(3) 旱风型，又称热风型。一般发生在小麦扬花灌浆期间。其主要特征是风速大，湿度低，与一定的高温配合。发生时风速在 14～15 m/s 或其以上，相对湿度在 25%～30%或其以下，最高气温在 25～30 ℃或其以上。对小麦的危害除了与高温低湿型相同外，大风还加强了大气的干燥程度，加剧了农田蒸发蒸腾，使麦叶卷缩成绳状，叶片撕裂破碎。这类干热风主要发生在新疆和西北黄土高原的多风地区，在干旱年份出现较多。

4.2.3.2 干热风的致灾指标

干热风致灾指标是干热风天气预报、防御对策及气候区划的重要依据。我国小麦干热风指标的研究始于 20 世纪 50 年代后期；20 世纪 60 年代初，针对小麦干热风的危害情况，选用温度、相对湿度和风速定时观测值组合确定指标；此后，北方小麦干热风科研协作组在以往指标研究基础上，于 1979—1981 年在主要冬、春麦区按照统一的试验方案，从小麦开始灌浆至成熟，逐日测定气象要素、灌浆速度、蒸腾强度、伤流量、叶片含水率、光合速率和土壤湿度等，同时观察小麦受干热风危害的症状，并结合干热风模拟试验，研究提出了采用日最高气温、14 时相对湿度和 14 时风速组合确定干热风指标，各要素表征干热风气象要素的变化特征如下：

(1) 日最高气温。日最高气温能较好地表征高温特征与热害机理，包括高温的突变性、持续性及其过程的高温极值；同时又不受时差的限制，便于统一比较。研究表明，干热风天气白天的高温持续日数随日最高气温升高而延长，温度愈高，持续时间越长。

(2) 14 时相对湿度。14 时相对湿度基本接近于湿度日变化的最低值，它可表征干热风出现后的湿度突变性和低湿的持续性。据干热风天气下麦田小气候观测证实，穗部和 2/3 株高活动面的最低相对湿度，一般出现在 14 时左右，比百叶箱（1.5 m）观测的大气湿度低值早 1～2 小时。因此，用 14 时相对湿度可表征低湿的特征值和干害。

(3) 14 时风速。风速是温度、湿度、风速“三要素”组合综合反映蒸散量不可缺少的因子，它起着降低湿度、加剧蒸腾、加重高温低湿危害的作用。14 时风速与日最高气温和 14 时相对湿度相配合，可反映高温低湿的日变化和“三要素”的同步性。风向因干热风天气地面系统受地区和地形的影响而变化较大，如黄淮平原为西南风，陕西关中、渭北为西北风，甘肃河西走廊为东风，故不作统一规定。

综上，采用日最高气温、14 时相对湿度和 14 时风速组合进行干热风指标确定，能较好地反映干热风气象要素的变化特征，即温度猛升，湿度剧降，以及过程持续的高温低湿。考虑到高温低湿型干热风是我国北方麦区干热风的主要类型，而北方麦区分布范围广，各地气候、地理、土壤、品种的差异很大，干热风指标在地区间既要相对统一、又要略有差异。根据区域试验资料，综合考虑干热风对小麦灌浆速度的影响、生物学统计分析及生理测定结果等，对不同区域的高温低湿型干热风指标进行了界定。表 4.5～表 4.7 分别给出了高温低湿型、雨后青枯型、旱风型小麦干热风指标。

表 4.5　高温低湿型干热风等级指标

区域	时段	天气背景	轻			重		
			日最高气温（℃）	14 时相对湿度（%）	14 时风速（m/s）	日最高气温（℃）	14 时相对湿度（%）	14 时风速（m/s）
黄淮海冬麦区	在小麦扬花灌浆过程中都可能发生，一般发生在小麦开花后 20 天左右至蜡熟期	温度突升，空气湿度骤降，并伴有较大的风速	≥32	≤30	≥3	≥35	≤25	≥3
黄土高原旱塬冬麦区			≥30	≤30	≥3	≥33	≤25	≥4
内蒙古河套、宁夏平原春麦区			≥32	≤30	≥2	≥34	≤25	≥3
甘肃河西走廊春麦区			≥32	≤30	不定	≥35	≤25	不定
新疆重区			≥34	≤30	≥2	≥36	≤25	≥3
新疆次重区			≥32	≤30	≥3	≥35	≤30	≥4

注：“不定”指 14 时风速不是限制因素；“新疆重区”指吐鲁番、鄯善盆地，塔里木盆地东部铁干里克、若羌一带；“新疆次重区”指哈密、库尔勒、和田、石河子、乌苏等地区。

表 4.6　雨后青枯型干热风指标

区域	时段	天气背景	日最高气温（℃）	14 时相对湿度（%）	14 时风速（m/s）
北方麦区	小麦灌浆后期，成熟前 10 天内	有 1 次小至中雨或其以上降水过程，雨后猛晴，温度骤升	≥30	≤40	≥3

注：雨后 3 天内有 1 天同时满足表 4.6 中的条件即可为雨后青枯型干热风。

表 4.7　旱风型干热风指标

区域	时段	天气背景	日最高气温（℃）	14 时相对湿度（%）	14 时风速（m/s）
新疆和西北黄土高原的多风地区	小麦扬花灌浆期间	风速大、湿度低，与一定的高温配合	25～30 ℃或其以上	25%～30%或其以下	14～15 m/s 或其以上

根据干热风指标判定干热风日，用干热风天气过程中出现的干热风日等

级天数组合确定过程等级，用过程等级组合确定年型的轻重。表 4.8 和表 4.9 分别给出了干热风天气过程和年型的等级指标。

表 4.8 干热风天气过程等级指标

等级	指标
重	连续出现≥2 天重干热风日
	在 1 次干热风天气过程中出现 2 天不连续重干热风日，或 1 个重日加 2 个以上轻日
轻	除重干热风天气过程所包括的轻干热风日外，连续出现≥2 天轻干热风日
	连续出现 2 天 1 轻 1 重干热风日，或出现 1 天重干热风日

表 4.9 干热风年型等级指标

等级	指标	危害参考值
重	一年中有 2 次以上重干热风过程，或 2 轻 1 重，或 4 次以上轻过程	小麦千粒重一般下降 4 g以上，减产 10%～20%或其以上
	过程中重干热风日连续 4 天以上，或轻干热风日连续 7 天以上	
轻	一年中有 2 次以上轻干热风过程，或 1 次重过程，或轻干热风日连续≥4 天	小麦千粒重一般下降2～4 g，减产 5%～10%

4.2.4 时空分布

4.2.4.1 干热风的时间分布

小麦受干热风危害的敏感期在开花后第 16～20 天以后，即小麦灌浆中后期至子粒成熟前，因此，可以当地小麦收获前 1 个月作为干热风发生时期。由于各地小麦生育期不同，干热风的发生时期差异很大。一般是从 5 月上旬开始由南向北、由东南向西北逐渐推迟，至 7 月中、下旬终止；冬麦区早于春麦区。此外，小麦干热风的发生时期还与海拔高度有关。在同一地区，海拔高度越高，干热风发生时间越迟。

冬麦区的黄淮海地区发生在 5 月上、中旬至 6 月上、中旬，以豫南、徐淮地区出现最早，在 5 月上旬至 6 月上旬；随后是豫中、豫东、豫北、鲁西、冀南、冀中、关中、晋南，发生在 6 月中旬至 6 月上旬，以 5 月下旬至 6 月上旬出现较多，约占总次数的 80%～90%；冀北、晋中、渭北多发生在 5 月中、下旬至 6 月中、下旬，以 6 月最多，约占 60%～80%。

春麦区的宁夏平原地区、内蒙古河套地区以及甘肃河西走廊发生在 6 月中旬至 7 月中旬，各旬的日数分配约占 30%左右。新疆冬、春麦区以吐鲁番盆地最早，发生在 5 月中旬至 6 月中旬，各旬分配比较均匀；南疆发生在 5 月下旬至 6 月下旬，其中 6 月约占 70%以上；北疆发生在 6 月上、中旬至 7 月中旬，各旬占 30%～40%。

从干热风集中出现时段及其频率看，黄淮海平原冬麦区干热风集中出现在5月末至6月上旬初，干热风日数频率占50%～80%；晋中、冀北、鲁东集中出现在6月中旬，占40%左右；宁夏平原、河套地区集中出现在7月上、中旬，占30%～60%；甘肃河西走廊出现在6月中旬和7月上旬；新疆各旬分配差异不大。

4.2.4.2　干热风的地理分布

我国北方小麦干热风主要分布于黄淮海平原、河西走廊和新疆三个地区。在地理分布上总体呈东西两边重、中间轻的格局，且随海拔高度升高而减轻，干热风危害区的海拔高度一般不超过1 700～1 800 m。干热风日数东、西两个高值区分布如下：东部干热风日数最多区分布在太行山以东冀、鲁、豫衔接地带及汾渭谷地。主要是由于强烈的下沉增温和焚风效应，以及干旱、盐碱土壤等因素的综合影响，形成了东部的干热风重区，其中以焦作、洛阳、郑州、邯郸、邢台、大名、南宫、德州一带为最重。临汾盆地由于地处黄土高原的山间盆地，三面环山，朝南开口，受下沉增温和焚风作用的影响，也是干热风重区。西部干热风日数最多区分布在吐鲁番盆地、塔里木盆地、安敦（安西、敦煌）盆地。主要是由于地处内陆沙漠戈壁盆地，受变性暖高压和高压脊影响，雨水稀少，气候干燥，沙漠戈壁下垫面强烈辐射增温，成为西部干热风重区。吐鲁番盆地海拔低于海平面，干热风日数为全国之冠。

4.2.4.3　干热风气候区划

以干热风日数和过程次数作为小麦干热风气候区划的主导指标，以年型发生几率为辅助指标（表4.10），将我国北方麦区干热风危害区划分为重区、次重区、轻区和无干热风区（图4.1）。

表4.10　干热风气候区划分区指标

分区	主导指标		辅助指标
	干热风年平均日数（d）	干热风年平均过程次数（次）	干热风年型发生几率（每10年发生的次数）
Ⅰ. 重区	≥6，其中重日≥2.5	≥1.6，其中重次数≥0.5	≥5
Ⅱ. 次重区	3～5.9，其中重日0.5～2.4	1.0～1.5，其中重次数0.2～0.5	3～5
Ⅲ. 轻区	1～2.9，其中重日<0.5	0.5～0.9，其中重次数<0.2	1～2.9
Ⅳ. 无干热风区	<1	<0.5	<1

Ⅰ. 重区：包括黄淮海Ⅰ$_1$区、河西走廊Ⅰ$_2$区、新疆Ⅰ$_3$区。含冀中、冀南、豫东、豫北、鲁西、鲁西北及临汾、侯马一带，10年为5～7遇。河西走廊的敦煌、安西盆地频率为10%～15%，持续日数为3～4天。新疆的吐鲁番

盆地和塔里木盆地的若羌、铁干里克一带，年频率＞20%，最长持续日数17天，干热风机遇为10年6～10遇，托克逊、若羌为10年10遇。

Ⅱ. 次重区：包括黄淮海Ⅱ$_1$区、河西走廊Ⅱ$_2$区、新疆Ⅱ$_3$区。含天津、鲁西黄河下游北岸、豫东南、豫西、关中东部、晋东南南部地区，年频率为10%～15%，过程持续日数为2～4天，干热风重型年机遇10年1～1.5遇。河西走廊东部的张掖、武威、民勤一带，年频率为5%～10%，过程持续日数为3～4天，干热风重型年机遇10年1～2遇。新疆的哈密、塔里木盆地和准噶尔盆地，干热风重型年机遇10年2～4遇。

Ⅲ. 轻区：包括黄淮海Ⅲ$_1$区、河套宁夏平原Ⅲ$_2$区、新疆Ⅲ$_3$区。含冀北、晋西、晋东南北部、渭北旱塬区、鲁南、胶东半岛西北部、苏北、皖北等地。干热风年日数1～3天，年频率5%～9%，过程持续日数为1～2天，干热风年机遇10年1～2遇。宁夏及河套灌区，年频率为2%～6%，过程持续日数为2天左右，年机遇10年1～3遇。新疆的塔里木盆地西部干热风年频率为10%～15%，准噶尔盆地外围地区干热风年频率小于10%，两地区年机遇为10年1～3遇。

Ⅳ. 无干热风区：包括干热风重区、次重区、轻区以外的其他地区。

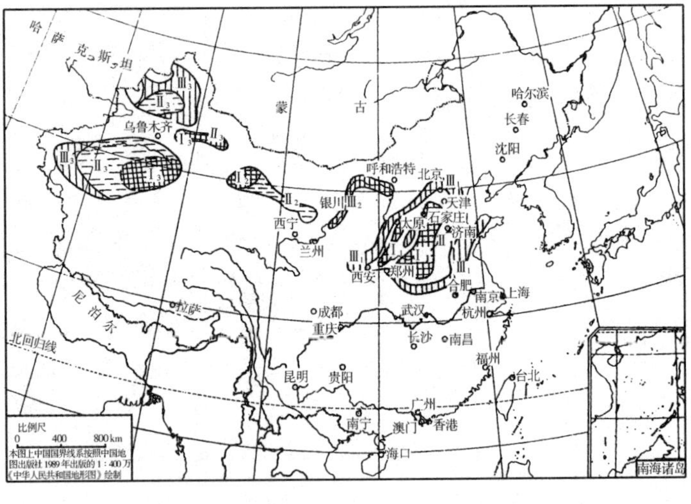

图4.1　北方小麦干热风气候区划图

（中国农业科学院 1999）

受气候变暖的影响，近年来小麦干热风危害在部分区域呈扩大趋势，发生次数增加，发生时段提前，发生程度加重。气候变暖对宁夏灌区春小麦干热风的影响研究表明（武万里等 2007），在1961—2004年44年间，平均每年发生站数由1991年前的21个站增加到45个站；发生时段由6月下旬末至7

月中旬中期提早到6月下旬至7月上旬；一次干热风天气过程中，14时平均气温和最高气温逐年上升，干热风发生程度加重。天津市近10年小麦干热风的年发生日数也较过去有所增加，多发时段集中在5月下旬。

应当指出的是，干热风对小麦的危害受多种因素的影响，不仅包括温度、湿度、风速组合的量值大小及其持续时间，也包括地形条件、水肥条件、小麦品种、生育阶段、生长状况及所处的农田环境等。因此，当气象条件达到干热风指标时，由于区域间其他因素的差异，小麦所表现的受害程度也会不同。如土壤长期缺水，小麦生长不良，易受干热风危害且较重；抗逆性强、分蘖成穗率低的品种受害轻，反之重；生育期延迟，往往会加重危害；保水、保肥的土壤，有防风林带的农田受害较轻，反之重。

4.3 连阴雨

4.3.1 概念与发生概况

连阴雨指在作物生长季中出现连续阴雨达4～5天或其以上的天气过程。其显著特点是多雨、寡照、并常与低温相伴，是由降水、日照、气温等几种气象要素异常共同引起的。在计算连阴雨过程时可含有短暂的晴天，其降水强度包括小雨、中雨、大雨或暴雨。连阴雨四季都可能出现，不同季节的连阴雨对农业造成的影响不同，其中以春、秋两季的连阴雨对农业生产影响较大。连阴雨有时会导致湿害，但更多的往往会因长时间缺少光照，植株体光合作用削弱，加之土壤和空气长期潮湿，造成作物生理机能失调、感染病害，导致生长发育不良；作物结实阶段的连阴雨会导致子实发芽、霉变，使农作物产量和质量遭受严重影响。

我国常见的连阴雨有：南方稻区春季连阴雨，长江流域初夏梅雨季节的连阴雨，北方地区盛夏连阴雨，西北地区东部、长江中下游、西南地区秋季连阴雨，中东部地区冬季连阴雨（雪）等。连阴雨灾害发生程度的年际间差异较大，常导致洪涝、寡照、低温、湿、渍等灾害。同时，连阴雨易诱发喜温、喜湿的作物病虫害发生发展。

4.3.2 致灾机理与成因

连阴雨的出现与影响我国雨带迁移的西风带和副热带高压系统的季节性变化有关，连阴雨天气出现的区域也有明显的季节变化，从冬季过渡到夏季时，连阴雨的雨区由南向北推移；从夏季到冬季时，则由北向南推移，与雨带位移的特点相一致。春季，南方的暖湿空气开始活跃，北方冷空气开始衰减，但仍有一定强度，冷暖空气常交汇在长江和华南之间，锋面也常常停滞或徘徊于此，在地面天气图上出现准静止锋。在 700 hPa 等压面图上，出现位于地面准静止锋北侧的东西向切变线。连阴雨天气的位置就出现在地面锋和 700 hPa 等压面上的切变线之间。当锋面和切变线的位置偏南时，连阴雨发生在华南；偏北时，就出现在长江和南岭之间的江南地区。初夏锋面在长江中下游地区徘徊，造成该地区梅雨期的连阴雨。而秋季的连阴雨，主要发生在北方冷空气开始活跃、南方暖湿空气开始衰减但仍有一定强度的形势下，其过程与春季相似，只是冷暖空气交绥的地区不同，因而连阴雨发生的地区也和春季有所不同。

农作物主要生长季内几种典型的连阴雨灾害由于其发生的季节与区域不同，对农业生产造成的影响各异。春季连阴雨主要出现在华南（2—3 月）和长江中下游地区（3—4 月），并常常与倒春寒天气同时出现。此季正值早稻育秧、棉花等作物播种，冬小麦、油菜产量形成阶段，低温连阴雨会造成水稻烂秧、棉花烂种、冬小麦和油菜等湿害。对农业影响较大的梅雨期连阴雨为早梅雨和长梅雨，常会引发作物的涝渍灾害。初夏梅雨期正是长江中下游地区棉花花铃期，长梅雨期间的多雨、高温、高湿、寡照天气，造成棉花蕾铃大量脱落；还会造成地下水位过高，影响作物根系的正常生长；雨量大的年份还会导致洪涝灾害发生，例如：1954 年我国江淮流域的特大洪水就是由持续时间特别长的梅雨造成的。该年份，长江中下游 5 月下半月春雨已经很多，梅雨在 6 月初就开始了，直到 8 月初才“出梅”，阴雨时间达 2 个多月之久，并不时有大雨、暴雨出现，长江中下游地区 5—7 月 3 个月的雨量，一般都达到 800～1 000 mm，造成长江流域全流域性洪水，对农业造成严重影响。长梅雨期间的连阴雨对处于孕穗、灌浆阶段的水稻也有不利影响，造成空秕粒增加、粒重下降；使早稻生长缓慢、生育期延迟，影响晚稻及时栽插。秋季连阴雨主要出现在长江下游和西南地区，长江中下游一般发生在 9—10 月，可使晚稻子粒发芽霉烂，棉花烂铃、落铃；华西秋雨发生于陇南、关中、陕南、鄂西、湘西和川黔大部，出现在 8 月下旬至 11 月中旬，以 9—10 月为集中，常造成作物倒伏、霉烂发芽。

此外，冬季连阴雨（雪）主要出现在长江中下游冬麦、油菜产区，由于阴雨连绵，日照时数不足，田间湿度大，地温低，土壤含水量长期处于饱和状态，作物根系缺氧，呼吸受抑，活力衰退，吸收水、肥能力下降，且土壤中有机物质在厌氧条件下产生还原性有毒物质毒害根系，导致根系生长不良，根量减少；也使植株体内的氮素代谢下降，功能叶叶片内氮素含量明显减少，造成植株苗小叶黄或僵苗。例如：2001 和 2002 年的 12 月份，江淮、江汉、江南、西南地区东部出现大范围连阴雨（雪）天气，阴雨寡照严重。其中，2002 年 12 月份江淮、江汉、江南、西南地区东部阴雨（雪）累计日数达13～20 天，大部分地区月日照时数仅 30～80 小时，降水量比正常年偏多 1～3 倍，农田土壤相对湿度超过 90%，部分低洼田块积水明显，形成了湿、渍害，小麦分蘖受阻，晚播小麦、油菜难以形成壮苗。在华北、黄淮等地也会出现冬季连阴雨（雪）天气，对日光温室中蔬菜生长发育影响较大，并引发温室蔬菜的病害。同时，因阴雨（雪）期间常常有积雪或苫盖等覆盖，温室气温下降幅度不大，而除去积雪或揭苫后，由于连阴雨（雪）后转晴，往往正是强冷空气控制之时，夜间辐射冷却增强，温室气温随之大幅度下降，蔬菜容易遭受冷害或冻害，导致植株萎蔫或急速凋枯死亡。

另外，由于连阴雨，湿度过大，还可引发某些农作物病虫害的发生及蔓延。南方地区春季、江淮地区秋季、华北平原春末夏初、华南地区的秋季等都常有连阴雨发生。例如 1989 年 6 月上中旬华北平原大部地区出现连阴雨天气，使正在收割期间的小麦霉变、发芽，造成的损失较大。

4.3.3 致灾指标

连阴雨过程与降水量、日照、低温相关，对农业危害主要是由连阴雨造成的洪涝、日照过少和连续低温而产生的。连阴雨的危害程度因发生的季节、持续的时间、气温高低、前期雨水的多少及农作物的种类、生育期等的不同而异。有时因阴雨天气时间长，累积雨量大而造成地面积水，耕作层长期水分过多，使农作物根系腐烂或招致病虫害的蔓延，形成渍害，严重的春涝影响农作物适时播种和夏收作物的生长。长江中下游地区春季连阴雨，因光照不足，会发生三麦渍害和棉花烂种等现象。江南春季连阴雨对水稻育秧不利，易发生烂秧；此外，对已播棉花、花生等喜温作物也常常造成烂种死苗；并影响油菜的开花受粉，及角果发育不正常，降低产量；有时影响小麦孕穗，造成大面积不孕或子实质量低劣。在收获季节出现连阴雨，能造成油菜、大小麦、水稻、花生等发芽霉烂，棉花烂铃僵瓣，红薯腐烂等。初夏、秋季连阴雨对夏收、秋收不利，谷物不易晒干而易发芽霉烂。虽然连阴雨常常与其发生季节所相伴的温度条件和降水强度等组合产生不同的危害，但其显著的特征为阴雨寡照，因此，连阴雨的指标往往包含雨日和日照两个方面。一般按发生时间划分为季节连阴雨，其中 3—5 月为春季连阴雨，6—8 月为夏季连阴雨，9—11 月为秋季连阴雨。吴洪颜等（2003）将 3 月 1 日—5 月 31 日定义为长江中下游春季连阴雨的出现时间，采用连阴雨标准为：①连续 7 天以上日降水量≥0.1 mm 的连续降水时段；②时段日降水量≥0.1 mm 的天数与总天数之比≥70％，无雨日的日照时数＜5 小时，总降水量≥10 mm；③连续3 天无雨作为连阴雨结束。满足其中①或②即为连阴雨。利用上述标准对1961—1999 年江苏省春季连阴雨进行了统计分析，研究结果表明：春季连阴雨累计日数、总降水量与夏粮产量呈显著负相关关系，且连阴雨累计日数≥30天时，夏粮减产非常明显，这种情况的发生概率达 59.1％。

由于气候与作物布局不同，各地根据当地的天气气候条件与农作物生长发育规律制定的连阴雨指标略有差异。例如，黄土高原西部的甘肃连阴雨指标为连续阴雨日数≥5 天，过程降水量≥15 mm（允许其中 1 天微量降水或无降水，但过程开始或结束日当日降水量必须≥0.1 mm）；日平均总云量≥8 成。同时满足以上条件者为一次连阴雨天气过程。江淮地区的安徽将连续 3 天或3 天以上有降水（日降水量≥0.1 mm，不包括雾、露、霜量）作为一个连阴雨（雪）过程；在大于 3 天的连阴雨（雪）过程中间，允许一天无降水，但该日日照＜2 小时；在连阴雨（雪）过程中间，允许有微量降水，但该日日照＜4 小时。地处江南西部地区湖南连阴雨指标为 3 月 1 日—10 月 31 日期间，日降水量≥0.1 mm 连续 7 天或以上，且过程日平均日照时数≤1 小时；轻度连阴雨的连阴雨天数为 7～9 天，中度连阴雨的连阴雨天数为 10～12 天，重度连阴雨的连阴雨天数为 13 天或其以上。重庆地区连阴雨指标为出现连续5 天或其以上阴天，无日照，其中任意 3 天白天降水量≥0.1 mm，则定为一次连阴雨天气过程；全市有 10 站以上出现连阴雨即为一次区域性连阴雨，有20 站以上出现连阴雨即为一次大范围连阴雨，有 30 站以上出现连阴雨即为一次全市性连阴雨。

针对不同农时和农事阶段，各地又对连阴雨有不同的定义，例如京津地区将小麦接近成熟及收获打场时期出现连续 3 天或其以上的降水天气，总降水量≥40 mm，定为麦收连阴雨指标，又按其寡照日数分为轻、重二型。其中，重型：连阴雨过程期间连续 3 天或其以上日照时数≤6 小时；轻型：过程期间连续1～2 天日照时数≤6 小时。而安徽则定义发生时段为 5 月下旬—6 月中旬的夏收“烂场雨”指标为：一次降雨过程连续雨日≥5 天，且过程降水量在50 mm以上；同时，雨日≤4 天，但过程降水量较大（至少有一个暴雨日）产生严重洪涝灾害使得小麦受到较大损失的，也列入“烂场雨”之内。在陕西秋季连阴雨被称为秋淋，规定 8 月下旬—10 月中旬期间，日降水量≥0.1 mm，连续降雨日≥4 天，总降水量≥20 mm，为一次连阴雨过程。综合考虑秋季连阴雨持续时间、出现次数、降水量合计等因素，划分为弱秋淋、中秋淋和强秋淋，其中：秋季出现 1～2 次短连阴雨过程，降水量合计≤40 mm，为弱秋淋；秋季有≤2 次中等程度的连阴雨过程，40 mm＜降水量合计≤80 mm，为中秋淋；秋季出现≥3 次中等程度的连阴雨过程或≥1 次长连阴雨过程，降水量合计＞80 mm，则为强秋淋。

4.3.4 时空分布

连阴雨天气的出现主要受天气系统季节性分布的影响，但其对农业造成的危害则与农业生产的季节性密不可分，因此连阴雨的时空分布呈现出明显的季节性与地域性。春季连阴雨主要出现在我国长江流域及其以南地区，影响春播和夏收作物生长发育；初夏连阴雨主要出现在长江流域一年一度的梅雨季节；秋季连阴雨主要出现在我国西部地区，形成“华西秋雨”。根据连阴雨的发生时段对作物生长发育的影响，又可划分为春播期连阴雨、开花期连阴雨和收获期连阴雨。

4.3.4.1 春播期连阴雨

春播期连阴雨主要出现在我国东部地区，江南、华南地区主要出现在早稻育秧阶段，往往与低温相伴；长江中下游地区主要出现在棉花播种期。春季连阴雨的显著特点是：降水持续时间长，雨区范围广，雨量强度小，光照差。连阴雨过程常常与低温过程相伴，根据阴雨和气温的状况，可划分为：低温型阴雨、温暖型阴雨、前冷后暖型阴雨、前暖后冷型阴雨、冷暖交替型阴雨等。按照温度又可分低温连阴雨和高温连阴雨两种，前者日平均气温低于 12 ℃，后者高于 12 ℃。

2—3 月是我国南方双季早稻产区早稻播种育秧季节，此时天气多变，冬季风尚有一定强度，冷空气活动比较频繁。当北方冷空气南下入侵到江南、华南时，尤其当从我国东部南下的北方冷空气和从热带海洋来的暖湿气流相遇时，常会在二者的交汇地带形成低温、阴雨、寡照天气。华南、江南地区此时先后进入早稻播种育秧阶段，持续的低温阴雨天气使得秧苗缺乏生长所必需的热量和光照，造成早稻烂秧死苗。阴雨天气还促使秧田的棉腐病菌繁殖侵染，间接地加重烂秧程度，导致损失大量稻种；还因补种延误播种季节，使早稻成熟延迟，影响晚稻栽种，进而使抽穗扬花期遭受低温危害。早稻播种育秧期的连阴雨天气以低温型阴雨发生的频率最高，前暖后冷型及冷暖交替型次之。倒春寒是春季南方早稻播种育秧期的主要灾害性天气，倒春寒天气带来的低温连阴雨是造成早稻烂种烂秧的主要原因。研究结果表明：早稻育秧期间当日平均气温在 12 ℃或其以下，连续 3～5 天阴雨天气；或在短时间内气温急剧下降，且日最低气温降到 5 ℃以下，均会造成烂秧和死苗。如果早稻播种后 1～2 天内雨量过大，秧田积水过多，稻谷不易扎根，也会造成烂秧。冯佩芝等（1985）对1951—1980年江南、华南双季稻区早稻播种期逐日气温、日照、降水等资料进行分析，以日照≤3小时为阴天计算阴雨日，计算结果显示，在30年中3月下旬至4月中旬长江中下游平均阴天日数有14天，雨日约25天；华南北部3月平均阴天日数22天，雨日约23天。并根据同期的气温变化，对早稻育秧期气象条件进行评价，严重的低温阴雨年型，烂秧率可达30%～40%，重者可达60%～70%。这种不良天气在20世纪六七十年代出现频繁，其中以1969，1970和1976年的天气气候条件最差，造成严重烂秧，烂秧率超过30%，有的年份和区域烂秧率达50%。如1970年仅广西地区烂种就达0.5亿kg以上；1976年长江中下游地区日平均气温在12℃以下的有18天，仅湖南、江西、湖北水稻就损失3亿～4亿kg。1996年春，我国江南又出现了长达20天左右的低温阴雨天气，给水稻育秧带来较大困难，不仅损失大量种子，而且因补种延误播种季节，使早稻成熟期延迟，影响晚稻栽插，使晚稻抽穗扬花期易受低温危害。在早稻三叶期前后，当出现日平均气温低于12℃的低温时，连续阴雨3天以上，会感染棉腐病，造成死苗；与此同时，由于秧苗进入二叶一心至三叶期时，抗逆性弱，在低温阴雨天气后，天空突然放晴，气温陡升，气温日较差达到10℃左右，秧苗叶面蒸腾量急剧加大，根系活力弱，吸水量与耗水量不平衡，供不应求，引起生理失水，出现青枯死苗。

3—4月份长江流域进入春季，开始春播育苗、越冬作物进入关键生长期。受北方南下冷空气和热带海洋来的暖湿气流交汇的影响，长江中下游以及西南地区东部经常出现“倒春寒”和低温连阴雨天气，往往会影响棉花适时播种，造成三麦赤霉病、油菜菌核病的流行。连阴雨天气对农作物的播种、出苗影响很大，当日平均气温在12℃或其以下时，连阴雨3～5天；或在短时间内气温急剧下降，且日最低气温降到5℃以下，均可造成棉花等作物的烂种、弱苗、死苗，特别是日平均气温低于10℃的低温连阴雨，持续7天或其以上对农业生产的影响尤为显著，导致地温低，土壤湿度大，日照不足，使播在地里的作物种子呼吸作用减弱，生理活动受阻，根芽停止生长，出现大面积的烂种、死苗现象。不仅损失大量种子，而且因补种延误播种季节，使作物成熟期延迟，影响一年的农事安排。如果低温连阴雨出现在春播前，就会使春播推迟；如果出现在播种后，则会导致烂种烂芽，出苗缓慢，苗势参差不齐；出苗后遇上连阴雨，会引起和加重作物苗期病害的发生，使幼苗生长缓慢，有时还会导致毁掉苗床重播。因此，时断时续的低温阴雨天气往往会影响棉花的播种进度，致使棉苗立枯病、炭疽病等苗病发生，直接影响成苗率。春季连阴雨还会因雨水过多或排水不良，造成农田积水，引起小麦、油菜烂根、早衰，生长发育迟缓，病害流行。冬小麦拔节期间，当遇到10天以上连续性阴雨寡照天气，土壤相对湿度持续大于90%以上时，可导致小麦根系衰退，有效穗数减少。例如：2000年2—3月长江流域大部分地区多雨寡照，2月份江南大部阴雨日数达10～19天，四川东南部和贵州大部多达14～23天，3月上中旬江南大部阴雨日达10～17天，平均每天日照不足2小时，棉花播种及冬小麦、油菜生长均受到影响。2002年入春以后，湖北大部地区降雨比历史同期偏多近1倍，尤其是4月下旬至5月，大部地区平均气温降至12 ℃以下，为历史罕见，且降水集中，自4月22日起的一个月里，低温伴着连绵阴雨，其间降水几乎达到湖北省全年降水的一半，给湖北省造成严重灾难，春播的水稻、棉花等农作物出现了严重的烂种死苗现象，有近一半的农田需要改种；蔬菜、瓜果、茶叶等经济作物也受到很大影响。

4.3.4.2　开花期连阴雨

作物开花期是产量形成的关键阶段，对外界的气象条件十分敏感，需要适宜的温湿度和充足的光照。此时，如遇低温连阴雨天气会使开花授粉受阻，造成大面积作物“花而不实”，结实率降低，对产量造成较大影响。作物开花期连阴雨主要出现在两个时段，一是春季，主要出现在长江中下游夏收粮油作物的开花结实期；二是夏末秋初，主要出现在秋收作物开花期。

春季，长江中下游地区油菜、冬小麦先后进入开花授粉期，此时，冷暖空气常常在长江流域频繁交汇，产生低温阴雨天气，对油菜和小麦开花结实造成影响。由于春季连阴雨持续时间长，影响的面积大，长时间的阴雨天气不仅使农作物的水分过剩造成阴湿害、渍害，甚至造成涝灾，又发生在夏熟作物生长的关键期，极易对作物造成致命的影响。南方油菜区，尤其是长江流域一带，油菜开花至角果形成期多阴雨天气，日照少、雨量多、湿度大，常造成阴害和湿害。研究结果表明：油菜开花期气温下降到10 ℃以下时，开花数量显著减少；若遇连阴雨天气，土壤和空气湿度大，常发生湿害，引起植株早衰，花粉散落，显著影响开花结实，使角果数减少，每角粒数下降，而造成减产。小麦孕穗至开花期是受湿害的临界期，受渍后恢复能力最差，减产最严重。小麦开花期多雨寡照，空气湿度过大或遇雨，会引起花粉粒吸水膨胀而破裂死亡，降低结实率。另外，连阴雨天气极易诱发赤霉病、菌核病、锈病等病虫害的发生、蔓延，对冬小麦和油菜产量和品质均会造成一定的影响。小麦开花期遇连续阴雨天气，日平均温度在15 ℃以上，相对湿度在85%以上，连续3～4天湿热，光照不足，会引起赤霉病的爆发，白粉病、锈病、纹枯病较易发生和蔓延，造成湿害、病虫害并发，严重影响小麦生长发育。

水稻开花期前后对光照十分敏感，在幼穗发育过程中，如果遇上长期阴雨，会使幼穗发育不良。其中在枝梗和颖花分化期光照不足，则枝梗和颖花数减少；减数分裂期和花粉粒充实期光照不足，会引起枝梗和颖花大量退化，使不孕颖花增加，总颖花数减少，每穗总粒数下降，穗型变小；在孕穗期受连阴雨影响而发生渍涝灾害，会影响小穗生长、生殖细胞形成和花粉发育，已分化的幼穗会有死亡，正在分化的枝梗部分退化，大量颖花败育，对产量影响很大。水稻开花受精过程中，当温度低于 23 ℃时花药开裂就要受到影响，温度越低，影响越大，甚至不能授粉，形成空壳。降水对水稻开花、落在柱头上的花粉粒数量以及花粉萌发力均有影响。连阴雨使空气湿度过高，对花粉的发芽和花粉管的伸长造成影响；降水时，水稻一般不开颖，而进行闭花授粉；但若开花时遇上大雨，花粉粒就会吸水破裂，柱头上的黏液被冲洗，使受精率降低，空壳增多。早稻开花期常常会遇到梅雨锋造成的连阴雨，由于水汽充沛，降水强度较大，会形成雨洗花的现象，导致减产。晚稻开花遭遇到的连阴雨往往与寒露风相伴，9 月中旬以后出现气温连续 3 天低于 20 ℃的低温连阴雨天气，对抽穗扬花的晚稻影响很大，会引起翘稻头，导致有谷无米。

秋季低温连阴雨不仅影响晚稻、一季稻，而且影响玉米、棉花等作物开花、授粉。玉米开花期遇连阴雨，当空气相对湿度高于 90%时，花粉就会丧失活力，甚至停止开花；如连日下雨，花粉遇水结团或吸水胀破，减少花丝授粉的机会，造成大量缺粒、秃尖和空秆；如低温与连阴雨同时出现，会导致玉米吐丝推迟，造成花期不遇，形成空秆。棉花开花期连阴雨会导致棉花大量落花、落蕾，使坐桃率下降。2003 年为典型的秋收作物花期连阴雨年，8 月中旬至 9 月上旬黄淮及汉水流域出现了历史同期罕见的低温、阴雨寡照天气，陕西中南部，河南大部，山东西南部，湖北大部，安徽、江苏两省北部粮棉主产区的气温比常年同期明显偏低，雨日多在 20 天以上，光照严重不足，其中 8 月中旬气温偏低 3～5 ℃，平均每天日照时数不足 2 小时。此时正值夏玉米抽雄吐丝、春玉米结实灌浆、一季稻抽穗扬花及灌浆、棉花开花结铃阶段，正是产量形成的关键时期。长时间的低温、阴雨寡照使开花期的玉米花粉吸水破裂，雌、雄花花期不遇，授粉受阻，导致玉米空秆、秃尖率增高，果穗短小，缺行、缺粒多，导致产量大幅度下滑。由于阴雨寡照伴随着低温，中稻和单季晚稻抽穗扬花及灌浆也受到严重影响，结实率明显降低。棉花伏桃、秋桃数量偏少，落铃、烂铃现象十分严重，产量和品质均大幅度下降。据灾后实地调查：陕西中南部、河南大部玉米的空秆率高，部分地区秃尖率高达 50%以上，缺行、缺粒很普遍，玉米果穗长度不及常年的 50%；棉花坐桃率比常年明显偏低，有的棉株几乎没有结桃；湖北东部地区中稻平均结实率仅30%～50%。受灾严重的河南粮食总产减产幅度达10%以上，棉花总产减产幅度达40%以上；安徽粮食总产和棉花总产减产幅度均超过10%；湖北、江苏粮食总产的减产幅度为5%～10%，棉花总产的减产幅度在5%左右。

4.3.4.3 收获期连阴雨（烂场雨）

收获期是决定作物能否丰收的关键阶段，此时若出现连阴雨往往会导致大范围的失收，造成丰产不丰收的局面。收获期连阴雨主要发生在春末夏初的麦收季节和秋季玉米、棉花等作物的收获季节，其中最为典型的是麦收烂场雨和华西秋雨。

烂场雨的发生与小麦成熟期及雨季早晚有关，烂场雨天气形成的原因是大气环流形势转换，雨季到来，北方冷空气补充南下，与南方暖湿气流交绥，双方势均力敌，形成覆盖宽广、移动缓慢的云雨带，从而出现大范围的连阴雨或大暴雨天气。由于正值小麦成熟收获时期，往往造成很大损失，轻者减产1～2成，重则减产3～5成。黄淮地区小麦烂场雨多发生在5月下旬至6月上旬，过程降水量50 mm以上，0.1 mm以上的雨日5天以上的连阴雨一般5年一遇。长江流域夏收期一般年份多处于梅雨期到来之前的相对少雨期，小麦收获基本能正常进行。但此期气候年际间差异大，遇到副热带高压偏强、梅汛期偏早年份，使收获期与早梅雨相遇，也会导致烂场雨的发生。江淮地区“烂场雨”出现的几率平均约10年2遇，但20世纪90年代有加重趋势，1991，1994，1996和1998年均出现过“烂麦场”，最严重的是1991年，整个小麦收获期与连续阴雨基本同步，导致夏熟作物严重减产，且品质下降。小麦收获期连阴雨或潮湿天气，会造成小麦穗上发芽，诱发小麦赤霉病、锈病等；连阴雨天气还会影响小麦的收获进度，造成收割脱粒困难，使子粒受潮，增加呼吸消耗，使千粒重及产量都大幅下降。

华西秋雨是由于每年9—10月大气环流由夏半年向冬半年转变，频繁南下的冷空气与停滞在我国西部地区的暖湿空气相遇，使锋面活动加剧，从而产生较长时间的阴雨，使得我国西部地区形成特有的秋季多雨的天气现象。华西秋雨影响的主要区域为渭水流域、汉水流域、四川盆地的东部和南部，范围包括甘肃东部和南部、陕西关中和陕西南部、重庆、四川和贵州大部、湖北和湖南西部、云南东北部，其中出现几率最大的地区为四川盆地和贵州大部。华西秋雨的特点是以绵绵细雨为主，雨日虽多，但雨量却不大。华西秋雨的年际变化较大，有的年份不明显，有的年份则阴雨连绵，持续时间长达1个月之久，对秋收作物成熟及秋收秋种等农事活动影响较大。长时间的阴雨寡照对玉米、水稻、棉花的收晒均会产生不良影响。一般来说，连阴雨过程越长，对农作物的危害越大。华西秋雨对中稻、玉米、再生稻等作物成熟收获影响较大，使作物收后无法晾晒，致使子粒发芽、霉变，造成丰产不丰收的局面。华西秋雨使棉铃吐絮不畅，引起棉花烂桃、落铃，导致大幅度减产。冯佩芝等（1985）以8月下旬至11月上旬连续3天或其以上日降水量大于0.1 mm的天数作为连阴雨过程，对1961—1980年的华西秋雨过程进行分析，结果显示30年中20世纪60年代是华西秋雨的多发期，1961—1968年连续7年中仅有1963年偏轻；其次为20世纪50年代前期和70年代中期。进入21世纪以来，华西秋雨较为频繁，且强度较大。2003和2005年出现了明显的华西秋雨，连阴雨期间的降水量较大，黄河流域和渭水流域先后发生秋汛，导致部分地区秋收作物大幅度减产。2007年从9月26日到10月14日，西北地区中东部、华北中南部、黄淮北部及西南地区东部等地出现了持续阴雨天气，其中西北地区东部、华北中南部、山东中北部、四川东北部的降水量普遍在50 mm以上，比常年同期普遍偏多2～5倍，降水日数达7～17天，使上述地区夏玉米、马铃薯等秋作物无法及时收获，玉米子粒发生霉变、发芽；马铃薯块茎腐烂；棉花无法正常采摘，出现烂铃，品质和产量都有所下降。

此外，江南和华南11月份的连阴雨天气，会造成晚稻不能及时收获、晾晒，造成子粒发芽霉变，影响产量。如2000年11月江南和华南东部部分地区出现了连续10天的连阴雨天气，影响了部分地区晚稻的收割进度，未收割的晚稻出现稻穗发芽、倒伏，已收割的晚稻未晒干而霉变。

第5章 畜牧水产养殖业气象灾害

畜牧业是以陆地高等动物为对象的农业生产。我国的畜牧业分为牧区与农区两大部分，牧区畜牧业由以放牧方式为主的草原畜牧业和以舍饲、半舍饲为主的农区、城郊畜牧业组成；农区畜牧业是我国畜牧业的主体，经营方式以舍饲为主。从区域发展格局上看，全国已逐步形成了7个畜牧业产业带，显示出了不同的区域优势特点，即以长江中下游区和华北区为主的生猪产业带，以中原和东北为主的肉牛产业带，以新疆、内蒙古、河南、山东、河北、四川、江苏、安徽为主的肉羊产业带，以东北、华北和大中城市郊区为主的奶牛产业带，以河北、山东、河南、江苏、辽宁为主的禽蛋产业带，以东部省份为主的肉鸡产业带和以长江中下游为主的水禽产业带（邓蓉等2006）。

水产养殖业与地理纬度、海拔、水域构成、河流流向、海洋洋流、天气气候以及人的干预等因素有关。我国的水产养殖以淡水养殖为主，咸淡水养殖和海水养殖也发展很快。淡水养殖主要分布于南温带至热带地区之间，东北等地区有部分时段可以养殖部分鱼类。海水养殖分布于辽阔的海域和近海滩涂。

5.1 气象对畜牧水产养殖业的影响

温湿度、光照和气流等气象因素是影响畜禽生产力和健康的主要环境因子。草原畜牧业是我国牧区畜牧业的主体，经营方式主要是靠天养畜，牧草和牲畜的生长发育受自然条件的影响很大，自然灾害频繁发生。农区畜牧业以舍饲养殖为主，对畜禽舍的环境条件具有一定控制能力，受自然条件的影响相对较小，但对于设备简陋的畜禽舍，夏季高温、高湿，冬季严寒都会造成畜禽生产力下降，感病甚至死亡。对于较为现代化的畜禽场，不利天气也会增加调节畜禽舍小气候的成本；集约化密集饲养的畜禽对外界不利条件的抵抗力降低，还会带来严重的环境问题，一旦发病蔓延迅速，后果十分严重。

温度、溶解气体、溶解盐、光照条件等环境自然因素与水生生物有直接和间接的关系。除了影响水生生物的营养、代谢、生长、发育和繁殖外，还与饲养、捕捞等活动有关。

5.1.1 气象条件对畜禽养殖的影响

光、温、水、空气等气象因子是畜禽生存、繁殖生长不可缺少的生态环境条件，直接影响畜禽的体型、生理机能和生产性能，也对家畜的自然分布有明显的作用。气象条件对家畜生产力的影响包括繁殖、产肉、产乳和产毛几个方面。气象条件刺激畜禽机体常引起畜体的不同反应和适应性的变异。当大气环境的变化超过畜禽生理适应范围时，就会出现病理反应，引起和诱发某些疾病。

5.1.1.1 光照

光是畜禽生命活动过程的重要因素之一。畜禽身体组织吸收光线后大部分变为热，使血液组织温度升高，皮肤、心脏及神经系统也会发生变化。畜禽对光照度、光照时间的要求因其种类、年龄和季节不同而差异很大，马、驴要求长日照，绵羊、山羊等需要短日照。冬季适当增加光照可以弥补热量的不足，如奶牛在冬季每日给予 16 小时的光照，比 9～12 小时光照提高 7%～10%的产奶量。母猪每天需要光照 14～16 小时；育成鸡每天需要光照 8～12 小时，光照度 5～10 lx；产蛋鸡每天需要光照 10～14 小时、光照度 10 lx。

光照的刺激对动物季节性繁殖活动的形成起主导作用。如，春季光照递增期可以促进精子生成，而秋季递减期则起抑制作用；昼长增加可使母鸡性成熟提早，产蛋强度增大。适当的日晒有利于畜禽的新陈代谢，增加肌肉力量和活动能力，促进维生素 D 的转化，提高畜禽对传染病的抵抗力和对不良气候的适应能力。但强光会对畜禽造成危害，容易患“日射病”、光照性皮炎和眼炎等疾病。

5.1.1.2 温度

畜禽与环境之间时刻都在以对流、传导等多种方式交换热量，畜禽需要不断地调节生理机能以适应环境温度的变化。畜禽对温度的适应程度因种类、年龄、皮毛覆被和饲养管理不同而有很大差异，一般猪的肥育适温为 15～25 ℃。肉鸡与蛋鸡对温度的要求不同，蛋鸡最适温为 13～20 ℃，肉鸡为 24 ℃。表 5.1 给出了不同畜禽的适宜温度。

表 5.1　不同畜禽的适宜温度　　单位：℃

畜别	适宜温度	禽别	适宜温度
母猪	15～20	雏鸡	25～30
初生仔猪	27～32	育成鸡	10～20
哺乳仔猪	20～24	产蛋鸡	10～24
肥猪	15～17	肉用仔鸡	21～27
乳用犊牛	10～24	1 周龄雏鸭	27～30
乳用母牛或肉牛	5～17	2 周龄雏鸭	24～26
初生羔羊	25～27	3 周龄雏鸭	20～24
哺乳羔羊	5～21	产蛋鸭	10
母绵羊	7～24	1～10 日龄小鹅	25～28
马	5～20	11～20 日龄小鹅	20～24
牦牛	8～10	火鸡	15～20
兔	15～25	鹌鹑	20～35

资料来源：郑大玮等，2005

温度对畜禽的产量、品质、健康状态、采食量和内分泌活动等均会产生影响。首先温度通过影响畜禽的营养物质代谢来影响畜禽产量和品质。一般随环境温度降低，饲料能量的利用率下降。肉牛在 8～20 ℃下长膘最快。低温时饲料的消化率降低，维持生命需要增加采食量，但低温可以刺激采食量，在自由采食的前提下，生产性能不会受到大的影响，而高温却会因为散热受限，尽管能量利用率升高，维持需要降低采食量，也不能弥补因采食量下降而引起的能量及营养源的不足，所以高温是制约畜禽生产的主要因素。在环境温度高于或低于适温区温度时，矿物质代谢受到影响，畜禽机体对某些物质的需要量增加，如高温下蛋鸡对钙、钾的需要量增加，寒冷刺激下的幼猪磷排出量增加。

哺乳动物产奶量有季节变化，牛在 0～21 ℃温度范围内产奶量较少受到影响，在气温小于 0 ℃或高于 27 ℃时产奶量锐减。高温使酶的活性和代谢过程发生紊乱，直接或间接对精子和卵子生成以及胚胎的发育产生不良作用。保证种蛋胎盘活力的最适温度为 10～12 ℃，在 27 ℃下贮存则孵化率迅速下降。

5.1.1.3　降水和湿度

畜禽对水分条件的要求表现在饮水和适宜的空气湿度（表 5.2）。一般畜禽要求相对湿度为 45%～70%，低于 30%或高于 80%都是有害的，高温高湿则更不利。当 7—8 月份平均气温超过 35 ℃时，牛的繁殖率与相对湿度呈负相关。高湿不利于家畜的热调节，加重对家畜生产性能的不利影响。青年猪在 35 ℃、相对湿度 80%以上的环境中，1 小时体温可升到 40 ℃。母鸡在 38 ℃、相对湿度 75%以上的条件下，7 小时即可致死。冷雨或连阴雨可导致畜禽疫病，如仔猪白痢、鸡的球虫病和牛羊的蹄腐病等。

表 5.2　草原地区各种家畜对水分的要求

家畜种类	适宜水分状况		最适宜水分状况	
	相对湿度（%）	年降水量（mm）	相对湿度（%）	年降水量（mm）
黄牛	55～85	300～1 000	60～70	500～700
马	50～75	300～500	60	300～500
细毛羊	50～75	300～700	60	300～500
羔皮羊	40～60	100～250	45～50	<200
肉用羊	55～80	400～600	60～70	400～600
骆驼	40～60	<300	50	<300

资料来源：中国农业百科全书农业气象卷编写组，1986

在放牧条件下降水过多时，羊毛油汗被冲刷，造成羊毛纤维质量降低，蚊、蝇、寄生虫及病菌大量繁殖，会引起寄生虫病和蹄腐病等菌类病害，影响家畜健康。高温高湿共同作用下的家畜散热受阻，体温升高，若不注意畜舍或凉棚降温，畜禽易患热射病，严重者引起病变和死亡。

5.1.1.4　风

风速影响畜禽与环境间的对流热交换和蒸发散热，风速愈大，对流散热量和蒸发散热量愈大；皮温和气温差值愈大散热量也愈大，当气温低于皮肤温度时，气流会使畜体的散热过程大大加强。气流能显著提高低温、高湿空气中的散热量，给畜禽造成冷凉的环境，有时可引起冷害和冻害。

3 级以下的微风环境有助于家畜放牧，大风不利于牲畜放牧采食。夏季高温期畜群可适应 4～5 级的风，冬季当风速大于 12 m/s 时，牛羊不宜放牧。大风与雨、雪结合，可形成风雨或风雪灾害，在产褥期和剪毛期，风雪交加的天气对牲畜的影响更大。高度集约化饲养的畜禽，呼吸和排泄的污染气体有害自身健康，需将风速控制在 0.1～2.0 m/s 之间，最大不能超过 2.5 m/s，使氨、硫化氢分别控制在 20 和 10 ppm* 以下。

---

* 此处表示某成分的体积分数为 10^{-6}，下同。

5.1.2 气象条件对牧草生产的影响

牧草是发展畜牧业的物质基础。牧草的生长发育进程、产量和品质形成及刈割期等牧事活动均与光、温、水等气象条件密切相关，其中天然草场受环境条件的制约更为显著。人工牧草尽管在生长过程中受到适当的人为干预而在一定程度上减轻了环境胁迫的影响，但异常气候和恶劣环境对其生产的影响仍十分强烈。

5.1.2.1 对牧草生育期的影响

我国大部分牧区热量条件比较差，青草期一般少于7个月，≥0 ℃积温低于3 000～3 500 ℃・d，地区间差异很大。与降水比较，温度的年际间波动比较小，对发育进程的影响不是很大。水分资源总体上短缺，大部分草原水分匮乏，年降水量少于400 mm的地区约占牧区总面积的4/5，其中年降水量低于200 mm的地区约占牧区总面积的一半左右，而且年内和年际间波动大。特别是近年来气候变化导致的降水异常事件增多，常制约牧草的生长发育。牧草生长和采集具有季节性差异。一般地，喜凉牧草在日平均气温大于0 ℃时开始返青，5 ℃时才明显生长。牧草返青后进入分蘖（展叶）、拔节、抽穗、开花、成熟、枯黄等物候期的速度主要决定于温度和水分。最热月平均气温低于10 ℃的地方，即使是喜凉牧草，种子大多也难以成熟，大部分依靠根蘖繁殖。春季少雨干旱、底墒差，即使温度达到要求，也会使牧草返青期推迟；6—7月份是大多数牧草的需水关键期，此时缺水影响牧草抽穗开花和灌浆，严重时不能完成整个生育周期。

5.1.2.2 对牧草产量的影响

牧草产量的形成主要取决于气象条件，特别是降水因子。同一地区不同年景，由于降水量不同造成产草量出现明显波动（表5.3）。在大多数情况下，牧草生长高度的变化与生长季积温、日照时数和降水量变化呈正相关。据报道，内蒙古锡林浩特典型草原区不同水文年型下克氏针茅生长高度丰年与歉年比较可以相差1～2倍（图5.1），产草量可以相差2～3倍。牧草产量（8月底测定）随牧草年度降水量（10月—翌年9月）增加而增加，但达到一定程度时转为减少（图5.2）（侯琼 2006），降水量过多会对产量造成负面影响。

温度对牧草产量的影响也不容忽视。据在内蒙古观测，牧草产量与积温有密切关系，≥0 ℃积温>1 750 ℃・d为丰年，1 700～1 750 ℃・d为平年，<1 700 ℃・d为歉年；牧草采集以秋季产量最高，夏季为秋季的80%～90%，冬季为秋季的45%～55%，而春季则为秋季的40%～45%。

表 5.3　不同草原地带产草量与降水量的关系

草原类型	歉年		平年		丰年	
	降水量（mm）	产草量（kg/hm²）	降水量（mm）	产草量（kg/hm²）	降水量（mm）	产草量（kg/hm²）
草甸草原	＜350	＜800	350～450	800～1 000	＞450	＞1 000
干草原	＜300	＜600	300～350	600～800	＞350	＞800
荒漠草原	＜150	＜400	150～300	400～600	＞300	＞600
荒漠	＜50	＜200	50～100	200～300	＞100	＞300

资料来源：畜牧气象文集编委会，1991

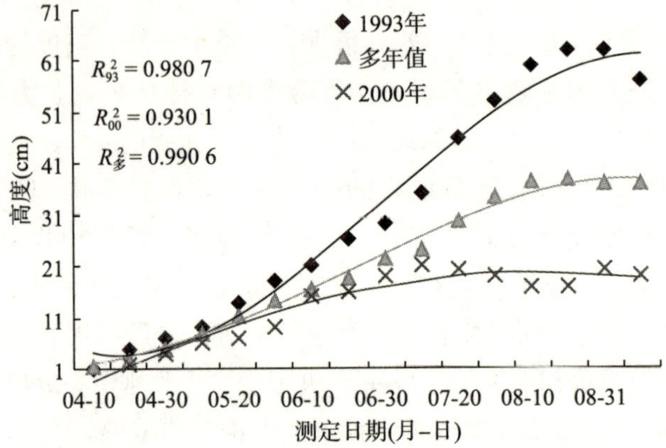

图 5.1　锡林郭勒盟克氏针茅生长高度的时间变化

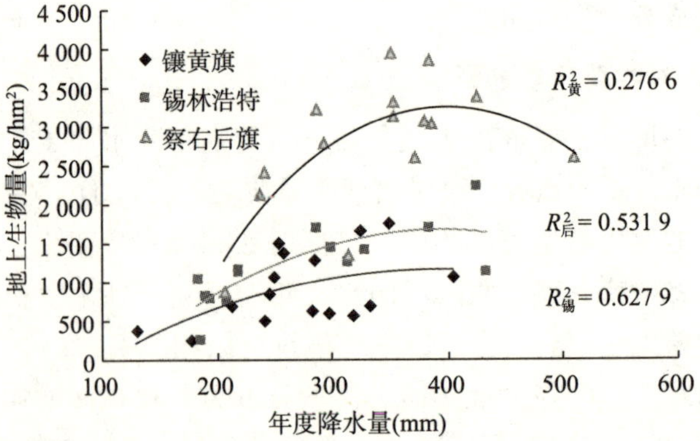

图 5.2　克氏针茅最高产量与群落生长年度降水量的关系

5.1.2.3　对牧草品质的影响

气象条件会影响牧草品质。草甸草原因地理位置高，高山紫外线多，有助于蛋白质、维生素含量的提高；而南方湿热地区的草原，降水量大，阴天多，太阳辐射弱，气温日较差小，牧草生长快，但营养价值低，粗纤维含量高，可消化蛋白质和总营养成分少。据对新疆天山北坡季节草原牧草品质的分析，粗蛋白质和无氮浸出物的含量以草甸草原最高，荒漠草原的粗蛋白质含量比典型草原略多，无氮浸出物比典型草原显著减少，灰分含量居于首位。

牧草的化学成分随季节有很大变化。从内蒙古荒漠草原混合群牧草化学成分的季节变化（表 5.4）可看出：粗蛋白由春季到夏季增加，由秋季到冬季减少，冬、夏含量相差 4 倍以上；无氮浸出物含量以干旱少雨的冬、春两季最高，多雨的夏季最少；粗纤维含量春季最低，夏季和冬季最高。

表 5.4　荒漠草原混合群牧草化学成分的季节变化

季节	主要化学成分（%）		
	粗蛋白	无氮浸出物	粗纤维
春季	13.16	41.84	24.58
夏季	13.72	25.04	35.45
秋季	8.16	32.84	31.55
冬季	3.28	41.80	35.33

资料来源：许令妊，1988

5.1.3　气象对水生生物的影响

水生生物有机体与外界环境是相互影响、相互作用的关系。一方面，每一种有机体的生长、发育和繁殖都要求一定的外界环境条件，同时又能在一定限度内适应外界环境条件。另一方面，有机体在其生命活动的过程中，又改变着它们周围的环境。例如：光照条件是决定浮游生物在水层垂直分布的主要因素，但当浮游生物大量繁殖时，引起水中透明度（表示光透入水中的程度，是进入水体内太阳光能的一种间接量度）的降低，却又改变了水中的光照条件。

气象条件是水生生物的主要外界环境条件，尤其是温度条件是水生生物赖以生存和发展的关键因素。下面分别阐述温度、降水、光照、气压和风等气象条件对水生生物的影响。

5.1.3.1　温度条件

温度是水生生物生活环境中最基本、也是最重要的因素之一。一方面，温度直接或间接地影响着有机体的代谢强度，从而控制水生生物的生长、发育、生活状态、数量消长与分布等；另一方面，温度条件的变化又影响着食物的丰富程度和水中与生物有关的物理、化学因素的动态，又间接地支配着生物的生活和生存。

环境温度直接或间接地影响着水生生物的营养、代谢、生长、发育和繁殖。其对水生生物、主要是对水生动物营养的影响，表现在摄食、消化、吸收以及能量代谢的性质等方面。各种水生动物在一定的温度范围内进行摄食，在这个范围内摄食强度随温度的增高而增大。达到最高点后，温度再增高，摄食强度也不再增大甚至反而降低、以至停止。环境温度对水生生物生长、发育的影响，表现为有机体必须在一定的温度界限之上才开始生长和发育，且在一定的温度范围内，其生长、发育随水温的升高而加速。在适温范围内，环境温度的升高能加速水生生物有机体的代谢过程，因而使生长发育也加快，性成熟提早，繁殖量低，而繁殖率高。

温度还直接或间接地限制着水生生物的地理分布。首先，许多水生生物的分布范围受极限温度的限制，一般说来，分布的北缘主要受制于冬季最低温度，分布的南缘主要受制于夏季最高温度。其次，要使一个种群能够在某个地区内生存下去，至少在某些季节的温度必须达到其进行生长、发育和繁殖的起点温度以上，而且要保证有足够的有效累积温度使之完成全部的生命过程。此外，还有一些水生动物和植物，在其生命过程中需要一定低温的刺激，才能完成生活史或有效地进行发育。

5.1.3.2 降水

大气自然降水主要是通过改变水域生态环境，来间接地影响水生生物的生长、发育、繁殖和分布。

首先，降水的多少及其季节变化影响着内陆水域所需要的水源和水的肥沃度，从而影响水生生物的生长、发育和繁殖。又由于降水量及其季节变化，不仅直接影响表层海水盐度的高低，而且还通过影响流入海洋的各条江河的径流量的大小，对浅海海区海水的盐度产生很大的影响，进而影响海洋生物的生长、发育、繁殖和分布。

其次，降雨对家鱼产卵有间接作用。在家鱼繁殖季节，降雨能使江河流速适当加大，从而刺激亲鱼产卵。

此外，降水通过影响水体的溶氧状况、混浊度和透明度，还对水生生物的生活起到一定的作用。

5.1.3.3 光照条件

光照是生物包括水生生物赖以生存的最重要的环境因素之一。水环境中的光照条件远远不及陆地，即使在水的上层，光照强度也较空气中小得多，在深水水体的底层则永远是黑暗的。因此，光在水生植物的生活中具有特别重要的生态意义，是其赖以生存的环境因素。

由于水中光照强度随着深度的增加而递减，因此，水面下光合作用的速率也随着深度增加而减弱。当至某一深度处，光合作用所制造的有机物，仅相当于水生植物呼吸作用的消耗，水生植物既不增加也不减少有机物质，光合作用所生成的氧量，也恰好等于其呼吸作用所消耗的氧量，这时的光照强度称为这种植物的补偿点。补偿点所在的水深，称为补偿深度。在补偿深度以下，由于光照强度更小，植物将由于不能维持收支平衡而致死。据资料报道，淡水水体的补偿深度一般为透明度的1.5～2.5倍。在淡水水体中，透明度一般都较低，自养性植物分布范围一般不超过30 m，而且，这个界限因水的透明度大小而有很大的差别。如：在透明度很大的山地湖泊中，水生植物有时可达到75 m；在长江下游的湖泊中，虽然水生植物的分布深度因各湖的透明度不同而有差异，但最深一般只有5～6 m，到了多雨季节，水位突增，混浊度也增加，这时淹没于水中的植物就因光线不足而生长不良或死去；而透明度小的平原湖泊，水生植物的分布深度有时仅1～2 m。另外，有一些研究证明，光照对水生植物的繁殖也能产生影响，如：海带孢子体生长成熟后，悬挂愈浅的海带孢子囊群出现得也越多。

光对水生生物的影响，一方面是通过对水生植物和其他环境因素的影响而产生间接影响。另一方面又主要起着信号作用，对水生动物的行为、运动和生理产生直接影响；同时，对于水生动物的颜色、形态构造等也都具有明显的作用。如：光照时间长短的变化，对水生动物的发育、繁殖等有作用。一般说来，对于春夏繁殖的动物，可用加长光照时间来促进其生殖腺的发育、成熟，对于秋季繁殖的动物，则用缩短光照时间来促进其生殖腺的发育、成熟。

5.1.3.4 大气压和风

大气压对水生生物的影响，主要表现为对水生动物的间接影响。因为气压的变化往往伴随着风、气温及降水的变化，同时也引起其他环境影响因素的相应变化。如：气压变化能影响水体中气体、尤其是氧的溶解量。气压降低或海拔高度增加，水中气体的溶解度将减少。

风对水生生物的影响也分为直接的和间接的。直接影响表现为直接影响到水生生物本身的生长、发育、繁殖。如：在鱼类产卵期间，若大风频繁出现，会对鱼卵的孵化、鱼苗的成活与发育造成极其不良的后果；大风造成的海浪，以及由此引起的水温剧烈升降，也会使鱼卵与鱼苗受到损失；在严冬结冰期间，风浪可将冰块推到浅滩上，这对贝类的生长极为不利。而风对水生生物的间接影响表现为影响水体环境条件，继而对水生生物产生影响。如：

风能影响水体中溶解氧的水平分布，尤其是面积较小的水体，这一影响极为明显。由于风的作用，下风方的浮游生物密度比上风方高，同时风引起的波浪也是下风方大，混和作用强，因此，白天下风方浮游植物光合作用产生的氧和从空气溶入的氧均比上风方高，上、下水层都是如此。此外，风也影响着水体的混浊度和透明度。

5.2 畜牧业气象灾害

畜牧业的自然灾害包括两类，一类是通过影响牧草和饲料生产，给畜牧业带来不利后果，这类灾害与大田作物自然灾害的特点相似；另一类直接影响畜禽生产或危害畜禽安全。从影响对象上看，与气象有关的畜牧业自然灾害主要有 18 种（表 5.5）。不同经营方式下的畜牧业气象灾害在灾害种类和危害程度上有所差异。

表 5.5 畜牧业气象灾害的分类

影响对象	灾害种类	发生地区	影响对象	灾害种类	发生地区
牧草及饲料生产	干旱	农区、牧区	畜禽安全、生育和生产性能	冷雨和冰雹	牧区为主
	洪涝	农区		泥石流和滑坡	农区、牧区
	植物病虫害	农区、牧区		疫病	农区、牧区
	草原鼠害	牧区		南方耕牛冷害	农区
	草原火灾	牧区		热应激和冷应激	农区为主
畜禽安全、生育和生产性能	草原黑灾	牧区		粪便自身污染	农区为主
	草原白灾	牧区		大气污染	农区为主
	沙尘暴	牧区为主		水污染	农区为主
	暴风雪和寒潮	牧区为主		缺氧应激	农区为主

资料来源：郑大玮等，2005

5.2.1 舍饲畜牧业气象灾害

舍饲牲畜生长发育是否正常与畜舍环境及管理有很大关系，虽然畜禽具有保持体温恒定的能力，在一对范围内能够适应温度的变化，但适应能力是有限的。在缺乏人工调节畜舍小气候的条件下，遇夏季高温、高湿或冬季严寒导致牲畜或家禽感病死亡，或产奶量、产蛋量锐减。舍饲条件下的气象灾害主要有旱涝灾害、热应激和冷应激、畜禽疫病、耕牛越冬冷害和有害气体等。

5.2.1.1 旱涝灾害

旱涝对畜禽的直接危害有限，多为间接危害，干旱的直接危害主要是造成畜牧业水源不足和水质恶化。我国北方许多地区遇到大旱，人畜饮水就发生困难。洪水的直接危害主要是在洪水冲击和泛滥时冲毁和淹没畜舍，引发泥石流和滑坡，冲走牲畜等。但旱涝对畜牧业的间接危害很大，主要是影响饲料作物的生产和价格，严重的洪涝还能引起畜禽疫病流行。如1994年我国粮食减产，导致饲料价格上涨，1995年许多地区的蛋鸡业亏损严重。畜牧业旱涝灾害的预防与种植业相似，可参考相关章节。

5.2.1.2 热应激和冷应激

热应激和冷应激是指环境温度高于或低于动物生存的临界温度（适温区温度的上、下限），刺激动物机体产生的一系列非特异性全身性反应，是使动物生理机能发生紊乱的一种过程。冷、热应激不但影响到畜禽的生产性能，还能直接引起应激性疾病和诱发许多传染病，导致生产损失。过高或过低的温度将消耗动物的大量热量，影响其正常的生理进程，饲料转化率也大大降低。当环境温度超出畜禽自身的调节能力时，还可能造成死亡。

热应激是应激综合征中常见的一种，它的应激源就是持续高温。据研究，家禽最适宜的产蛋温度为18～22 ℃；肉鸡最适宜的生长温度为13～21 ℃，最大饲料转化率温度为27 ℃。当外界温度达到或超过27 ℃时，即可引起家禽发生热应激，致使畜禽采食量下降；持续高温达32 ℃时，家禽呼吸困难，极易发生急性支气管肺炎甚至死亡。牛、羊等家畜发生热应激时，能量的摄入量减少，生产性能降低，如夏季高温可造成奶牛产奶量和品质下降。夏季畜舍内空气湿度大时不利于排热会加重热应激。

当环境温度低于临界温度时，畜禽常处于冷应激状态。低温条件下，畜禽的部分摄食被用于产热来调节体温，畜禽生产不能优化。在冷应激情况下，猪群不但生产力下降，还可能面对更多的健康问题。冬季低温会使母猪流产，仔猪发生黄白痢，严重的可使仔猪死亡。低温下鸡的产蛋率下降，饲料转化率降低，甚至发生呼吸系统疾病。冬季潮湿的畜禽舍会增加热传导而加重冷应激。

应激的防御：①营造适宜的生存环境。合理规划畜禽舍结构，选择空旷、高燥、通风的地方建舍；注意保温和通风换气；禽舍采取纵向通风方式；牛舍的修建以半开放式最好。②采用凉水喷洒、吹风等物理方法给畜禽舍降温，提供充足的饮水。对于冷应激的预防，控制畜舍温度高于临界温度下限；根据冷应激的强弱程度，针对畜禽的代谢特征和采食量变化特点，适当调整饲料配方，做到营养平衡。

5.2.1.3 耕牛越冬冷害

主要指南方农区的耕牛在越冬期间因受寒潮、低温影响而明显消瘦和死亡的现象。牛的等热温度范围是10～15 ℃，在此温度范围内，牛体内正常功能所消耗的能量最小，产热作用最弱而体重增长量最大。当气温低于适温下限，牛体内代谢增强，产热增加以御寒，严寒持续条件下，牛的体温开始下降，代谢降低，产热作用逐渐消失，饲喂不足会导致牛的体温不断下降而死亡。在我国役牛约占总牛数的78%以上，以耕牛为主，其中又分黄牛和水牛两种。水牛被毛稀薄，喜水不耐寒，主要分布在南方水田区；黄牛主要分布在我国北方，具有一定的耐寒力，南方黄牛主要分布在云南、贵州及长江流域地区。水牛的耐寒性比黄牛差，一般在气温低于10 ℃时就易感冒。南方冬季湿冷，缺乏青草，耕牛主要采食营养价值低的稻草维持生活，畜体逐渐瘦弱，抵抗力降低，容易感受风寒，引起死亡。一般日平均气温连续3天低于5 ℃，极端最低温度低于0 ℃就可造成大牲畜死亡，华南地区即使不低于这一温度，在大幅度急剧降温时也可能造成牛的死亡。

防御措施主要是：抓秋膘，增强抗寒能力；供足草料、保证饮水，除饲喂干草、青贮饲料外，还要饲喂足够的精料；防寒保暖，严寒季节牛舍的温度最好保持在8～13 ℃；通风换气，保持舍内空气新鲜；适时放牧，选择晴暖天气的中午放牧；保持牛舍清洁。

5.2.2 草原放牧畜牧业气象灾害

牧区畜牧业基本没有禽业，以野外放牧为主，受自然条件影响很大。我国的牧区集中在西北干旱和高寒地区，生态条件较差，单位面积的牧草和畜产品产量都很低，抗灾能力薄弱。草原畜牧业气象灾害包括牧草生长季旱灾、黑灾、白灾（雪害）、冷雨、大风、冰雹等气象灾害及蝗灾、鼠害等衍生气象灾害。中国草原放牧业的气象灾害主要发生在内蒙古、新疆、青海等地。

5.2.2.1 牧区干旱和黑灾

干旱指牧区长时期降水偏少，空气干燥，土壤缺水，使牧草受到水分胁迫，影响正常生长发育而造成牧草长势差、产量低、质量下降，进而威胁家畜生长的一种牧业气象灾害。在广大牧区，特别是年降水量小于400 mm的北部、西北部牧区，因年内降水量少、年际波动大，干旱发生频繁，尤以春旱、夏旱和春夏连旱三种类型发生范围广、频率大、危害重，是我国主要畜牧气象灾害之一。

干旱对牧业生产的影响：①春旱影响天然牧草正常返青和人工牧草的播种、出苗，缩短青草期；6—7月份是牧草生长的关键期，夏旱不仅影响牧草产量和种子形成，而且影响牧草品质和适口性。②加剧草场退化和草原沙化进程，影响人工草场建设和天然草场改良，恶化生态环境。③牧草的大幅度减产，造成饲草短缺，影响当年牲畜抓膘和冬季饲草的储备，降低牧区的抗灾能力。

草原干旱指标：降水距平指标应用最为广泛，土壤水分和牧草生理生态指标也有部分应用。鉴于单因子指标的局限性，综合指标的应用日渐增多，如中国气象局在推出的《草原气象指标》中选用了相对蒸降差指标（某年某时段内实际蒸散量与降水量的差值比上历年同时段内实际蒸散量与降水量的差值），用来判别森林草原、典型草原和荒漠草原三种草原类型的旱情，配合牧草旱象特征（表5.6）综合评价干旱程度。表5.7为典型草原干旱指标。

表5.6　牧草旱象特征分级指标

等级	返青期	分蘖—成熟期	全生育期
特旱	因水分亏缺，牧草返青率低于20%	80%以上牧草叶片干枯、茎秆矮小，甚至生长发育停止，子粒正常灌浆率低于10%	草原地上生物量不足正常年份的40%
重旱	因水分亏缺，牧草返青率在20%～50%	50%～80%牧草叶片萎蔫卷曲，叶色发灰，叶片干枯易脱落，生长发育严重受阻，子粒不能正常灌浆，大部分为秕粒	草原地上生物量仅是牧草正常返青和生长发育年份的40%～60%
中旱	因水分亏缺，牧草返青率在50%～80%	30%～50%牧草叶片中午时萎蔫卷曲，生长中后期中下部叶片早衰变黄，灌浆受阻，秕粒较多	草原地上生物量仅是牧草正常返青和生长发育年份的60%～80%
轻旱	牧草返青率超过80%，但返青速度缓慢，植株不整齐	仅牧草基部叶片卷曲，生长发育略有迟缓，长势基本正常	草原地上生物量为牧草正常返青和生长发育年份的80%～90%
无旱	牧草正常返青，返青率达到98%左右，植株生长健壮	牧草能正常生长发育，长势良好	牧草返青和生长发育正常，草原地上生物量正常或偏高

资料来源：陈素华等，2007

牧区旱灾地理分布规律是南部轻，北部重；东部轻，西部重；山区、高原轻，平原、盆地重。如重春旱主要分布在准格尔盆地至阿尔泰山南麓、藏北高原西部、青海湖以西至祁连山西段、宁夏平原、鄂尔多斯高原和阴山中、西部，出现频率为20%～40%；重夏旱主要分布在阿拉善高原、河西走廊、柴达木盆地及新疆大部，出现频率为10%～20%；春夏连旱分布区域与重春旱和重夏旱分布规律相似。

表5.7　典型草原区相对蒸降差（W_d）指标的干旱等级标准

生育时期	无旱	轻旱	中旱	重旱	特旱
全生育期（4—9月）	$W_d<0.7$	$0.7\leqslant W_d<1.0$	$1.0\leqslant W_d<1.3$	$1.3\leqslant W_d<1.6$	$W_d\geqslant 1.6$
返青—分蘖（上/4—上/5）	$W_d<0.6$	$0.6\leqslant W_d<0.9$	$0.9\leqslant W_d<1.2$	$1.2\leqslant W_d<1.5$	$W_d\geqslant 1.5$
分蘖—抽穗（中/5—上/6）	$W_d<0.5$	$0.5\leqslant W_d<0.8$	$0.8\leqslant W_d<1.1$	$1.1\leqslant W_d<1.4$	$W_d\geqslant 1.4$
抽穗—开花（中/6—上/7）	$W_d<0.5$	$0.5\leqslant W_d<0.8$	$0.8\leqslant W_d<1.1$	$1.1\leqslant W_d<1.4$	$W_d\geqslant 1.4$
开花—成熟（中/7—下/8）	$W_d<0.6$	$0.6\leqslant W_d<0.9$	$0.9\leqslant W_d<1.2$	$1.2\leqslant W_d<1.5$	$W_d\geqslant 1.5$
成熟—黄枯（上/9—下/9）	$W_d<0.7$	$0.7\leqslant W_d<1.0$	$1.0\leqslant W_d<1.3$	$1.3\leqslant W_d<1.6$	$W_d\geqslant 1.6$

资料来源：陈素华等，2007

黑灾是指草原冬季持续少雪使依靠积雪解决饮水的牲畜因饥渴而遭受损失或致死的灾害，是牧区干旱的一种形式。其危害除了因冬季长期降水少、草场积雪浅或无积雪、缺乏供水设施而使牲畜掉膘严重、体质瘦弱外，还为感染疫病和寄生虫流行创造条件，并对牧草返青生长不利，严重时造成牲畜大量死亡。

黑灾指标具有一定区域性。一般认为，有20天牲畜吃不上雪就会受影响，40天吃不上雪就会普遍掉膘，2个月以上无雪，牲畜瘦弱，极易发生疫病，牛、马的抵抗力更差。中国科学院蒙宁综合考察队把连续无积雪日数20～40，41～60和大于60天分别确定为轻黑灾、中黑灾和重黑灾三个等级。黑灾的分布与冬季降水分布一致，如内蒙古西部重于东部，新疆南部重于北部。

防御草原干旱和黑灾的主要措施是：开辟水源，发展人工灌溉草场，建立冬季饮水补饲点，在牧场打井，建储水窖；冬季选择适量积雪地区放牧；注意天气预报，及时转移牧场；旱年要减少草场放牧压力，外调储备饲草、饲料。

5.2.2.2　牧区雪灾

牧区雪灾，也称草原白灾，主要指因暴风雪、持续大雪、冬春积雪过厚等，致使草场较长时间被积雪覆盖，牲畜采食困难，冻饿掉膘出现死亡的一种现象。雪灾的发生不仅受降雪量、积雪深度、放牧密度和时间的影响，还与草场状况、牧业生产方式、饲草储备及补饲条件等抗灾能力密切相关。主要影响家畜采食，除使家畜掉膘、感病外，还影响秋、冬、春季转场和家畜的保胎繁殖；灾情严重时或伴有雪崩、风吹雪时，常带来交通堵塞，危及牧区生活必需品和生产资料的供应，压损棚舍，造成人畜伤亡，严重影响牧区经济活动。

雪灾的危害程度一般与积雪厚度、草原类型、牧草高度等有关（表5.8）。如积雪厚度高出牧草高度的30%时会形成白灾，超过65%则可形成重白灾。由于牲畜的采食能力不同，如马在积雪深度为20～30 cm时仍可采食，绵羊10～20 cm，牛不足10 cm，因此，在遭受白灾时，马的损失最小，绵羊损失较大，牛的死亡率最高。

表5.8　白灾指标

白灾等级	主导指标			辅助指标	
	草场类型	积雪深度（cm）	积雪掩埋牧草高度的百分比（%）	冬春降雪量占历年同期降雪量的比率（%）	家畜受害情况
轻白灾	高寒草甸草场	3～5	30～40	＞120	影响牛的放牧采食，对羊的影响尚小，对马放牧无影响
	草甸草场	15～20	30～50		
	草原草场	10～15	30～50		
	荒漠、半荒漠草场	5～10	30～40		
中白灾	高寒草甸草场	6～10	40～65	＞140	主要影响牛、羊的放牧采食，对马影响尚小
	草甸草场	20～25	50～65		
	草原草场	15～20	50～65		
	荒漠、半荒漠草场	10～15	40～65		
重白灾	高寒草甸草场	＞10	＞65	＞160	影响各类家畜放牧，若防御不当将造成大量牲畜死亡

资料来源：中国牧区畜牧气候科研协作组，1988

霍治国等（2007）以当年10月到翌年5月，草原牧区积雪深度≥5 cm且连续积雪日数≥7天，统计为一次可能草原牧区雪灾过程。采用1961—2005年的逐日积雪深度资料，逐站逐年、逐年逐站统计了草原牧区雪灾过程的平均发生频次；分别编制了草原牧区雪灾平均发生频次空间分布图（图5.3）、年际变化图（图5.4）。

（1）草原牧区年雪灾过程年际分布。按站数统计的平均发生次数：20世纪80年代最高，站数平均为0.39次；20世纪60，70和90年代基本持平，平均为0.36～0.37次。1953—1960年平均为0.43次，2001—2005年平均为0.45次。20世纪90年代后期以来，站数平均发生次数呈明显增加趋势。

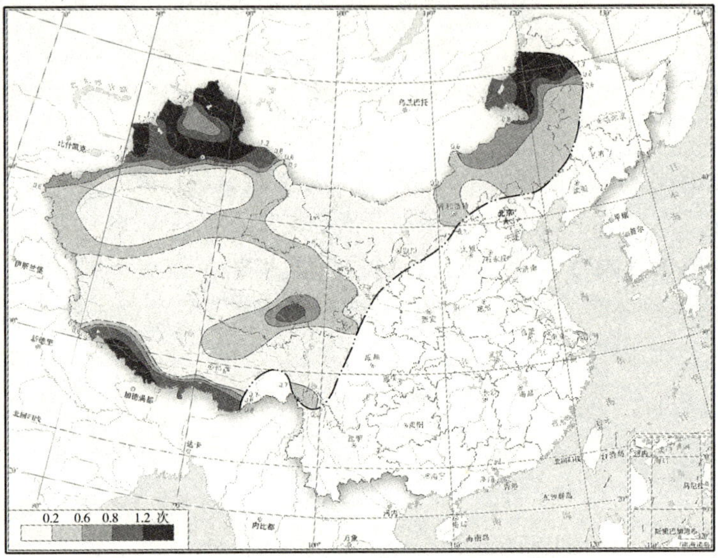

图 5.3　1961—2005 年草原牧区年雪灾过程次数

（霍治国等 2007）

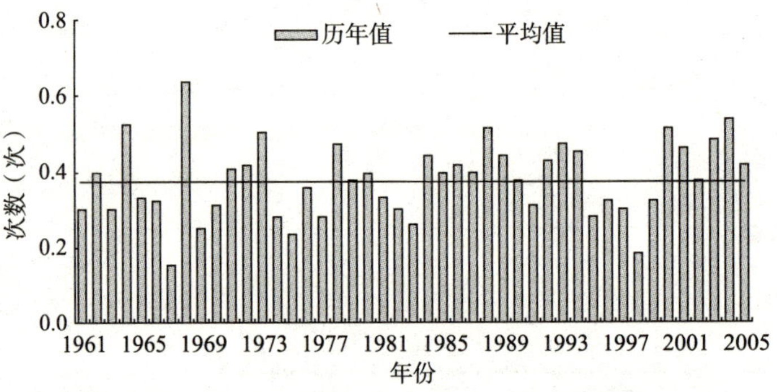

图 5.4　1961—2005 年草原牧区年雪灾过程次数变化

（霍治国等 2007）

（2）草原牧区年雪灾过程空间分布。平均发生次数：①高发区，年平均次数＞1.2 次，包括大、小兴安岭北部，北疆中北部，西藏南端；②次高发区，年平均次数为 0.8～1.2 次，包括大、小兴安岭中部，北疆西部；③中发区，年平均次数为 0.2～0.8 次，包括内蒙古阴山以东、阴山以南至华北北部、北疆南部、六盘山区、祁连山区、藏北高原至青南高原一带、川西高原西部、川南部分山地、云南西北部牧区少部分地区；④低发区，年平均次数为 0～0.2 次，包括除上述中发区、次高发区、高发区以外的其他牧区。

(3) 草原牧区年雪灾过程持续时间分布。平均持续日数：①高强度区，年平均持续日数大于30天，包括内蒙古阴山以东的北部，大、小兴安岭，北疆中北部，西藏南端；②中强度区，年平均持续日数为10～30天，包括内蒙古阴山以东的南部、新疆西部和北疆南部、藏北高原至青南高原一带、六盘山区、西藏西部和南端；③低强度区，年平均持续日数小于10天，除高强度区和中强度区以外的其他地区。

据徐羹惠（2005）报道，目前我国雪灾出现频率多为25%～40%；3个雪灾高发中心区位于新疆西北部（阿尔泰、塔城、伊犁及邻近地区）、内蒙古中部（大兴安岭以西和阴山以北地区）、青藏高原东北部（包括祁连山牧区）。与草原牧区年雪灾过程次数分布相吻合。随着牧区生产力水平的提高，雪灾的形成将逐步决定于以暴雪、低温、大风为主的致灾因子和以饲草饲料储备、调度能力等为主的抗灾因子。

防御措施：加强草原基本建设，改良草场，储草备荒，合理确定越冬头数；加强雪灾监测、预测能力建设，做好灾前、灾中、灾后决策咨询服务；完善应急指挥，推进紧急补饲、长草短喂及牲畜转场运输等救灾措施和快速救援，减轻灾害损失；轻度白灾时先放马群踏雪，再放牛群、羊群；选择适宜天气转场到积雪浅的牧场、化雪较快的沙窝或有林地。

5.2.2.3 暴风雪或冷雨

暴风雪或冷雨是伴随大风降温的降水天气过程而发生的一种北方牧区气象灾害。当降水以雪的形式出现时，叫暴风雪（俗称白毛风）；当降水以雨的形式出现时，则称为冷雨。这种灾害对草原牲畜的威胁极大。暴风雪通常伴随强寒潮，可吹散畜群，剧烈降温使牲畜大量失热，消耗饲料用于产热以保持体温，影响生长或掉膘，幼畜及病、弱畜常经不起降温而致死亡。冷雨多发生在春末夏初牲畜的脱毛、产羔、剪毛时期，处于放牧中的牲畜被突然降临的冷雨打湿后由于御寒能力降低，易于感冒发病或感染疫病，严重时造成死亡。牲畜抗御暴风雪或冷雨的能力取决于牲畜种类、年龄和膘情等。受害轻重的顺序一般是骆驼、牛、马、绵羊和山羊。

暴风雪或冷雨的气候灾害指标是日平均气温≤5 ℃，24小时降温≥6 ℃，日降水量≥5 mm，风速≥8 m/s。夏季冷雨灾害的气候指标在降水上有所不同，具体是日降水量≥18 mm，降雨时数≥15小时。

暴风雪或冷雨主要发生在我国北部和西部牧区，其次是青藏高原中东部。北部牧区的呼伦贝尔市、兴安盟、锡林郭勒盟、通辽市东部、东北三省的西部及内蒙古阴山以北广大牧区，平均每年出现暴风雪或冷雨危害0.3次左右；西部牧区的北疆西北部和南疆部分山区的暴风雪或冷雨，平均每年出现0.5～

0.7次；青藏高原中部和东部平均每年出现0.2～0.4次；其他地方年平均出现次数小于0.2次。发生时间上是春季多于秋季，冬、夏两季发生几率很小。内蒙古地区的冷雨大多集中于3—5月和9—12月。

防御措施：在主要牧业点建立防寒保暖棚圈，疏通牧道，建立产房和羔羊室，转场途中建立草料库和水窖；利用山丘和半月形沙丘、树林附近等有利地形放牧，在发生暴风雪和冷雨时可避冻防雨；管好公马、头羊防止畜群惊散；做好牧业天气预报，利用有利天气安排转场、剪毛、接羔、配种等活动。

5.2.2.4 风沙和沙尘暴

在草原牧区大风将地表大量尘沙吹起，使空气混浊，形成风沙或沙尘暴天气，是对草场和家畜造成危害的一种自然灾害。

风沙使牧草遭受机械损伤，影响光合作用和生长，产量降低，质量变劣；强烈的风沙可侵蚀土壤，加剧干旱，恶化草场生态环境，缩短家畜采食期，惊散畜群，放牧困难；风沙还会加速病原体的传播，降低羊毛的质量，沙粒进入毛层中，使油脂减少。

风沙和沙尘暴主要发生在我国西北地区，地带性较强，与大风、戈壁沙漠的分布形影相随。在半荒漠和荒漠地带，如阿拉善高原、河西走廊、塔里木盆地和柴达木盆地等地区，风沙灾害最为严重。时间分布以冬、春两季多，夏、秋两季少。

防御措施：植树造林、保护草原；做好风沙灾害的预测预报工作，以便及时采取防御措施，如加固畜舍，转移牲畜到山坡或树林的背风侧等较安全的地方，地势平坦时可将牲畜集中就地卧倒；应备足饲草，风沙灾害出现时停止放牧，进行舍饲。

5.2.2.5 草原蝗灾

草原蝗灾是草原上蝗虫数量剧增而使植被遭到严重破坏的一种衍生气象灾害。当草原生产者（牧草）和消费者（牲畜、昆虫）的相对平衡因昆虫大量介入而失衡时，则会造成草原蝗灾。据统计，大约有139种蝗虫栖息在北方草原区域，对草原危害严重的蝗虫有20余种，其中以亚洲小车蝗危害最为严重，一般占整个蝗虫种群的50%～60%，严重发生时能达到90%以上（郭安红等 2005）。

草原蝗虫通过与家畜争食牧草，影响家畜采食和牧草的繁殖更新，破坏生态环境，引起草原的退化和沙化而危害草原畜牧业。发生规律和重点危害区域：草原蝗虫通常一年发生一代，正常年份大约在5月上旬孵化出土，当

0～20 cm 土壤层温度升至 0 ℃以上，早发种便开始孵化出土，一个月后发育为成虫，6 月初到 7 月底，为多数种类蝗虫活动盛期，也是成灾期。

北方草原除了寒冷湿润地区（如大兴安岭地区和新疆北部一带）和严重缺雨、风沙天气多的荒漠地区（如阿拉善地区）外，大部地区都适宜蝗虫繁衍生殖。在草甸草原和典型草原区（如锡林郭勒草原、呼伦贝尔草原大部），由于温湿度适宜，食物丰富，适宜于蝗虫栖息，在高温干旱年份种群数量增大，对草原产生危害。

防御措施：完善草原虫害监测预警体系，实现灾情信息产品在有效时间内的及时发布；加强草原生态环境建设，创造不利于蝗虫繁衍生存的栖息环境；走由化学防治为主向生物防治为主的道路，注重天敌的保护和利用。

5.3 水产养殖业气象灾害

不利的气象条件给水产养殖生产造成的危害，称为水产养殖气象灾害。

水产养殖生产与农、林、牧业生产一样，都是在一定的气象条件下进行的。气象条件的好坏，直接或间接地影响到水产养殖生产的丰歉，不利的气象条件同样会给水产养殖生产造成灾害。

气象条件对水产养殖生产的危害可分为两大类：一类直接危害水生生物的生理活动，包括生长、发育、繁殖、摄食等；另一类是通过影响水生生物栖息的水环境，如：影响水质、营养条件等，间接地对水产养殖造成危害。

主要水产养殖气象灾害有由温度因子引起的低温害、热害，由水分因子引起的旱害、暴雨洪涝，由大风和风暴潮引起的风害，以及由多个气象因子综合引起的气象型灾害——缺氧泛塘。

5.3.1 低温害

温度条件对水生生物的影响是很大的。同陆生生物一样，水生生物也都有自身一定的适温范围，如果出现超出其适应能力的环境温度时，就会给有机体造成损害。低温害是危害水产养殖（包括淡水养殖和海水养殖）生产的一种主要气象灾害，它因水产生物的种类和生育阶段而有所不同。根据发生季节和温度高低的不同，可以将低温害进一步分为冷害和冻害。

影响水生生物的低温冷害是指 0 ℃以上低温对水生生物产生的危害。这种灾害在我国一年四季均可发生，而以北方尤为严重。低温冻害则是指 0 ℃以下低温对水生生物造成的危害，一般发生在冬季。

春季低温冷害一般是在春季气温逐渐回暖的过程中，由间歇性冷空气侵袭造成的。它主要对水产动物的人工繁殖和幼体产生危害。目前，全国各地塘堰、鱼池养鱼的鱼苗来源主要靠人工繁殖，由于主要养殖鱼类集中在春季产卵繁殖，而繁殖期间对外界环境条件，特别是温度条件的要求尤为严格，又为了抢季节，因而在春季鱼苗人工繁殖生产的前期，经常会遭到低温的频繁危害。往往在对亲鱼进行催产后，遇到较明显的降温，会使整个繁殖过程归于失败，仅一家养殖场，一次就可造成几千、甚至上万元的经济损失。而且，由于不能按期供给鱼苗，还会影响国家、集体或个人全年的水产养殖生产计划。据湖北省分析，这种低温冷害指标为：有一次降雨天气过程，对于鲤、鲫等较耐寒鱼类，日平均气温下降到 10 ℃以下；而对于青、鳊、鲢、草四大家鱼及鳊、鲂鱼类，日平均气温下降到 14 ℃以下就会造成危害（杨柏松等 1984）。春季对虾育苗生产，如遇低温，也会造成幼苗大量死亡，如福建沿海，若 3 月上旬平均气温低于 10 ℃则出苗期就要延长 10～15 天，甚至造成死亡。当春季水温低于 18 ℃时，也会给河蚌的人工繁殖造成危害，使繁殖失败（方伯仲 1989）。所以，春季人工繁殖生产要根据各地气候条件，正确地选择适宜时段，密切注视天气变化，抢“冷尾暖头”进行。

秋季低温冷害是发生在晚秋的一种冷害。在水产养殖生产上，总是希望延长饲养生长期，以提高产量。但对于对虾及一些亚热带养殖鱼类，如罗非鱼、鲮鱼等，如果在起捕前遇到了较强冷空气侵袭，超过了这些水产动物的适应能力，就会使之冻死而减产。以罗非鱼为例，诸多试验研究表明：当环境温度下降至 12～13 ℃以下，罗非鱼即由正常生活状态转为呆滞、少动、不摄食，并随着低温时间的延长或水温继续下降，而变得失去平衡，侧卧水底，全身痉挛，僵硬而死。又如对虾，如果养殖池中水温低于 13 ℃，对虾就很少游动；低于 8 ℃对虾就停止生长，并钻入池底泥土中（卧泥），难以出池；水温降至 4 ℃时便会造成对虾大批死亡（王德生 1986）。所以，在生产上要根据天气预报正确选择捕捞时间。

在夏季，如遇长期低温阴雨天气，同样也会造成低温冷害。这种冷害从外观上并未对水产生物造成损失，但实际上已对水产生物的生长发育产生影响，因而是一种“隐型冷害”。例如：1980 年 7—9 月份，日本米泽市降雨多，日照少，接连不断地受到低温影响，水温平均只在 21～22 ℃上下，比常年同期水温低 5～6 ℃。而这时正值鲤鱼迅速生长时期，由于鱼吃食不好，生长速度较常年减慢 20%，从而严重影响了著名的日本“米泽鲤”的产量。又如：渤海区 5—9 月日平均气温稳定通过 15 ℃的积温与对虾产量呈正相关，在冷夏低温年份，对虾个体一般较小（王子安 1986）。

对于水产养殖生产来说，冬季既有冷害，也有冻害。冬季低温冷害主要发生在我国南方水温较高、全年水体不结冰的地方。如：当水温降至12～13 ℃以下罗非鱼会大量死亡，因而我国除海南岛以外，南方其他地区天然水域中越冬的罗非鱼，都容易遭受冷害。又如在广东，当受到寒潮侵袭，环境温度下降至6～8 ℃时，海水育珠贝——马氏珠母贝的贝壳就会紧闭不动，这种低温若维持一天，就会造成母贝大量死亡或严重受损伤（大连水产学院1980）。对于越冬的对虾亲虾，如果越冬池水温下降到8 ℃以下，也会造成亲虾大量死亡。据统计，广东、广西鱼种越冬的死亡率一般在5%～10%，长江流域可达10%～15%。1991年12月底至1992年1月初，广州出现了一次寒潮天气过程，最低气温降至0.8 ℃，并伴有阴雨，全市越冬塘鱼几乎全军覆没。1993年1月的寒潮天气过程，使广州市冻死塘鱼1 000 t，损失3 000多万元（罗森波 1995）。2005年1月下旬至2月中旬，浙江省舟山市先后出现4段持续时间为5～9天的连阴雨天气，由于长时间维持低温、寡照，使该市越冬养殖的鱼、蟹生长缓慢，大棚养殖的鱼、虾和暂养梭子蟹受冻，损失很大。因此，南方地区水产养殖的安全越冬问题不应忽视。冬季低温冻害主要是冰冻危害。在我国北部，有13个省（区、市）每年都有一定的冰冻期。尤其是东北和西北地区，冬季气候寒冷，冰层较厚，封冻期长，如：哈尔滨封冻期长达150天左右，冰厚70～80 cm。在冬季，除大型水库、江河、较深的湖泊很少发生死鱼外，一些中小型水域或池塘常常发生不同程度的死鱼现象。据我国北部几个省份统计，历年来鱼种越冬死亡率高达20%左右（雷慧僧等1981）。2005年12月，山东莱州湾海域出现了历史罕见的冰情，岸边堆积冰高度达1 m，给沿海水产养殖业造成严重影响（中国海洋灾害公报 2006）。此外，在我国长江中下游地区，如遇严冬，一些淡水湖泊也有结冰现象。在这些淡水湖泊中进行珍珠养殖，珍珠蚌越冬时也有死亡现象发生。据研究，鱼、蚌等在越冬期死亡的主要原因，是由于水面结冰，封冻时间长，造成水中严重缺氧，使越冬的鱼、蚌等窒息而死。所以，在这些地方，要采取越冬措施，并加强越冬管理，如：加强水质检查、扫雪、定期注入新水等。对于育珠蚌，可以采取降低育珠蚌的吊养水层并破冰增氧的措施。

5.3.2 高温热害

高温也会给水生生物造成热害。当环境温度超过了水生生物生命活动的温度上限时，水生动物就会因昏迷而导致死亡，水生植物也可能因环境温度过高而受害。在我国南方，表层水温超过35 ℃的几率较大，而35 ℃以上的水温会造成育珠蚌的热昏迷现象。育珠蚌如果长时间处于热昏迷状态，对珍珠的产量和质量都会有明显的影响。35 ℃亦是对虾养殖的临界高温，当水温达到 35 ℃以上时，对虾也易死亡。此外，当水温超过 30 ℃，幼蟹极易死亡；成蟹在水温高于 38 ℃时不能正常活动，40 ℃时易死亡（陈平等 1994）。如果水温持续高于 25 ℃，扇贝对环境的适应能力变差，生长也受到抑制，一旦再遇风雨灾害，便大批死亡。1994 年山东烟台市气温和海水温度均异常偏高，海湾扇贝发育不良，“离水即死”，该市西口养殖场高温期分苗后死亡率达 40%以上，产量低，效益很差（于仁成等 1998）。

高温也会对鱼苗孵化造成危害。据研究，对四大家鱼鱼苗孵化形成危害的高温指标为：连晴 2 天且日平均气温上升至 28 ℃以上（杨柏松等 1984）。所以，在初夏季节进行鱼苗人工繁殖生产，要注意防止高温热害。

高温还适合病原菌的繁殖和侵入，导致某些细菌性传染病或病毒性传染病暴发，危害水产养殖动物的生长发育。在我国南方，夏季的高温使草鱼易得烂鳃病、赤皮病等。如：水温在 25～35 ℃、久晴不雨时，草鱼出血病流行；在水温高于 28 ℃时，草、青鱼肠炎盛行；水温 27～34 ℃时，鱼的烂鳃病最易发展；水温 25～35 ℃时，出血性腐败病最为流行（罗森波 1995）。

海带生长的适宜温度是 1～13 ℃，因而位于 36°N 的青岛是我国海带自然分布的南界。从 20 世纪 50 年代开始，我国向长江以南移植海带已取得成功。但在东海海域养殖海带，便存在着高温热害，使得海带难以度夏，并且品质较差。福建一带养殖海带，在 11 月上、中旬分苗期，若出现明显的“小阳春”天气，即造成水温增高至 20 ℃以上，就会发生烂苗，使海带生产受损。而对于另一种经济海藻——紫菜的养殖生产，一旦遇上“十月小阳春”天气，日平均气温达 20 ℃以上，雾、露日数多，则色素变淡，甚至烂掉（褚仁海 1984）。

从上述事例可以看出，对于不同种类的水产生物，或者同一种水产生物的不同生育阶段，造成高温热害的温度条件是不一样的，有的甚至相差很大。

我国沿海绝大部分地区盛夏的日最高气温，几乎每天都在 33 ℃以上，表层水温一般与气温比较接近，最大不过相差 1～2 ℃，也经常维持在 30 ℃左右。这样的水温远远超过虾、贝类等养殖品种的最适生长水温，影响它们的快速生长。因此，在生产上要采取降温措施，如：增加养殖池的日换水量、提高养殖池水位，或者在精养池上方加盖黑色遮阳布等。对于淡水和海水珍珠养殖，为避免高温热害，应及时将育珠蚌下降到较深水层。

此外，夏季环境温度的剧烈变化，也会给水产生物造成危害。如：1980 年 6 月中旬，江苏省吴县突然下暴雨，6 月 10—15 日期间，太湖水产养殖试验站鱼池平均水温为 28 ℃，16—20 日则下降到 23 ℃，21 日暴雨过后，水温又降至 22 ℃，12 日雨停天晴，水温又突然猛升到 29 ℃，水温日际变化达

7 ℃以上。水温虽然没有下降到育珠蚌正常生理活动的下限，但这种剧烈变化却超出了蚌体的忍受范围，从而仍然造成了育珠蚌的大批死亡。草鱼病毒性出血病大多数也发生在水温几次陡降的回升过程中，而疾病的流行又多集中于7月底至8月上旬的高温之后，但不管在什么温度条件下发病，死鱼高峰一般也在水温陡降后又回升到较高水温的时间内（左文功 1980）。

5.3.3 旱害

降水量的年际变化和年内分配不均，常使我国出现干旱。而一个地方每年雨季来临时间迟早不一，又进一步造成水产生物赖以生存的水源不稳定。长时期的干旱少雨，还会使塘堰干枯，河流断流，湖泊、水库水域面积锐减。对于海水养殖，长期干旱也使浅海盐度升高，使水产生物的栖息环境恶化。又据监测资料，赤潮发生时，水域多为干旱少雨、闷热、水温偏高、风力较弱的情况。因此，尽管水产生物是生活在水环境之中的，但干旱恶化了水环境，也同样威胁着水产生物的生存和繁衍，给水产养殖生产造成危害。

我国云南高原，受西南季风影响，其干、湿季比较明显，而且干季长达半年。由于干季时间太长，水体又小，雨季开始的迟早也往往变化不定，所以云南高原的水库、山塘水位变幅大，容易在春末夏初用水之际出现干涸现象，造成当地库塘水产养殖生产很不稳定。黄河中下游和长江中下游也有类似的旱害。在黄河中下游，由于春旱严重，春灌后水库水位迅速下降，尤其是当雨季推迟时，有的水库出现干枯现象；长江中下游的丘陵山区，由于夏季伏旱严重，水库和山塘蓄水量小，因而都在不同程度上存在着农、渔用水矛盾，也给水产养殖生产造成危害。据《2004年水产形势分析及2005年发展趋势》一文中披露，2004年，干旱对广东、广西、湖北、湖南等省（区）的水产养殖也造成了一定影响，广西养殖池塘干塘约3 660 hm^2，占全区池塘养殖面积的5%，66.7 hm^2 以下的养殖小水库干库112座，占全区小水库总量的2.5%，一些地区养殖产品需要提前1个月上市。2006年，重庆市和四川省遭受严重夏旱。重庆全市的2.3万 hm^2 山坪池塘，有近2万 hm^2 严重缺水，9.47万 hm^2 稻田养鱼，98.5%以上无收获，渔业损失达6亿元。据厦门市统计局统计，2003年，厦门市发生夏旱和秋冬连旱，给水产养殖、特别是淡水养殖造成灾害，池塘水源不足，导致缺氧甚至泛塘，鱼、虾、贝、藻、蟹的生长发育明显受阻，从而严重影响全年的淡水养殖产量。《中国海洋报》2003年7月25日报道：福建省宁德市从6月下旬开始，出现持续数十天的晴热少雨天气，全市溪河断流，池塘水位下降，有近20座533.3 hm^2 的水库干涸，4 180 hm^2 水产养殖面积受灾，其中淡水养殖受灾面积2 287.3 hm^2，海水养殖受灾面积 1 886.6 hm^2，网箱发病面积约 1 000 hm^2，导致淡水养殖鱼类大面积死亡，海水养殖也因养殖海域注入的淡水量少，海水盐度上升，在高温、高盐的情况下，养殖生物生存条件恶化，病害多发，以至死亡。截至 8 月 15 日统计，全市水产养殖经济损失已达 1 亿多元。

长期干旱也同样会影响水域面积较大的湖泊的渔业产量。表 5.9 将长江中游的大淡水湖——洪湖 1967—1974 年成鱼产量与当年 5—9 月总降水量进行了对比。可看出，干旱少雨的 1968，1971，1972 和 1974 年，成鱼产量均比前一年大幅度下降，而多雨年，成鱼产量明显增加。

表 5.9　洪湖历年成鱼产量与汛期降水量对比

年份	1967	1968	1969	1970	1971	1972	1973	1974
5—9 月降水量（mm）	863.6	358.4	1 234.3	1 185.1	535.7	387.5	1 035.2	547.6
成鱼产量（t）	6 815	5 030	11 540	7 835	6 125	5 190	7 820	5 655

分析洪泽湖水产品历年产量的波动，也有类似的结论。1961，1966，1967，1978 年为严重干旱年，则第二年洪泽湖的水产品产量均低于历年同期产量的 10%～30%；而 1979—1984 年期间，夏季降水量增多，则洪泽湖水产品产量便逐年增长（李洪根 1986）。据新华社报道：2006 年 7 月底以来，由于干旱，鄱阳湖出现了 100 多年来的同期最低水位，导致周边数万渔民无鱼可捕，生活陷于困境。

干旱对水产养殖生产的影响表现在以下几个方面：①制约苗种生产和销售。保持水质肥、活、嫩、爽能促进亲鱼成熟并提高怀卵质量，春旱直接影响了亲鱼成熟，使苗种孵化就不能如期进行。由于池塘缺水，也不能及时投放春种，错过了最佳放养季节，缩短了养殖周期。②夏旱导致水产商品鱼规格小、品种差、商品率低。③秋旱使塘库缺水甚至干枯，迫使商品鱼集中上市，加剧供需矛盾。④加大渔业生产者的投资风险，并影响其生产积极性。

在养殖生产管理上，如遭天旱，要及时加注新水，旱情严重时，可以有计划地进行转池囤养，即选择几个深塘，把其他塘里的鱼转到深塘中暂养，做到“塘干鱼走，塘水满鱼回”。

5.3.4　暴雨洪涝

大气自然降水对水产生物的影响，主要是通过改变水域生态环境，如：水源、水的肥沃度、水质及其稳定性等，来间接地影响水产生物的生长、发育、繁殖和分布。降水过少所造成的干旱会危害水产养殖生产，但降水过大、过猛，也同样会给水产养殖生产带来损失。

暴雨的降水强度很大，且常常造成洪涝。一旦降暴雨，淡水养殖场和海水养殖场常造成塘水漫顶跑鱼、虾，塘池漏水或决堤。如：据江苏省高邮市农林局和宝应县水产局调查，2006 年 6 月底至 7 月初，江苏省扬州市高邮、宝应一带普降暴雨，使高邮市水产养殖生产遭受了极大损失，8 000 hm^2 水产养殖面积受到了不同程度的灾害。据不完全统计，逃逸水产品 1.8 万 t，经济损失 1.14 亿元，发生塌圩的面积近 133 hm^2；精养鱼塘全部被淹没的面积 1 460 hm^2；网围养殖漫网面积达 2 666.7 hm^2；精养鱼虾塘通过加网围抵御洪水的受灾面积达 3 740 hm^2。宝应县水产受灾面积达 1.55 万 hm^2，其中基本绝收面积 3 440 hm^2，串塘面积 1.21 万 hm^2。在绝收面积中，其中河蟹 1 340 hm^2，鱼、蟹混养 1 700 hm^2，鱼、鳖混养 8.7 hm^2。串塘面积中，鱼、蟹混养 4 080 hm^2，河蟹精养 7 453 hm^2。据不完全统计，逃失鱼、蟹等水产品 1.1 万 t，其中特种水产品 0.5 万 t，直接经济损失 2.2 亿元。

暴雨对海水养殖的危害尤其显著。暴雨或台风暴雨常引起山洪大量冲入内湾养殖区，一方面混浊的泥水造成水产养殖生物呼吸困难，另一方面又导致海水表层 1～2 m 处形成一层淡水层，盐度明显下降，超过了水产生物对盐度变化的适应能力，使之受害。例如：在我国南方沿海，对虾育苗期正值雨季，暴雨过后，养虾场地大量雨水进入，使海水表层盐度下降，造成虾苗幼体发育畸形，甚至死亡。据浙江省研究，在浙江温州地区，虾苗成活率与苗期降水量存在着反相关，即苗期降水量多，成活率低（应文泓 1986）。因此，育苗期阴雨天多，尤其是暴雨日数多，对育苗生产是一种危害。对于牡蛎养殖，亦是这样，当强降水发生以后，海水比重降低到 1.010 以下时，就会有大批牡蛎死亡。

暴雨对淡水珍珠养殖也产生类似的危害。同样是由于暴雨使水的比重减小，引起育珠蚌渗透压的调节出现紊乱，导致水往蚌体组织中渗透，轻者影响其生长，重者造成育珠蚌死亡。

据《2004 年水产形势分析及 2005 年发展趋势》一文中披露，2004 年，受台风和暴雨洪涝影响，我国浙江、福建、江西、四川、云南等地水产养殖遭到了严重损失，据不完全统计，各地水产养殖受灾面积 6 万 hm^2，网箱被毁 3.39 万只，造成直接经济损失 26.69 亿元。据《中国渔业报》报道：2005 年夏季，我国长江中下游及东南沿海地区出现持续强降水，部分地区暴雨洪涝灾害严重。尤其是“海棠”等台风相继登陆后，对广东、广西、福建、海南、宁波等地水产养殖生产造成了灾难性影响。宁波市养殖业受灾面积达 1.45 万 hm^2，浅海区的牡蛎、藻类养殖遭受毁灭性打击，渔业直接经济损失 10 亿元以上；海南省经受了强台风“达维”的侵袭，全省水产养殖受损面积

1.08万 hm^2，产量损失22.33万t，低位池养殖受损达70%，高位池养殖受损达50%，水产养殖直接经济损失10.42亿元；广东省超过15个地（市）受灾严重，损失达5.2亿元；福建省34个县369个乡（镇）受灾，渔业直接经济损失3.6亿元。此外，广西、江西、重庆、江苏、安徽等主要受灾省（市）渔业直接经济损失均达数亿元。2007年6月中旬以来，湖北省普降连续大到暴雨，使渔业灾情十分严重，据湖北省水产管理办公室7月18日统计，全省渔业受灾面积超过4.7万 hm^2，其中重灾面积2.33万 hm^2，冲垮精养鱼池1.33万 hm^2，损失网箱3 000多只，损失鱼种8 000 t，成鱼4万多t，造成直接经济损失5亿元以上。

因此，在养殖生产管理上，要注意加强对暴雨洪涝的防范，注意天气变化，加强水质监测，切实做好防淡工作。凡受水库排洪影响较大的海区，在雨季或台风季节尤其应做好防淡工作。在遭遇暴雨之前，可将网箱降至海面以下，避开淡水层对水产生物的影响。在养殖区定点选择上，既要注意避风防台，又要注意距离溪流远些，绝不能定点在上游源头有洪峰的地方。

5.3.5 风害

风害是由大风和风暴潮造成的，其尤其对海水养殖生产造成危害。如：大风可使扇贝养殖造成拔橛、断绳、缠架、掉漂、沉架等；还引起海水混浊呛死贝苗及幼贝；可使扇贝堆积在海底而死亡；使网笼被泥沙淤盖而将扇贝闷死。大风对海带架子的威胁也很大，因此，海带架子要顺风方向设置。在严冬结冰期间，风浪可将冰块推到浅滩上，这更使贝类的生长受到影响。

风暴潮是发生在近岸的一种严重海洋灾害。它是由台风和温带气旋造成的强风或气压骤变对海面作用导致水位急剧升降的现象。因此，风暴潮主要是由气象因素引起的。通常把风暴潮分为由台风引起的台风风暴潮和由温带气旋引起的温带风暴潮两大类。风暴潮发生时，给海水养殖带来严重的破坏。据《2006年中国海洋灾害公报》：2006年我国沿海共发生9次台风风暴潮过程，其中4次造成灾害。台风“珍珠”风暴潮使广东省水产养殖受灾面积达9.45万 hm^2；“碧利斯”风暴潮造成浙江省水产养殖面积0.46万 hm^2 受灾；“派比安”风暴潮造成广西水产养殖面积0.57万 hm^2 受灾；“桑美”风暴潮造成浙江省水产养殖面积1.06万 hm^2 受灾；4月17日的温带风暴潮造成大连市海水养殖品损失5 160 t，直接经济损失310万元。

对于在淡水湖面养殖珍珠，由于育珠蚌采取吊养或网养方式，8级以上的大风不仅可以摧毁养殖设施，也可以把蚌打落沉入底泥中；大风还会对网箱养鱼造成危害。此外，大风还能吹断水生植物莲藕主茎，吹走花粉，绞掉其果实，使植株遭受机械损伤，直接影响其生长。

5.3.6 泛塘

“泛塘”，在浙江一带叫做“鱼嚎”，北方又叫“翻坑”，有些地方也叫“泛池”。这是一种由于气象原因直接或间接导致的一种水产养殖灾害，是水产养殖，包括养鱼、养虾、养珍珠蚌、养甲鱼、养扇贝等在内的淡水、海水养殖中主要的、常见的灾害之一。

引起泛塘的直接原因是缺氧窒息，危害对象包括鱼、虾、贝、鳖类等。据有关人士估计：直接、间接缺氧致死的鱼类，约占养殖鱼类死亡总数的60%。泛塘一般发生于精养池塘，一次较大范围的泛塘过程，可造成几十万千克，甚至百万千克养殖鱼类死亡。如：1986年6月28—29日，在江汉平原发生了一次大范围的泛塘，仅仙桃市一地就死鱼近百万千克，给水产养殖业造成了重大的经济损失。据湖北省估计：全省每年因鱼池缺氧“泛塘”死鱼，经济损失在1 000万元以上。1998年2月23—26日，福建省漳浦县古雷湾的扇贝养殖场也发生泛塘，扇贝养殖品出现大面积暴发性猝死，总面积达400 hm^2，其中成品贝267 hm^2，中贝133 hm^2，小贝1.5亿粒，造成经济损失5 500万元。所以，泛塘是发展水产养殖生产的一大障碍。

引起鱼虾类缺氧窒息、造成泛塘的原因是多方面的。但大体上可分为两种：一种是气象原因，另一种是人为原因。人为原因系鱼池养殖密度过大或过肥，投料过量，造成水质恶化，进而使鱼虾类缺氧窒息而泛塘，或者因注入有毒污水引起。气象原因则是由于气象条件长期不良或天气发生突变，造成水质恶化，进而使鱼虾类缺氧窒息而泛塘。在实际生产中，人为原因和气象原因引起的泛塘常常同时存在。但是，在各次泛塘发生时，气象和人为因素所起的作用大小是不相同的。其中气象因素起主导作用时，泛塘常常是较大范围的，危害也较重。而以人为因素为主导作用引起的泛塘，范围较小，危害也轻。因此，可将泛塘看做是一种气象型水产养殖灾害。许多研究表明，这种灾害是一种综合因素的作用，但光照、温度、气压、风等气象因子直接或间接地对水中溶氧量产生重要的甚至是决定性的影响。

气象因素引起的泛塘可分成三种类型，即突发型（或称对流型）、缓发型（或称寡照型）和继发型（或称复合型）。突发型泛塘发生突然，结束也快，主要原因是耗氧量过大，由冷空气活动产生的对流性天气触发发生；缓发型泛塘发展较为缓慢，多系阴雨寡照引起增氧不足，水中“氧债”过大，经冷空气和降雨触发产生；而继发型泛塘一般发生在突发型或缓发型泛塘之后，也可以认为是突发型与缓发型泛塘的复合形式。不论是哪一种类型的泛塘过程，都经历酝酿阶段和诱发阶段。酝酿阶段的主要特征是高温、低压、偏南风、水中含氧量降低、透明程度减小。诱发阶段的主要特征是日照减少、水中含氧量不足、温度下降、有降雨（尤其是阵性降雨）发生。因此冷空气入侵合并降雨是泛塘的触发机制。

据湖北省研究，江汉平原鱼类泛塘的下限温度指标是日平均气温 21 ℃或日平均水温 23 ℃。在这个温度以下，一般不会发生泛塘。我国南方地区，泛塘一般出现在 5—9 月，而天津一带主要集中在 7—8 月。

据福建漳浦县气象局杨志强等（1998）分析，1998 年 2 月古雷湾扇贝养殖场扇贝养殖品出现大面积暴发性猝死的主要原因有两个方面：一是扇贝本身机体抗逆性差，二是气象因素引起海水超标。在扇贝出现大面积暴发性猝死的前一个多月，该地雨量丰沛，温度适宜，引起藻类及浮游生物大量滋生，且发生暴发性猝死的前几天，海水盐度持续下降，造成水中“氧债”过大。同时，从 2 月 5 日开始，气压持续下降，到 20 日降至最低。这便是泛塘的酝酿阶段。21 日，较强冷空气入侵该地，引起水层之间的对流扰动，沉积在海底的饵料废弃物及有毒物质抬升到浅水层，造成 23 日扇贝养殖品大量死亡。这便是泛塘的诱发阶段。

对于泛塘的防治，可根据气象条件和水质的变化进行预测，提前采取增氧措施，如：用水泵加水或开动增氧机，同时停止施肥，控制投食量。若无增氧设备或来不及增氧，可采取一些急救措施，如：向池中泼洒黄泥水加食盐或泼洒食盐水、明矾水、石膏粉等，也有一定效果。此外，有条件的地方，可使用“鱼浮灵”等药品，也可达到解救目的。

第6章 农业病虫害与气象

6.1 农业病虫灾害的特点

农业病虫灾害的发展演化过程是在生物圈大背景下的一种多尺度的生态过程，是生态系统中的物质流、能量流和信息流相互作用的结果。其发生与成灾是承灾体、有害生物、气象条件、管理措施等综合作用的结果，是2种或其以上生物体动态的自然变异过程。具有以下三个显著特点：

(1) 突发性。表现为灾害暴发的突然性或间歇性，即历史上从未发生过的灾害而突然发生；或历史上曾发生过，在沉寂多年之后突然暴发，猖獗一段时间后又销声匿迹。如，安丽芬等（2005）报道，2005年6月上旬吉林省白城市通榆县和大安市部分乡（镇）的向日葵、蓖麻等作物大面积遭受到吉林省历史上第一次发生的旋幽夜蛾为害。宋振颖等（2005）报道，2004年安徽省阜南县水稻稻曲病暴发流行，严重田块病穗率达100%，给水稻生产造成严重损失。2005年沉寂长达10年的水稻褐飞虱卷土重来，又一次特大暴发，令人猝不及防而损失惨重。属突发性的农业病虫灾害的还有蝗虫、斜纹夜蛾、甜菜夜蛾等，在一些地区时有暴发。

农田鼠害同样具有突发性。如2007年6月下旬，受长江上游泄洪的影响，湖南省洞庭湖区水位迅速上涨，迫使栖息在湖洲上的约20亿只东方田鼠陆续内迁，6月23日前后，暴发了10年来最大的一场鼠灾。东方田鼠突破人工防线，侵入稻田和村庄，四处打洞，大肆啃食农作物子实和根茎，严重威胁着湖南省岳阳县、沅江市、益阳市大通湖区等22个县（市、区）沿湖防洪大堤和近800万亩稻田。据农业部门统计，当地一亩地，田鼠少的有500只左右，多的上千只。鼠害造成岳阳县8 000亩水稻受损，5 000亩绝收；10 000多亩花生受损；红薯、玉米各有1 000多亩受损。湖区地方政府、群众为此展开了一场“人鼠大战”，从6月21日开始，仅益阳市大通湖区共捕杀老鼠 90 多 t，约 225 万只。

(2) 普遍性。农业生态系统中除了人工栽培、饲养的动植物等外，还共生着许多其他生物。在生态系统处于相对平衡和稳定时，有害生物处于“常年发生”状态。表现为：只要有寄主的存在，就有其寄生生物的繁殖、发展与危害，构成了有害生物生存与危害的长期性。在人类活动的不断干扰和其他因素产生的干扰作用的共同效应下，可导致农业生态系统相对平衡和稳定受到破坏，并向不良方向发展，有害生物时常发生灾变，形成暴发性灾害。农作物病虫草鼠害发生的长期此起彼伏，以及近年来的成灾频率明显加快、致灾强度逐年加剧就是一个很好的例证。

(3) 危害性。与惊天动地的地震、火山爆发以及洪涝、旱灾等自然灾害相比，人们往往很少关注在我们身边的有害动植物或微生物所引起的农业病虫灾害。事实上，农业有害生物种群数量的突然暴发，不仅可在较大范围内对农、林、牧、渔及人类健康等造成巨大危害；而且其导致的灾害后果往往触目惊心和难以对付。历史上的蝗灾曾给我国人民带来了沉重的灾难；20 世纪 90 年代初的鱼虾蟹病大流行使我国水产业蒙受巨大损失，棉铃虫特大发生曾使我国棉花生产陷于停顿状态。引种失误等所造成的生物入侵等，对农业生态平衡带来的危害更是难以估量；目前已传入我国的主要害虫有 32 种，病害 26 种，仅因烟粉虱、松材线虫等 11 种主要外来入侵病虫害每年造成的经济损失就达 574.3 亿元（林清洪等 2006）。近年来，我国农业病虫害进入高发期，每年经大力防治后仍损失粮食 1 500 多万 t、棉花 30 万 t、油料 100 万 t、水果 300 万 t、牧草 6 875 万 t。

6.2 农业病虫害发生与气象条件的关系

6.2.1 病虫害发生流行的气象环境因素

6.2.1.1 天气气候背景的影响

农业病虫灾害的发生及其危害程度常与某种特定的天气气候背景相联系。大气环流、ENSO 事件等天气气候背景条件及其引发的温度、降水异常，不仅直接影响和制约着农业病虫灾害的发生与否、发生面积、危害程度等，还对病虫害的暴发流行具有某种前兆性指示。

(1) 大气环流。一个具有典型意义的例子是，起源于我国新疆天山地区的小麦双尾蚜，向西传播到欧洲、非洲并远至南非造成危害，却没有在近在咫尺的我国内陆地区造成危害。仅从农田生态系统的演替无法自圆其说，只有从其适宜迁飞时期的天气环流背景才能得到合理的解释。我国稻飞虱发生较重的年份大多出现在 3—5 月副热带高压较强的年份，分析其原因，在副热带高压较强的早期，高空西南气流强盛，使稻飞虱随西南气流大量向北输送，由此形成的南方暖湿气流北上活跃，冷暖空气频繁交绥，天气变化多端，降雨强度大且雨日多，促使稻飞虱大量且频繁地伴随降雨和下沉气流降落。在这种天气背景条件下，局部乃至大部稻区稻飞虱害虫迁入量大、峰日多、发生基数高的局面就可能形成。北半球 500 hPa 平均高度场 4 月与 3 月平均环流形势反相易位，常造成黄淮等广大麦区 3 月下旬至 4 月份多雨高湿，利于条锈病菌的侵染和蔓延，加重小麦条锈病的发生。

（2）ENSO 事件。农业生物灾害与 ENSO 事件的相关研究表明：厄尔尼诺事件的出现，有利于次年决定长江流域小麦赤霉病能否大流行的三个关键条件“凉夏”、“烂冬”、“暖湿条件”的形成，可作为次年长江流域小麦赤霉病大流行的前兆背景指示。厄尔尼诺起始年，我国小麦白粉病发病面积为相对低值点，从厄尔尼诺起始年到下一个厄尔尼诺起始年的前一年，小麦白粉病发病面积呈逐年增加趋势，在连续出现厄尔尼诺年时小麦白粉病发病面积总体呈下降趋势。南方涛动强烈异常的当年，为我国稻飞虱的大发生年；厄尔尼诺或拉尼娜的当年，为我国稻飞虱的中到大发生年；ENSO 间歇期，为我国稻飞虱的轻发生年。厄尔尼诺年与其次年是陕西省农作物病虫害发生较重的年份，厄尔尼诺年、拉尼娜年连续出现的年份一般农作物病虫害的发生也较严重。ENSO 事件的出现，有利于东亚飞蝗和某些旱生性蝗虫适生条件的生成、存在或重现，并导致蝗虫的大发生。日本学者 Morishita（1992）对近 100 年日本褐飞虱大发生与厄尔尼诺现象的关系研究表明，厄尔尼诺次年为日本褐飞虱大发生年。Swengel（1995）推测北美和墨西哥一种迁飞性大蝴蝶的数量大发生与厄尔尼诺现象有关。Jaksic 等（1997）和 Lima 等（1999）报道了厄尔尼诺年引发的较大降水使植物的种子量增加，并导致鼠类数量的暴发。

6.2.1.2　气象灾害的影响

农业病虫灾害作为一种自然灾害，其发生不是孤立和偶然的，而是与其他自然灾害相联系，具有相伴发生的群发性。如历史上蝗虫成灾往往与大旱、洪水等相伴发生。据报道，1999—2003 年，我国北方地区连续发生了大面积的严重干旱，同时出现了建国以来极其少见的大面积蝗灾。1991 年我国气候异常，部分地区遭受了特大的洪涝灾害，当年农作物各种病虫灾害发生严重，造成粮食损失 160 亿 kg；其中小麦病虫害（以条锈病、白粉病、穗期蚜虫为主）发生 7 300 多万 hm^2 次，损失小麦 38 亿 kg；水稻（以稻飞虱为主）损失

48.6 亿 kg，据统计全年稻飞虱共发生 2 300 余万 hm^2 次，超过历史上发生最重的 1987 年，其中仅天津、河北就有 1.3 万多 hm^2 稻田绝收，这是历史上从未有过的；棉花（以棉铃虫为主）损失 2.3 亿 kg；另外黄泛区及部分已改治好的老蝗区东亚飞蝗发生也比较重。1998 年我国长江发生了 1954 年以来又一次全流域性的大洪水，嫩江、松花江发生了超历史记录的特大洪水，珠江流域的西江和闽江流域也发生了特大洪水。与气象灾害相伴发生，1998 年我国农作物病虫灾害与常年相比属明显偏重的一年，其中蝗虫、小麦病虫害、稻飞虱、草地螟、黏虫发生较重，1998 年的夏粮减产与病虫灾害的严重发生有直接关系。

6.2.1.3 太阳活动变化的影响

由于气候异常对太阳黑子活动有显著的响应关系，太阳黑子活动及其周期性对生物灾害的暴发具有某种前兆性指示。据研究，沙漠蝗为害暴发有 11～12 年的周期，天蛾、黄蝶有 11 年的周期，黏虫有 15～18 年的周期，东亚飞蝗有 2～3，5～6 及 25 年三种周期。这种周期性与太阳活动、地球转速、海洋波动、南方涛动、ENSO 事件等大系统运动中找到的成因和相应的周期成分应有某种内在的联系。如江西省吉安地区 8—9 月稻飞虱数量波动与太阳黑子活动的 11 年周期同步，稻飞虱数量的极大值年出现在太阳黑子极大值年＋1 年、极小值年出现在太阳黑子极小值年＋2 年。在太阳黑子谷年连续出现的年份，陕西省农作物病虫害的发生较重。在太阳黑子峰年和谷年前后，常引起浙江省瓯江中上游森林病虫害大发生。

6.2.2 病害发生流行与气象

6.2.2.1 病原物越冬越夏

病原菌在不良气象条件下常潜伏度过冬季和夏季，能否越冬越夏主要取决于极端温度条件。如我国小麦条锈病菌，在无积雪覆盖的地区，1 月平均气温高于－6～－7 ℃才能顺利越冬；在有积雪覆盖的地区，1 月平均气温达－10 ℃时也能越冬。夏季最热时期旬平均气温在 23 ℃以上的地区不能越夏。因此，小麦条锈病菌只能在高寒麦区的晚熟春麦或自生麦苗上越夏，秋季随气流返回温带或亚热带平原地区，侵染冬麦，并以潜伏菌丝在麦叶上越冬，翌年麦苗返青后，重新长出孢子继续侵染；至小麦生长后期，再以夏孢子传播至高寒麦区，如此循环。

6.2.2.2 病原物传播

气流和雨水是病原物传播的外力。如小麦锈病孢子成熟后，遇到风速为 0.4 m/s 的气流时就会扩散。当风力强时，锈菌孢子可被吹到 1 500～5 000 m

高空，飘到几百千米以外。水稻白叶枯病等的黏状菌脓，炭疽病的胶黏孢子堆，可通过雨露和雨滴反溅而传播。暴风雨更可使病原物在田间大范围扩散。土壤中的病原物可通过雨滴反溅到寄主底叶背面；水流可携带病原物广泛传播。

6.2.2.3 病害发生流行

(1) 病原物生长发育和侵染。湿度是影响病原物生长发育的决定因素，高湿有利于真菌孢子萌发，水滴有利于细菌繁殖和侵入。多雨年份容易发生稻瘟病、小麦赤霉病和水稻白叶枯病等；少雨年份容易发生水稻和小麦黄矮病等。各种病原物的生长发育和侵染对气象条件的要求不同。当温度在22～27 ℃范围内，相对湿度在92%～98%时，有利于稻曲病孢子萌发，从而加速稻曲病的流行。有些病菌对湿度非常敏感，如黄瓜绿粉病是由绿藻门集球藻引起，在温棚中，当每日相对湿度不低于80%，相对湿度100%在12小时以上，藻孢生长旺盛；当中午有1小时以上相对湿度低于70%时，藻孢的发育受到抑制。

(2) 病害潜育期。温度对病害潜育期长短的影响最大，愈接近病原物要求的最适温度时，潜育期愈短，生长季节中重复侵染的次数愈多，病害蔓延就愈快愈猛。如西瓜蔓枯病潜育期在15 ℃时，需要10～11天，28 ℃时只需3.5天。有些植物病虫害，如棉花枯萎病等，在气象条件不利时，症状隐退，等到气象条件适宜时再度出现。

(3) 病害发生流行与气象。病害的发生流行要求一定的温度范围，在适宜的温度范围内，有利于病害的发生流行，否则不利于病害的发生。降雨有利于大多数病菌的繁殖和扩散。绝大多数真菌的孢子在植株叶面液态水中的产生量和萌发率显著提高，霜霉菌和疫霉菌必须在液态水中才能大量释放游动孢子，游动孢子借助水才能侵染成功。雨量大、持续时间长，可使红麻炭疽病、白术星斑病、黄瓜黑星病等病害流行速率加快，病情加重。冬季雨量、春季中雨量增加对长江流域小麦白粉病的流行有促进作用。雨湿条件往往是农作物病害流行的主导因子，雨日多、湿度高的气候条件，易引起病害流行，如：各种霜霉菌、疫霉菌、锈菌和半知菌、细菌引起的多种作物病害。据观察：①湿度对赤霉病菌的生长发育、传播及病害发生都有很大的影响。②子囊壳只有在湿润的土壤表面才能形成，分生孢子只有在多雨天气里才能在病穗上大量生长，孢子发芽所需的田间最低相对湿度，分生孢子是96 %，子囊孢子是93%。③孢子的飞散与降水条件有关，子囊孢子在下雨的30天中，一个载玻片上平均每天有6.6个，在不下雨的35天中，平均每天只有2.2个；分生孢子在下雨的10天中，平均每天能捉到9.9个，在不下雨的20天中，平均每天只有1.1个。实践证明，病菌只有在高相对湿度96%下才能侵染麦子。从侵入到出现病症所需的天数和发病程度，都与高湿度维持的时间长短有关，一般在25 ℃温度下，高湿度维持20小时，8天发病；维持25小时，5天发病；维持36小时，2天发病：高湿度维持时间越长，发病越重。在正常情况下，温度与湿度是共同影响病虫害的两个重要因子，适温高湿最易引起病害流行，造成严重危害。日照时间及强度对病菌的存活和繁殖有一定的影响。有研究表明，紫外线能刺激小麦白粉病闭囊壳产生，从而减轻病菌当时的为害。日照时数多，油菜白锈病发病轻，为害也轻，反之则重。7月下旬旬日照时数低于42小时可导致石家庄棉花黄萎病大发生。不同作物病害发生流行对气象条件的要求不同，表6.1给出了几种农作物病原物生长发育和病害流行的气象条件。风不仅影响真菌孢子的释放、传播，而且能制造伤口，为病菌侵染创造条件，风雨交加有利于病菌的传播与侵染。在山冲河谷风力较大的稻区，稻曲病沿感病顺风方向呈带状分布。长江流域小麦白粉病的流行程度与小麦生育期间的旬平均风速呈显著正相关，当生育期间旬平均风速较常年同期偏大时，长江流域小麦白粉病偏重流行的可能性大大增加。

表6.1　几种农作物病原物生长发育和病害流行的气象条件

作物病名	病原物生长发育对气象条件的要求					病害发生与流行的气象条件
	温度（℃）			水分	光照	
	病原形态	温度范围	最适温度			
水稻稻瘟病	菌丝	8～37	26～28	分生孢子形成以湿度饱和最适宜，相对湿度80%以下不能形成，90%以上且有水滴时萌芽良好	孢子形成要求光暗交替，直射阳光可抑制孢子萌发和芽管的伸长	气温20～30 ℃，田间空气相对湿度90%以上，稻株体表保持一层水膜达6～10小时，此病容易发生；日平均气温24～28 ℃，且有1昼夜以上的饱和湿度，此病就易流行；温度超过30 ℃，发病受到抑制；抽穗期日平均气温20 ℃以下延续1星期左右，或17 ℃以下延续3天，发病严重
	分生孢子	10～35	25～28			
水稻白叶枯病	细菌		25～30	高湿（85%以上）、多雨、多雾是流行的主要条件，叶面有伤口利于细菌侵入		播种后病菌侵入幼苗的根和芽梢发病，随插秧带入大田，随雨水流入田内传病

续表

作物病名	病原物生长发育对气象条件的要求					病害发生与流行的气象条件
	温度（℃）			水分	光照	
	病原形态	温度范围	最适温度			
麦类赤霉病	菌丝	5～37	24～27	子囊孢子萌发的相对湿度为80%～100%，72%以下不能萌发，水滴有利于孢子萌发和芽管菌丝生长	在自然光照下，子囊壳形成较快，遮光会延续或不形成子囊壳	抽穗开花期间的高温、高湿、多雨天气，有利于此病发生；大流行年份15 ℃以上雨日天数占这个期间的总日数75%以上，中度流行年份占50%～70%，不流行年份只占40%
	子囊孢子	4～35	25～30			
	分生孢子	8～37	25～28			
小麦条锈病	真菌	2～29	9～13	叶面有水珠或孢子表面凝有一层水膜时孢子才能发芽侵入		低洼、多雨、氮肥过多，植株茂密，则发病重
	担子菌					
玉米小斑病	子囊壳	17～35	26～30	分生孢子的形成和萌发需要充足水分，但抗干燥能力很强		拔节抽穗阶段，日平均气温为25～28 ℃，适于田间发病，如果降雨日数多，或结露时间长，田间空气湿度大，病害大流行
	菌丝	10～35	28～30			
	分生孢子	15～33	23～25			
大豆霜霉病	孢子囊	10～30	20～22			大豆生长季节，气候冷凉高湿，有利于本病的发生和流行；高温干旱抑制本病的发生流行
油菜菌核病	子囊盘	5～20	8～16	相对湿度85%以上，子囊孢子发芽率达100%，菌丝生长迅速，90%以下菌丝停止生长	在黑暗或散射光下子囊孢子均能正常生长，日光直射4小时，即失去发芽力	油菜开花期间月降水量大于50 mm，或月平均相对湿度大于80%病害严重；小于30 mm或低于75%，病害较轻；小于10 mm或低于60%病害很难发生
	子囊孢子	－1～35	5～20			
	菌丝	0～30	18～25			
棉花黄萎病	黄萎轮枝孢菌					发病最适温度25～28 ℃，低于25 ℃或高于30 ℃时发病缓慢，超过35 ℃即可发生隐症。在适温范围内，多雨病重，夏季暴雨之后，病害猛增

续表

作物病名	病原物生长发育对气象条件的要求					病害发生与流行的气象条件
	温度（℃）			水分	光照	
	病原形态	温度范围	最适温度			
马铃薯晚疫病	子囊盘	7～25	18～22	相对湿度85%以上才能伸出孢囊梗，97%才能大量形成孢子囊		天气暖湿而阴沉，早晚多雾，多露或阴雨连绵，最易发病，日暖不超过24 ℃，夜冻不低于10 ℃，阴雨连绵或多雾多露，相对湿度在75%以上时最利于本病流行
	菌丝	13～30	20～23			
	游动孢子	6～15	10～13			
黄麻炭疽病	分生孢子	16～35	约30	在20 ℃左右水滴中经5小时即萌发芽管		高温、高湿最适宜本病发生发展，华东麻区，8月中、下旬台风暴雨频繁，此病猖獗流行；华南麻区，5月下旬至6月上旬，高温多雨，致使本病严重流行
柑橘溃疡病	短杆细菌	5～35	20～30	在饱和湿度下，30 ℃时经24小时本菌完全死亡		旬平均气温12～29 ℃，相对湿度66%～92%，旬降水量0～176 mm，均能发病；28～30 ℃，82%～86%，旬降水量20～144 mm时发病较重。暴风雨及台风过后，本病严重发生
苹果炭疽病	菌丝	12～40	28			果园温度25～30 ℃时，天气潮湿，最适宜此病发生
	分生孢子	15～40	28～32			
十字花科蔬菜霜霉病	孢子囊	3～25	7～13	水滴中，适温下孢子囊经3～9小时就能萌发，卵孢子形成的适宜湿度为70%～75%		气温稍低（<18 ℃），昼夜温差大，多雨高湿或雾大露重天气，有利于病害流行
	菌丝		20～24			
	卵孢子		10～15			
茶云纹叶枯病	病菌	3～32	23～29			旬平均气温28 ℃以上，降水量40 mm以上，平均相对湿度80%以上，有一定数量菌源时，病害流行

资料来源：丁德峻，1986

6.2.3 虫害发生、消长与气象

6.2.3.1 温度

昆虫是变温动物，它的体温基本上取决于周围的环境温度，因此，它的

新陈代谢和行为，在很大程度上受外界温度所支配。任何一种昆虫的生长、发育、繁殖、分布范围，都受温度的制约，都有它一定的适应范围。因此，虫害发生危害要求一定的温度范围，在一定的温度范围内大多数害虫各虫态发育速度与温度呈正相关，温度升高，害虫各生育期缩短，反之则延长。温度与害虫的关系包括：害虫适应的温度范围、发育速度与温度的关系，以及发生世代与有效积温的关系等。

（1）适应的温度范围。害虫活动的温度范围一般为 6～36 ℃。在适宜的温度范围内，害虫生命活动旺盛，寿命长，后代多；否则繁殖停滞，发育迟缓，甚至死亡。害虫在环境温度高于适温范围时，将呈热昏迷状态；若温度继续升高到高温致死温度区时，害虫的部分蛋白质凝固或酶系统被破坏以致死亡。害虫的致死高温因虫种、虫态、高温持续时间的不同而有所不同，多数害虫在 39～54 ℃时，都将热死。害虫体温下降到过冷却点之前时，虫体处于冷晕状态；在过冷却点以下，体液结冰或生理失调而致死。在最适宜温度范围内，害虫的发育速度最快，并随温度升高而呈直线增长；繁殖力最大，数量多、为害重。据报道，在 18～30 ℃范围内，白背飞虱的若虫和全世代发育速度、成活率随温度升高呈 Logistic 曲线变化趋势，孵化率较高，当温度达到 35 ℃时，孵化率下降，若虫陆续死亡；若虫与成虫的寿命长短对温度要求不同；在 22～25 ℃范围内产卵较多，种群内禀增长力与温度呈抛物线关系。表 6.2 给出了温带地区害虫对不同温度的反应。

表 6.2　温带地区害虫对不同温度的反应

温度范围（℃）	温区		害虫对温度的反应
45～60	致死高温区		酶系统破坏，部分蛋白质凝固，短时间内死亡
40～45	亚致死高温区		代谢失调而昏迷死亡，程度取决于高温强度和持续时间
30～40	适宜温区	适温偏高区	随温度升高发育速度减慢，死亡率增大
20～30		最适温区	发育速度最快，繁殖力最大，死亡率最小
8～20		适宜偏低区	随温度降低发育速度减慢，死亡率增大
8～10	亚致死低温区		代谢率降至极低，生理功能失调，是否死亡决定于低温强度和持续时间
－10～－40	致死低温区		体液结冰，短时间内死亡

资料来源：丁德峻，1986

（2）世代数与有效积温。害虫一年内的发生代数，主要决定于种的遗传性和不同纬度及高度地区的温度条件。根据某种害虫的发育起点温度、完成一个世代的有效积温以及某地适于这种害虫生活所需的全年有效积温总和，可计算出这种害虫在这一地区可能发生的世代数。如黏虫发育起点温度为

(9.6±1.0) ℃，完成一个世代所需的有效积温为 685.2 ℃·d；常年情况下，在北京可发生 3 代，郑州约 4 代，广州 6 代以上。玉米螟发育起点温度为 9.0 ℃，完成一个世代所需的有效积温为 710.0 ℃·d；常年情况下，在北京可发生 3 代，郑州约 4 代，广州近 7 代。总体上，随着从北向南全年有效积温的增加，害虫发生世代数增加。

6.2.3.2　雨、湿条件

雨量和湿度条件作为害虫生存发展的必要条件之一，是影响害虫种群数量变动的主要因素，有利时起到加速促进作用，不利时则产生抑制作用。降水除了改变大气温度、湿度、光照和土壤含水量而影响害虫之外，还可直接影响害虫的生命活动。北方冬季积雪形成地面覆盖，对土中或土面越冬害虫起着保护作用；大雨和暴雨对小型害虫及卵有冲杀作用，如蚜虫、叶蝉卵等；高温、高湿的梅雨天气，有利于寄生菌繁殖，引起少数病虫寄生菌蔓延，群体密度因而降低。湿度与害虫的存活率、数量、甚至体重的变化有着密切的关系。相对湿度 43%～100%时，白背飞虱卵孵化率、若虫存活率、世代存活率、成虫产卵量和寿命、内禀增长力、种群趋势指数均随湿度增加呈抛物线变化趋势。湿度影响着害虫的迁飞能力、体重变化、虫口数量及发生程度等。在湿度为 90%～100%及 24 ℃恒温和 20～28 ℃变温条件下，玉米螟产卵多，发育最快，成虫的交配次数也较高（文丽萍等 1998）。在低湿条件下越冬复苏后的亚洲玉米螟虫体重量下降幅度明显大于高湿条件下，其死亡率与湿度呈负相关，20%～40%低湿条件下玉米螟不能化蛹，80%～100%高湿条件下能够化蛹（鲁新等 1999）。

6.2.3.3　光照

光照对害虫的影响主要表现为光波、光强、光周期等方面。光波与害虫的趋光性关系密切，害虫对光波的反应因种类、性别和虫期而不同。如二化螟对紫光趋性最强；黄光对蚜虫引诱力较大；铜绿金龟甲雌虫趋光性强，雄虫则否；金蝇成虫正趋光，幼虫负趋光。害虫可见光的波长范围在 700～250 nm。一般情况下，短波光对昆虫有较大的引诱力，这表现在昆虫的夜出性和趋光性，如二化螟对 330～440 nm 的光的趋性较强。根据害虫的趋光性，可用各种波长的灯光诱捕或驱赶害虫；了解害虫发生时期及数量动态，为预测预报提供依据。光强主要影响害虫的取食、栖息、交尾、产卵等昼夜节律行为，且与害虫体色及趋集程度有一定的关系。如：二化螟卵在光照度为 90 lx下完全不能孵化；蚜虫在黑暗中不起飞，而中午光照度超过 10 000 lx 时，对迁飞也有抑制作用；蚊虫大多数在 0.15～1.5 lx 的光照度下活动，强光及完全黑暗条件下活动较少。

光周期是引起害虫滞育和休眠的重要因子。光周期可引起或解除某些害虫的滞育。如：三化螟、棉铃虫等，在长日照条件下，发育正常，短日照则滞育；而大地老虎、小麦吸浆虫等，则是长日照滞育型。我国长江流域的四川、湖北、浙江棉铃虫种群临界光周期较短，进入滞育期明显晚于黄河流域种群；对于黄河流域棉区，北部特早熟棉区的西北内陆棉区棉铃虫种群在光照时数短于 14 小时后则将很快进入滞育状态。27～28 ℃时，梨剑蚊幼虫期在每昼夜 6～15 小时光照下，化蛹全部进入休眠，光照延长到 17 小时以上时则不休眠。光周期还影响害虫体型的变异，如豌豆蚜在无翅雌蚜的若虫期，经 20 ℃下光照 8 小时的处理，所产生的后代为有翅型；经 25～26 及 29～30 ℃下 16 小时光照处理，就产生无翅型。光质对害虫的生殖能力有明显影响，用 X 射线或 γ 射线照射雄性害虫，可使害虫雄性不育，与之交配的雌虫只能产下不受精的、不能孵化的卵，从而可达到消灭害虫的目的。

6.2.3.4 风

风是影响害虫迁移扩散的重要因子之一。飞翔类害虫大多常在微风或无风晴朗天气飞行，当风速超过 4.2 m/s 时，就停止自动飞行。如稻水象甲只在无风或微风条件下出现迁飞峰期；微风能刺激黏虫起飞，黏虫有偏爱迎风（或稍偏一点角度）起飞的习性。东亚飞蝗在 3.3 m/s 风速下，逆风飞行，风速超过 3.4 m/s 时，即改为顺风飞行。在强风下生长的害虫，多在背风处筑巢，或钻入土内。海岛上风大，害虫多为无翅型；低海拔和弱风处的都为有翅型。一些无翅害虫，常附于落叶碎片上随气流升到高空，传至远方。对于具有远距离迁飞习性的害虫，如黏虫、稻飞虱、稻纵卷叶螟、棉铃虫、东亚飞蝗等，风直接影响着害虫的起飞、运转及降落。如黏虫、稻飞虱、稻纵卷叶螟等，在我国春夏季节，由偏南气流向北迁飞；晚秋，随偏北气流由北向南回迁；这种活动规律与季风进退基本一致，并常随锋面天气系统移动；伴随降雨和下沉气流降落。黏虫、稻飞虱等害虫的迁飞高度主要分布于空中 500～2 000 m，当风速超过 3.5 m/s 后，成虫主要由气流推动前进，如以 8 m/s 的风速估算，棉铃虫成虫一夜在空中大约飞行 8.5～9.5 小时，完成的迁移距离约 250～280 km。

6.2.4 主要农作物害虫远距离迁飞与气象

远距离迁飞性害虫，能够依靠自身的飞行能力和利用气流的携带作用，迅速扩散并繁殖为害。迁飞使得害虫有机会选择更适宜的寄主植物和生理条件从而使得对植物的为害范围逐步扩大。迁飞性害虫可在世界范围内的农作物上迁飞为害；多具有区域性、突发性和毁灭性的特点。其突发性给虫害预测预报和防治带来了很大的难度，造成的损失触目惊心，治理费用也极为巨大。由于农作物迁飞性害虫的迁飞行为和迁飞规律与气象条件密切相关，因此，揭示主要农作物迁飞性害虫的迁飞与气象条件的关系，对虫害的异地预测预报与可持续治理具有重要的现实意义。

我国农作物迁飞性害虫，水稻主要有稻飞虱、稻纵卷叶螟等，小麦主要有麦蚜等，棉花主要有棉铃虫等。

6.2.4.1 稻飞虱

稻飞虱，主要包括褐飞虱和白背飞虱，是目前影响我国水稻稳产、高产的主要虫害之一。

6.2.4.1.1 褐飞虱

褐飞虱属喜温性昆虫，仅在我国广东、广西南部、福建和云南南部以及台湾、海南等冬春温暖地区，有少量成虫、若虫或卵在再生稻、落谷苗上越冬。越冬北界大体在1月份平均气温12 ℃等温线（23°26′N）附近。根据褐飞虱在我国的越冬分布可划分为三个区域：19°N以南的海南省南部为终年繁殖区；19°～25°N间为少量越冬区（又以21°N左右以南为常年稳定越冬区）；25°N以北的广大稻区为不能越冬区。

褐飞虱长翅型成虫有随气流远距离迁飞习性，在我国东半部3月下旬至5月，由19°N以南的中南半岛等热带终年发生地迁出，随西南气流主降在珠江流域及闽南等地，在早稻上繁殖2代后，于6月间早稻黄熟时产生大量长翅型成虫向北迁飞，主降在南岭南北，波及长江以南；7月上中旬从南岭稻区迁入长江流域，波及淮河流域；7月下旬至8月上旬，长江以南早稻成熟时，又北迁到江淮间和淮北稻区；8月下旬至9月上旬淮北与江淮单季中稻成熟时开始随气流向南回迁；9月下旬至10月上旬，由江淮间和长江中下游稻区向更南地区回迁。

6.2.4.1.2 白背飞虱

白背飞虱安全越冬的地域、温度及生物指标与褐飞虱大致相似，但耐寒力较强，越冬地区范围稍广。在海南岛南部和云南最南部地区可终年繁殖，越冬北界暖冬年份在26°N左右。在冬季生存区内，除当地虫源外，还有大量外地虫源迁入。在26°N以北的不能越冬区，每年初发虫源则全由外地迁入。每年初迁入虫源由南向北依次推移。3月份长翅成虫随西南或偏南气流迁入珠江流域和云南红河州，成为早稻上的主要虫源。此后，随着西南气流的加强，4月迁至广东、广西北部与湖南、江西南部及贵州、福建中部，达29°N左右；5月下旬至6月中下旬，迁至长江中下游和江淮地区；6月下旬至7月初南岭地区早稻成熟，成虫可迁至华北和东北南部。常年 8 月下旬后，我国季风转向，北方稻区迁出虫源在东北气流运载下向南回迁，对南方稻区双季晚稻造成穗期为害。

6.2.4.1.3 稻飞虱迁飞与气象

稻飞虱每年春、夏季自南向北呈覆瓦式地迁飞，秋季又由北向南回迁，是其本身生物学特性及其与外界环境相互矛盾统一的结果。从气候的角度看，我国东部地区的季风环流，是完成这一往返迁飞的外在条件，春、夏季副热带高压增强向北跃进，秋季减弱往南退缩，大陆高压出现东移南下，是稻飞虱自南向北和自北向南迁飞的动力；由这两个高压消长所形成的高空气流场——西南风与东北风，起着稻飞虱南北迁飞的运载作用，而不同季节内由于两大高压南北进退，推动冷暖气团在我国各稻区内交汇形成的锋面天气，是使迁飞的飞虱迫降的条件之一。

（1）风。稻飞虱远距离迁飞的方向与高空风的方向是一致的。我国夏季，高空西南风是其北迁的主要运载气流，虫源来自南部，西北部无虫迁出。回迁起飞的虫源相当广泛，东北风是其回迁的主要运载气流。空中的风速是稻飞虱迁飞的动力速度，稻飞虱会自主选择成群在最大风速层飞行。最大风速层平均高度为 500～1 000 m，前推时最大风速中心值为 8～12 m/s，后推时为 7～12 m/s，这和昆虫迁飞时的风速要求为 5～12 m/s 十分吻合。

（2）温度。稻飞虱在空中水平运动时，适宜的迁飞高度、有虫的上限和下限高度以及各高度层虫口的密度，在不同的季节、同一日内不同时间、不同的天气条件下，都会发生明显的变化。这种变化与大气低层温度场的垂直变化有关。随着空中温度的升降，稻飞虱迁飞的高度也随之升降，具有相对的一致性。温度的空间分布决定了稻飞虱可以迁飞的空间区域，其中 15 ℃等温线限定了它们成层远距离迁飞的上限高度，最适温度层在 17 ℃左右，地面温度 25 ℃时起飞频繁。

（3）湿度。稻飞虱适应在高湿环境下迁飞，空中湿度较大有利于其迁飞个体保持自身的水分，以延续其生命，因而湿度较大的空间，往往迁飞种群的密度大。如在云雾中，湿度达 90%～100%，特别是山谷间，常常出现密集现象。在一般情况下，夏季湿度在 75%～85%时，虫量较多；而秋季空中湿度在 40%～50%时，虫量较多。

（4）降雨。稻飞虱迁飞途中遇到槽线、切变线、脊线、锋面冷区及雨区时，会被迫降落地面。降雨有利于稻飞虱的降落，尤其是强下沉气流，可使稻飞虱种群大量降落。迁入时期的降雨多少和强度大小与当地稻飞虱发生、消长有很好的相关关系。如广东各地稻飞虱发生程度与主要迁入期（4—5 月）

雨日呈正相关，各地白背飞虱和褐飞虱发生频率与主要迁飞期（4—5 月）雨日也呈正相关。

6.2.4.2 稻纵卷叶螟

稻纵卷叶螟，在我国东半部地区的越冬北界为 1 月份平均气温 4 ℃等温线，相当于 30°N 一线，在北界以北地区，任何虫态都不能越冬，每年初发世代的虫源均由南方迁飞而来。其越冬区可分为三种类型：①周年繁殖区，1 月份平均气温 16 ℃等温线以南的地区，包括雷州半岛、海南岛、台湾省的南端及滇南冬季温暖区；②越冬区，1 月份平均气温 4～16 ℃等温线之间，以南岭山脉为界，岭南为常年越冬区，以蛹和少量幼虫越冬，岭北为零星越冬区，以少量蛹越冬；③冬季死亡区，1 月份平均气温 4 ℃等温线以北的地区。

我国东半部地区稻纵卷叶螟的迁飞方向与季风环流同步进退，即春、夏季随着高空西南气流逐代逐区北移，秋季又随着高空盛行的东北风大幅度南迁，从而完成周年的迁飞循环。我国从海南岛到辽东半岛，每年 3—8 月出现 5 个代次的北迁，秋季 8 月底至 10 月自北向南有 3 次回迁（图 6.1）。因此，各发生区的环境条件如有利于其繁殖和虫量积累，就有连年大发生的可能。对迁入区来说，迁入蛾量的多少和迁入后的气候条件是影响发生轻重的前提，水稻生育状况和天敌数量多少等因素则关系到当年田块受害程度的轻重。

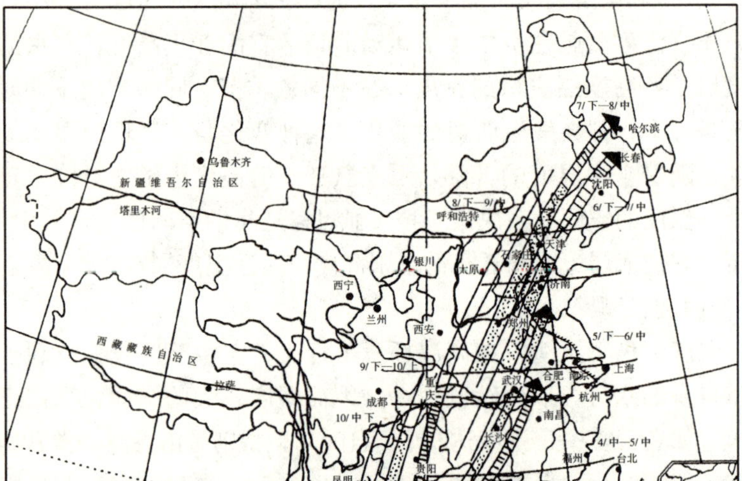

图 6.1　我国东半部稻纵卷叶螟迁飞路径示意图

（李云瑞 2006）

造成稻纵卷叶螟大发生的主要原因是高温、高湿、强降水以及水稻生长期环境为其提供的较好的生存条件。春、夏季北迁主要是由逐渐上升的高温所引起，临界高温为 28.2 ℃。秋季光照的逐渐缩短并伴随温度的逐渐降低是诱导其南迁的主要因素，临界光照为日光照时数逐渐缩短至 13.5 h，临界温度为 24 ℃。上升气流、高空平流气流、下沉气流则会直接影响其起飞、运转、降落等迁飞过程。稻纵卷叶螟的平均迁飞高度为离地面 400～1 000 m，但夏季北迁与秋季南迁有明显区别，夏季北迁高度要高一些，秋季南迁高度要低一些。

(1) 春季迁飞的天气条件。中午太阳光线与地面成 70°～80°的投射角；高空形势处于低压槽前或锋后缘，风向西南；地面形势处于静止锋面或冷锋后面或低压槽前；有下沉气流或降雨，地面空气相对湿度在 80%以上，日平均气温回升到 24～28 ℃之间。

(2) 盛夏迁出的天气条件。中午太阳光线与地面所成投射角大于 80°；高空形势处于副热带高压中心控制线或副热带高压中心后缘，风向西南；地面形势处于副热带高压中心偏南；有上升气流，地面日平均气温高达 28 ℃以上，无雨干旱，空气相对湿度在 75%以下。

(3) 夏末秋初回迁的天气条件。中午太阳光线与地面成 70°～80°的辐射角；高空形势处于冷高压前缘，或副热带高压前缘或低压槽前或复合带或台风倒槽的天气，风向西北或东北；地面处于低压槽前或副热带高压前缘或冷高压控制或弱气压场或台风边缘；有下沉气流或有降雨，地面空气相对湿度在 80%以上，日平均气温下降至 24～28 ℃之间。

(4) 秋季迁出的天气条件。中午太阳投射角小于 23°；高空形势处于冷锋前缘或低压槽后，风向西北或东北；地面处于冷锋前或冷高压前；有上升气流，地面日平均气温下降到 23 ℃以下，地面空气相对湿度在 75%以下，无雨。

6.2.4.3 麦蚜

麦蚜是一类世界性害虫，常见的三种麦蚜（麦二叉蚜、麦长管蚜和禾谷缢管蚜）世界各地均有分布；我国则遍布全国。其中麦二叉蚜分布偏北，在西北和华北地区为害严重；麦长管蚜在南北麦区都可造成危害；禾谷缢管蚜在南方冬麦区常易成灾，近年来成灾区呈向北扩展的趋势。

麦蚜具有随气流远距离迁飞为害的特性。3—6 月随西南气流北迁，8—10 月随西北或东北气流南迁。麦蚜的大区域迁移与小麦的物候期相吻合；有翅蚜迁出高峰期，一般都在小麦乳熟至黄熟阶段，迁入高峰期都处于抽穗扬花期。在不同海拔的山区与丘陵地区，麦蚜亦存在垂直方向上的季节性迁移现象。在美国，麦二叉蚜也是从南方随季风携迁至北方甚至加拿大。

温度、湿度、光照、风等气象因子均会对麦蚜的迁飞行为产生影响。麦长管蚜适宜飞行的温、湿度分别为 12～22 ℃和 60%～80%，在此温、湿度范围内，随温度或湿度的升高飞行速度加快；温度低于 8 ℃或高于 25 ℃，其飞行能力明显降低。实验表明，在 10 ℃以下，麦长管蚜在 16 小时内没有个体起飞；15 ℃时有 70%的个体起飞；温度升至 20 ℃时，100%个体均起飞。光照影响蚜虫的起飞行为，决定蚜虫的日迁飞高峰，一般蚜虫的迁飞行为发生在白天，并且多在晴朗有微风的天气。这可能与蚜虫的羽化时间或蚜虫迁飞过程中需要强光刺激有关。

风速和风向对蚜虫迁飞的路径和迁飞的距离有极大的影响。实验室吊飞结果表明，蚜虫的飞行能力相当有限，但其仍能进行远距离的迁飞，风力的推进作用是实现远距离迁飞的关键。蚜虫近距离扩散行为多在低空飞行，从而影响人们的正常生活；远距离的迁飞可达到大气边界层，随气流迁飞到上百千米以外的地方。如麦二叉蚜、麦长管蚜和禾谷缢管蚜通常在美国南达科他地区不能越冬，该地的虫源均由南方迁飞而来，并且 4—5 月有南方低空急流的地区就会有许多的蚜虫出现。大风会使起飞推迟，但不能抑制起飞。

6.2.4.4 棉铃虫

棉铃虫是世界上最重要的农业害虫之一，在我国主要为害棉花、玉米、大豆、小麦和花生等农作物。棉铃虫具有世代间流窜迁移为害、地域间突增突减、间歇性远距离迁移为害的特性。其迁移为害的特性在 20 世纪 90 年代我国棉铃虫的多次大暴发中得到了进一步印证。如 1990 年华北地区一、二代虫量并不高，但三、四代在棉田大发生，五代在江、浙、赣棉区大发生。1991 年三代在华北棉区仍然大发生，四、五代在江、浙、皖、赣部分棉区造成灾害。1992 年，一、二代在华北地区来势猛、虫量大、历期长、损失大，成为几十年不遇、国际上也罕见的异常大暴发，四、五代在江、浙、皖、沪一带又形成大发生。棉铃虫远距离迁飞的现象已被澳大利亚、印度、非洲和欧洲等国家和地区广泛证实；我国科学家通过对棉铃虫的越冬北界、种群的适合度、抗药性水平地理特征、棉铃虫海面迁飞观测等一系列研究，揭示了棉铃虫的地理型组成和兼性迁飞规律。指出季节性远距离迁飞是其区域性灾变的生物学基础。

棉铃虫是兼性滞育昆虫，在我国各棉区均以滞育蛹越冬。棉铃虫在我国东部的越冬带为 1 月份平均日最低气温 −15 ℃等温线以南地区，以及新疆部分地区；越冬北界约位于大连北部至秦皇岛、张家口、太原、武威一线。辽宁、吉林、内蒙古及黑龙江等地的棉铃虫则由华北中北部地区迁入，不具备棉铃虫越冬环境的新疆北疆地区，其种群亦由外地迁入。

温度、降水量和土壤含水状况是影响棉铃虫发生的主要环境因素，决定棉铃虫的发生与发生程度。棉铃虫的发育适温是25～30 ℃，低于20 ℃时不能正常生长发育。越冬代成虫发生的早晚与春季气温关系密切，3月份气温高时发生早。第2代发生早晚与5月中下旬气温呈正相关，发生轻重与5月份蛾量和6月上中旬的降水量呈正相关。6月上中旬降水量20 mm以上时具备大发生条件，低于10 mm即不利于发生。但暴雨对棉铃虫蛹的发育有严重抑制作用。

当土壤含水量不到10%时，大多数蛹能正常羽化，当土壤含水量达到20%时，90%以上的蛹不能正常羽化。但土壤含水量对棉铃虫入土化蛹的不同阶段影响程度差异较大。降雨对棉铃虫入土后尚未化蛹的幼虫影响最大，死亡率接近100%，化蛹后蛹的死亡率主要取决于浸水时间的长短，浸水时间越长，死亡率越高。

据在华北地区北部的观测，棉铃虫成虫一般在日落后30分钟左右大量起飞，种群密度在1小时后达到峰值。此后，随着成虫的大量迁出，空中密度逐渐下降。棉铃虫成虫从低空到高空起飞过程中位移方向多呈顺时针旋转，借助夏季盛行风飞行。成虫飞行成层多集中在200～300 m高度，最高可达1 000 m。多数个体位移速率为35～45 km/h，整个夜间的迁移活动持续7～8小时，迁移距离大约为250～450 km。

6.3 病虫害发生的时空分布

6.3.1 主要农作物病虫害分布概况

6.3.1.1 水稻主要病虫害

水稻主要害虫包括三化螟、二化螟、稻飞虱、稻纵卷叶螟等，主要病害包括纹枯病、稻瘟病、白叶枯病、细菌性条斑病、稻曲病等。

(1) 三化螟。国外分布于南亚次大陆、东南亚和日本南部。我国南方稻区皆有分布，北方已达38°N，以沿海和长江流域平原稻区受害重。三化螟是专食性昆虫，在我国广大稻区，水稻是其唯一的食料，仅个别地区曾报道它可取食野生稻并可在其上越冬。三化螟以幼虫钻蛀稻株危害，在水稻苗期和分蘖期、孕穗期至抽穗初期为害严重。各地水稻发育期不同，三化螟为害的时间不同。一般发生年份，为害率在5%～10%，发生重的年份，损失产量在

20%以上。我国三化螟分布区内，每年发生的世代数，从南向北或从平原向高原逐渐减少，有2～7个世代的变异。海拔1 800 m以上的地区，发生2～3代；长江流域以北至目前分布北限，发生3代；长江流域中下游，每年发生3～4代；华中各省大部、华东中南部、台湾北部、四川盆地、云贵高原一部分、广东、广西北部，发生4代；位于22°～25°N之间，发生4～5代；位于20°～22°N之间，发生5～6代；海南岛东南沿海地区，发生7代。

(2) 二化螟。国外分布于东南亚和印度、埃及等地。我国分布北达黑龙江克山县，南至海南岛，东起台湾，西至云南南部和新疆北疆的主要稻区。南方稻区以海拔较高的山区、丘陵地带为多。二化螟食性较杂，主要寄主有水稻、茭白、甘蔗、高粱、玉米、小麦、粟、稗、慈姑、蚕豆、油菜、游草等。二化螟在水稻分蘖期、孕穗期至抽穗期为害严重。各地水稻发育期不同，二化螟为害的时间不同。一般年份减产5%～10%，严重时减产50%以上。二化螟在我国一年发生1～5代。其中44°N以北地区，年发生1代；32°～36°N之间地区，年发生2代；26°～32°N之间地区，年发生3～4代；20°～26°N之间地区，年发生4代；20°N以南的海南岛，年发生5代；在地势复杂的云贵高原地区，因受海拔高度和温度的影响，年发生2～4代。

(3) 稻纵卷叶螟。在我国各稻区皆有分布和为害，但以南方稻区发生量大，为害重。幼虫在分蘖期、孕穗期和抽穗期为害叶片。水稻受害后千粒重降低，空秕率增加，生育期推迟，一般减产2～3成，重的达5成以上，大发生时稻叶一片枯白，甚至颗粒无收。稻纵卷叶螟除主要为害水稻外，还能为害粟、甘蔗、玉米、高粱、小麦等作物。稻纵卷叶螟在我国一年发生的世代数随纬度和海拔高度形成的温差而异，且世代重叠。台湾南部、海南岛、云南元江和西双版纳一年发生9～11代，周年为害，无越冬现象；南岭以南的两广南部及福建南部年发生6～8代，此区常年有部分幼虫和蛹越冬；南岭以北到31°N的长江中游沿江南部地区及重庆年发生5～6代，此区有零星蛹越冬；长江以北到山东泰沂山区至陕西秦岭一线以南地区年发生4～5代，此区任何虫态均不能越冬；泰沂山区至秦岭以北地区，包括华北、东北各地年发生1～3代。

(4) 纹枯病。世界性水稻病害之一，也是我国水稻三大病害之一。在我国各稻区均有分布和发生，但以长江以南稻区发生较为普遍，早、中、晚稻上均有发生为害。纹枯病是我国分布和为害最广的病害之一，其发病范围和损失程度往往超过稻瘟病、白叶枯病。稻株受害后，一般会导致秕谷率增加，千粒重降低，严重时可导致“冒穿”倒伏、枯孕穗。一般减产10%～20%，严重时减产50%以上，甚至绝收。

纹枯病主要为害叶片和叶鞘，严重时可扩展为害穗部，并深入茎秆，以分蘖到抽穗期为害最重。纹枯病的发生和流行，以高温、高湿时最快。发病的气温范围为 18～34 ℃，流行期的适温为 22～28 ℃；发病相对湿度为70%～96%，90%以上最适宜。高温、高湿相配合，蔓延快，发病重。长江流域，纹枯病常年始病期在 5 月下旬至 6 月上旬及至 9 月下旬、10 月上旬。气温降至 22 ℃以下，病害逐渐停止。因此早稻在孕穗前，由于气温较低，病势扩展缓慢；孕穗后，气温升高，如逢梅雨季节，病害发展迅猛，这一时期是病害流行的高峰期。中稻处在拔节至抽穗期，如遇适温多雨年份，病情发展快而重。单季晚稻，分蘖期在雨季，拔节期在旱季，又在搁田期间，病害受到抑制，到孕穗期如遇高温多雨，病势回升。8 月底至 9 月中旬，双季晚稻进入孕穗至抽穗阶段，如天阴多雨，温度又适宜，病情可出现一个上升期，但以后气温逐渐降低，病害受到抑制，所以双季晚稻的纹枯病，往往不会造成严重的危害。目前纹枯病已成为水稻三大病害之首，其直线上升与氮肥施用量的增加有密切关系，被农民称为“富贵病”。

（5）稻瘟病。我国水稻三大病害之一。在我国各稻区均有分布和发生，尤以山区、丘陵地区发生重。流行年份一般减产 10%～20%，重的减产40%～50%，甚至颗粒无收。稻瘟病是由病原真菌侵染水稻而引起的病害，它在田间表现的症状根据水稻生育期或发病的部位不同可分为苗瘟、叶瘟、茎节瘟、穗茎瘟和谷粒瘟。其中以叶瘟、穗茎瘟为害最重。稻瘟病发生与品种抗性及不同生育时期、肥水管理和气候条件有关。一般拔节期较抗病，苗期、分蘖期和抽穗期易感病；植株徒长易感病；长期深水或缺水也易发病；气候因素则以温、湿度影响最大，在 20～30 ℃、相对湿度 90%以上时，很易发病，若阴雨连绵，则会引起大流行。一般 7 月份左右叶瘟易发生，八九月份则穗茎瘟多发生。

（6）白叶枯病。我国水稻三大病害之一。除新疆外，我国其他地区均有发生；以华东、华中、华南稻区发生普遍。稻株受害后，叶片干枯，秕谷增多，千粒重降低，一般减产 10%～30%，严重时减产 50%以上，甚至绝收。一般在沿海、沿湖、丘陵和低洼易涝地区发生较为频繁，籼稻发病重于粳稻，双季晚稻重于双季早稻，单季中稻重于单季晚稻。病害流行与否和流行程度，受品种抗性、气候条件和栽培因素等影响。白叶枯病一般在气温 25～30 ℃、相对湿度 85%以上、多雨、日照不足、风速大的气候条件下暴发流行。20 ℃以下、30 ℃以上，发病就会受到抑制。天气干燥，湿度低于 80%，则不利于病菌的繁殖。早稻在 5—6 月、晚稻在 7—9 月，雨量、雨日偏多，相对湿度高，日照偏少有利于病害的流行。病菌能借灌溉水、风、雨传播到较远的稻田。低洼集水、大雨涝淹以及串灌漫灌，往往引起连片发病。在风雨交加时，病菌可依风速强度和风向传播，传播半径为 60～100 m。

6.3.1.2 小麦主要病虫害

小麦主要害虫包括麦蚜、小麦吸浆虫、麦蜘蛛等，主要病害包括小麦锈病、小麦赤霉病、小麦白粉病、小麦纹枯病等。

（1）麦蚜。又名腻虫。为害小麦的主要有麦长管蚜、麦二叉蚜、禾谷缢管蚜和麦无网长管蚜。麦长管蚜在全国麦区均有发生；麦二叉蚜主要分布在我国北方冬麦区，特别是华北、黄淮平原、西北等地发生严重；禾谷缢管蚜分布于华北、东北、华南、华东、西南各麦区，是多雨潮湿麦区优势种之一；麦无网长管蚜主要分布在北京、河北、河南、宁夏、云南和西藏等地。

麦蚜在小麦苗期，多集中在麦叶背面、叶鞘及心叶处；小麦拔节、抽穗后，多集中在茎、叶和穗部刺吸为害，并排泄蜜露，影响植株的呼吸和光合作用。穗期为害，可造成小麦灌浆不足，子粒干瘪，千粒重下降，引起严重减产。另外，麦蚜是传播植物病毒的重要昆虫媒介，以传播小麦黄矮病造成的为害最大。四种麦蚜一年均可发生 10～20 余代。麦长管蚜在南方以成虫、若虫越冬，每年春季 3—4 月随气温回升，小麦由南向北逐渐成熟，越冬区麦长管蚜产生大量有翅蚜，随气流迁入北方冬麦区进行繁殖为害。麦二叉蚜、禾谷缢管蚜和麦无网长管蚜均以卵越冬，初夏飞至麦田。根据我国麦蚜发生情况，可分为以下几个区：

麦二叉蚜常灾区：以南疆、河西为代表区域；冬、春麦混种；麦二叉蚜为绝对优势种，麦长管蚜比例低，禾谷缢管蚜一般不发生。

麦二叉蚜多灾区：代表区域包括陇东、陇南、陕北、晋北、冀北等地；冬麦播种早；一般年份麦长管蚜和麦二叉蚜混合发生，甚至麦长管蚜比例较高，在大发生年份则以麦二叉蚜为优势种，禾谷缢管蚜数量很少。

麦二叉蚜和麦长管蚜交叉易灾区：以陕西渭北、晋东南山区、鲁南山区为代表；温暖干旱年份以麦二叉蚜为优势种，一般年份以麦长管蚜为优势种，禾谷缢管蚜少量发生。

麦长管蚜常灾区：以陕西关中川地，晋南灌区，豫、冀、鲁、皖北灌区等为代表；常年以麦长管蚜为优势种，有些年份局部地区禾谷缢管蚜为害较重，麦二叉蚜数量较少。

麦长管蚜偶灾区、禾谷缢管蚜渐灾区：代表性区域为陕南、四川、鄂北、贵州等地；历史上麦长管蚜发生较多，某些年份穗期猖獗成灾，禾谷缢管蚜居于次要地位；20 世纪 80 年代中后期至 90 年代中期，随着农田生态系统的变化，禾谷缢管蚜种群数量陡增，在部分地区已取代麦长管蚜成为优势种，危害损失渐趋严重；90 年代后期以来，其发生与成灾有减轻的趋势。

（2）小麦吸浆虫。又名麦蛆。有麦红吸浆虫、麦黄吸浆虫两种。麦红吸浆虫是世界性害虫，分布于欧、美、亚主产麦国。除美洲只有麦红吸浆虫外，欧、亚大陆是红、黄吸浆虫混发区，亚洲一般以红吸浆虫为主。在我国小麦吸浆虫广泛分布于全国主要产麦区，其地理分布为 48.3°～27°N，100°～131.8°E 的广大范围内。但主要发生在 31°～35°N 之间的黄河、淮河流域冬小麦主产区。麦红吸浆虫与麦黄吸浆虫比较而言，前者多分布于沿江、沿河平原低湿地区，如陕西关中的渭河、泾河流域，河南伊河、洛河流域，安徽淮河两岸及长江、汉水、嘉陵江沿岸的旱作区等。麦黄吸浆虫主要分布在高原地区和高山地带，如青海、甘肃、宁夏等地，高原地区的河谷地带则为两种吸浆虫的并发区。

被吸浆虫为害的小麦，其生长势和穗型大小不受影响，且由于麦粒被吸空、麦秆表现为直立不倒，具有“假旺盛”的长势。受害小麦麦粒有机物被吸食，麦粒变瘦，甚至成空壳，出现“千斤的长势，几百斤甚至几十斤产量”的残局。吸浆虫对小麦为害具有毁灭性，一般可造成 10%～30%的减产，严重的达 70%以上甚至绝收。近年来，随着小麦产量、品质的不断提高，水肥条件的不断改善和农机免耕作业、跨区作业的发展，吸浆虫发生范围不断扩大，发生程度明显加重，对小麦生产构成严重威胁。

自然状况下两种吸浆虫均一年发生一代，也有的遇到不适宜的环境多年发生一代。吸浆虫以老熟幼虫在土中结茧越夏、越冬。吸浆虫化蛹和羽化的迟早虽然因气候条件各异，但与小麦生长发育阶段基本相吻合。一般小麦拔节期幼虫开始破茧上升，小麦孕穗期幼虫上升至地表化蛹，小麦抽穗期成虫羽化，抽穗盛期也是成虫羽化盛期。

（3）小麦锈病。俗称黄疸病，属真菌病害，分条锈病、叶锈病、秆锈病三种。锈病广泛分布于全国各小麦产区，往往交织发生，其中条锈病为害最大。近年来秆锈病仅在部分麦区零星发生，条锈病和叶锈病发生重、面积大、流行范围广，对小麦生产构成严重威胁。三种锈病的主要症状可概括为：“条锈成行，叶锈乱，秆锈是个大红斑。”条锈病主要为害小麦叶片，也可为害叶鞘、茎秆、穗部；叶锈病主要为害叶片，叶鞘和茎秆上少见；秆锈病主要为害叶鞘和茎秆，也可为害穗部。在条锈病大流行年份，受害小麦可减产 30%以上，有时甚至颗粒无收。

小麦条锈病：在高海拔地区越夏的菌源及其邻近的早播秋苗菌源随秋季东南风吹送到冬麦地区进行为害，在陇东、陇南一带 10 月初就可见到病叶，黄河以北平原地区 10 月下旬以后可以见到病叶，淮北、豫南一带在 11 月以后可以见到病叶。在我国黄河、秦岭以南较温暖的地区，小麦条锈菌不需越冬，从秋季一直到小麦收获前，可以不断侵染和繁殖为害。但在黄河、秦岭以北冬季小麦停止生长地区，病菌在最冷月日平均气温不低于－6 ℃，或有积雪最冷月日平均气温不低于－10 ℃的地方，主要以潜育菌丝状态在未冻死的麦叶组织内越冬，待第二年春季温度适合生长时，再繁殖扩大为害。影响病菌春季流行的因素主要是越冬菌源量、温度、降水量和感病品种种植面积。一般越冬菌源量大、温度回升早、春雨多、感病品种种植面积大的年份，往往发病早、发病重；反之，发病迟，发病轻。春季干旱，特别是长期干旱伴随高温天气，可严重抑制春季条锈病的流行。

小麦叶锈病：对温度的适应范围较宽。在所有小麦产区，夏季均可在自生麦苗上繁殖，成为当地秋苗发病的菌源。冬季在小麦停止生长但最冷月日平均气温不低于 0 ℃，同条锈菌一样，以休眠菌丝体潜伏于麦叶组织内越冬，春季温度合适时再扩大繁殖为害。

小麦秆锈病：发生规律与叶锈病基本相同，但越冬要求温度比叶锈病高，一般在最冷月日平均气温不低于 10 ℃左右的闽、粤东南沿海地区和云南南部地区越冬。

（4）小麦赤霉病。在全国各地均有分布，以长江中下游冬麦区和东北春麦区发生最重，长江上游冬麦区和华南冬麦区常有发生，近年来，又成为江淮和黄淮冬麦区的常发病害。该病主要为害小麦，一般可减产 10%～20%，大流行年份减产 50%～60%，甚至绝收。赤霉病主要为害小麦穗部，但在小麦生长的各个阶段都能受害，苗期侵染引起苗腐，中、后期侵染引起秆腐和穗腐，尤以穗腐为害性最大。小麦赤霉病是一种典型的气候型病害，其发生与流行主要取决于当时的气象条件。小麦抽穗期前后如遇阴雨天气，温、湿度条件配合适宜就可能造成大面积流行。在长江中下游地区，小麦抽穗期间，日平均气温一般已达到 15 ℃或更高，符合发病的基本要求；如气温比常年高，可导致病害早期暴发。长时间的连续温暖、高湿、多雨是发病重的主要条件。

6.3.1.3　棉花主要病虫害

棉花的主要害虫包括棉铃虫、棉蚜、棉叶螨等，主要病害包括棉苗炭疽病、棉枯萎病、棉黄萎病等。

（1）棉铃虫。棉铃虫是世界性棉花大害虫。分布于 50°N～50°S 的亚洲、大洋洲、非洲及欧洲各地。我国各棉区普遍发生，其中黄河流域棉区、辽河流域棉区和西北内陆棉区为常发区，长江流域棉区为间歇性发生区。

棉铃虫是一种多食性的害虫。寄主植物达 30 多科 200 余种，常见的受害作物有棉花、玉米、小麦、高粱、豌豆、蚕豆、苕子、苜蓿、油菜、芝麻、胡麻、青麻、花生、番茄、辣椒、向日葵等。棉铃虫为害棉花时，主要以幼虫蛀食棉花的蕾、花、铃。棉铃虫在我国各棉区的年发生代数和主要为害世代不同。在辽河流域棉区和新疆大部分棉区年发生3代，以第2代为害为主；在黄河流域棉区和部分长江流域棉区年发生4代，以第2代最重，第3代次之；在长江流域大部分棉区每年发生5代，以第3和4代最重；在25°N以南地区每年可发生6～7代，以第3～5代为害严重。各地一般均以蛹在土中越冬。

（2）棉蚜。棉蚜是世界性分布的害虫，分布于60°N～40°S之间的世界各地。我国各棉区均有分布和为害，其中北部特早熟棉区和长江流域常年发生，为害严重，黄河流域棉区是发生为害最严重的区域，西北内陆棉区20世纪80年代以后为害逐年加重，华南棉区干旱年份发生较重。棉蚜也是一种多食性的害虫。

棉蚜在棉田的发生情况因地而异，但越冬寄主上有翅蚜的发生高峰期常与棉苗出土期相吻合。在黄河流域和长江流域棉区，4月下旬至5月上旬棉苗出土时棉蚜大量迁入棉田，5月下旬至6月上旬在棉田内大量繁殖扩散，通常可形成1～3次有翅蚜迁飞高峰，造成全田蚜虫普遍发生，因此，这一时期发生为害的棉蚜又称苗蚜。6月中旬以后北方棉田因小麦收获，大量天敌迁入棉田，南方棉区则因梅雨季节到来，致使棉田蚜虫数量迅速减少，甚至绝迹。在7—8月间，黄河流域和长江流域棉区常出现棉蚜种群数量急剧增加的现象，损失十分严重，因发生在盛夏，又称伏蚜，一般持续为害20～40天，常因蚜霉菌的流行而结束。在9—10月间，部分地区如气候反常，加之施肥、喷药不当，也会出现棉蚜密度迅速增大，又称秋蚜。

6.3.2 水稻稻飞虱

稻飞虱，土名火猛子、厌虫等，是为害水稻的主要害虫之一。国外广泛分布于南亚、东南亚、太平洋岛屿及日本、韩国、朝鲜和澳大利亚。国内各稻区都有分布和发生。20世纪70年代以来，由于栽培制度的变更、高产耐肥品种尤其是杂交水稻的大面积推广以及氮肥和化学农药的大量使用，稻飞虱的为害逐年加重，70年代末以来已成为亚洲水稻产区的头号害虫。

稻飞虱种类很多，为害我国水稻的飞虱主要有三种：褐飞虱、白背飞虱、灰飞虱；造成严重灾害的主要是褐飞虱、白背飞虱，其中以褐飞虱发生和为害最重，白背飞虱次之。我国早、中、晚稻都能受其为害，在适宜的环境气象条件下，稻飞虱繁殖迅速，造成灾害严重，一般为害损失10%～20%，严重为害损失40%～60%，甚至绝收。

三种飞虱由于食性及对温度的要求和适应性不同，在地理分布和各稻区的发生为害情况也有所不同。褐飞虱为南方性种类，在长江流域以南各省（区、市）发生为害较重，在云南、贵州、四川、重庆四省（市）则主要分布在海拔 1 700 m 以下稻区。白背飞虱的分布较褐飞虱广，但仍以长江流域为主，北方稻区亦偶尔猖獗为害。灰飞虱属广泛分布偏北种类，几乎全国各地都有分布，但以华东、华中、华北、西南等地发生为害较重，华南稻区发生较少。

稻飞虱成虫、若虫都能为害。主要为害期在水稻拔节期至乳熟末期，成虫和若虫群集在稻株下部，用刺吸式口器刺进稻株组织，吸食汁液。孕穗期受害，则叶片发黄，生长低矮，甚至不能抽穗。乳熟期受害，则稻谷千粒重减轻，秕谷率增加，严重时引起稻株下部变黑，齐泥瘫到，叶片青枯。灰飞虱除本身为害水稻外，尚可传播水稻矮缩病、条纹叶枯病、小麦丛矮病和玉米粗缩病等。

褐飞虱完成一世代的发育起点温度为 11.7 ℃，有效积温为 401.5 ℃·d。褐飞虱每年发生代数，随迁入期早迟、总有效积温多少和栽培制度差别而有所不同。江苏、浙江、湖北、四川等省每年可发生 4～5 代；湖南中部每年 5 代；江西、福建中部每年 6～7 代；广东中部和福建每年 8～9 代；广东、广西的南部每年 10～11 代。位于 33°～35°N 的苏北、皖北和鲁南稻区，常年发生 2 代左右；在此以北的其他稻区，常年仅发生 1 代。由于成虫产卵历期长，田间发生世代有重叠现象。

白背飞虱在南岭以南每年发生 7～11 代，福建 6～8 代，南昌 6 代，成都 5 代，上海、浙江和江苏南部每年发生 4～5 代，云南和贵州北部、淮河以北地区每年发生 2～4 代。各地从始见虫源迁入到主要为害期，一般历时 50～60 天，主迁入峰后 10～20 天即为主害代 2 龄若虫高峰期。我国从南到北的主要为害时期依次为：广东、广西南部为 5 月中、下旬；广东、广西中部和云南南部为 6 月上、中旬；贵州南部经广西北部至福建南部一带为 6 月中、下旬；四川盆地东部、贵州东北部经湖南中部至福建北部和浙江南部一带为 7 月上、中旬；湖北南部、湖南北部至浙江北部一带为 7 月中、下旬；江苏、安徽的中部和南部为 7 月下旬到 8 月中旬；淮河以北、陕西、甘肃等地为 8 月中、下旬至 9 月上旬。白背飞虱一般在水稻分蘖期为害，在长江中下游及其以北地区常年只出现一次为害高峰，但在南方双季稻区，除 5—6 月早稻上出现一个为害高峰外，9 月间晚稻穗期还常有一为害高峰。

灰飞虱在福建等南方地区，每年发生 7～8 代。在南方稻区以若虫、成虫或卵在麦田、绿肥田及田边、沟边禾本科杂草或再生稻上越冬。抗寒力和耐饥力强。在冬季温暖的日子，仍可取食和活动。华北等北方稻区则以若虫在田边草丛、稻根丛或落叶下过冬，而以背风向阳、温暖、潮湿处最多，1—2月份最冷时，若虫钻入土隙、泥块下不动。浙江、上海、江苏和四川等地越冬若虫于3月中旬羽化，在原产地产卵繁殖后，第一代成虫于5月中下旬羽化，以长翅成虫占优势，迁入早稻秧田和早栽大田繁殖为害。

6.3.3 小麦白粉病

小麦白粉病广泛分布于我国各小麦主要产区，以四川、贵州、云南、河南、山东沿海等地发生最为普遍，近年来，该病在东北、华北、西北麦区，发生呈趋重之势。其发生流行演变的主要特点如下：

发生面积不断扩大，重发频率增加，为害程度加重。1980年以前，全国常年发病面积一般都在100万 hm^2 以下，之后发病面积开始逐年扩大，1990—1991年创历史最高纪录，两年均超过1 200万 hm^2。近年来，无论是发生面积还是发生程度都维持在一个较高的水平。1975—1984年10年间，只有4年中度流行，中度流行频率为40%。1985—2000年16年间，有2年大流行，4年中度偏重流行，6年中度流行；中偏重以上流行频率达到37.5%，中等以上流行频率高达75%。据统计，1987年以前，全国小麦因白粉病为害损失不足2.0亿kg，其后迅速增大，至1990年全国因白粉病损失小麦14.38亿kg，1991年经过大力防治，挽回损失21.88亿kg，实际仍损失小麦7.7亿kg。

发生界线逐渐北移，发病范围扩大。20世纪70年代以前，白粉病一般年份仅在西南地区的滇、黔、川等省的一些山区发生较重，发生程度和范围都比较小。70年代中期以后，白粉病在西南地区的发生相继加重，在江淮麦区开始流行。1980—1981年，白粉病在西南及江淮地区较大范围偏重流行，发生界限第一次明显北移。80年代中期以后，白粉病继续向北方黄淮麦区发展，其中1985年在西北地区甘、陕等省麦区大流行，1987年在冀、鲁、豫及华北麦区京、津等地偏重流行。1990—1991年全国大面积流行，范围不仅遍及江淮、黄淮等主要产麦区，而且发生界限进一步北移，波及辽宁、吉林和黑龙江等春麦区。从而发展成为全国20多个产麦省小麦生产上的重要常发病害。

小麦白粉病在小麦各生育期均可发生，典型病状为病部表面覆有一层白色粉状霉层。主要为害叶片，严重时也为害叶鞘、茎秆和穗部。小麦受害后，可致叶片早枯，分蘖数减少，成穗率降低，千粒重下降。一般可造成减产10%左右，严重的达50%以上，有些高感品种甚至颗粒无收。

小麦白粉病菌越夏的温度要求为最热的一旬平均气温小于23.5 ℃，病菌以分生孢子在越夏区的自生麦苗上越夏或以潜育状态度过夏季。病菌也可以闭囊壳在低温干燥条件下越夏并形成初侵染源。越夏期间，病菌不断侵染自生麦苗，并产生分生孢子。越夏后，首先感染越夏区的秋苗，引起发病并产生分生孢子，后向附近及低海拔地区和非越夏区传播，侵害这些地区的秋苗。因此，一般越夏区的小麦秋苗发病早且严重。病菌以菌丝体或分生孢子在秋苗基部或叶片组织中或上面越冬；早春气温回升小麦返青后，潜伏越冬的病菌恢复活动，产生分生孢子，借气流传播扩大为害。

霍治国等（2002）依据小麦拔节—成熟期间的气象和病害资料，采用系统聚类分析法将我国小麦白粉病发生地域分布划分为发生气候带（Ⅰ）和不发生气候带（Ⅱ）（图 6.2）。发生气候带又分为常发气候亚带（ⅠA）、易发气候亚带（ⅠB）、次易发气候亚带（ⅠC）和偶发气候亚带（ⅠD）。ⅠA 分为冬小麦白粉病西南常发气候区（ⅠA_1）、冬小麦白粉病长江流域常发气候区（ⅠA_2）、冬小麦白粉病淮河流域常发气候区（ⅠA_3）共 3 个区；ⅠB 为冬小麦白粉病黄河流域易发气候区；ⅠC 分为南方冬小麦白粉病次易发气候区（ⅠC_1）、北方春小麦白粉病次易发气候区（ⅠC_2）、北疆春小麦白粉病次易发气候区（ⅠC_3）和西藏南部冬春小麦白粉病次易发气候区（ⅠC_4）共 4 个区；ⅠD 分为南方冬小麦白粉病偶发气候区（ⅠD_1）和北方春小麦白粉病偶发气候区（ⅠD_2）共 2 个区。并评述了不同气候区小麦白粉病发生流行的气候生态特征。不同气候带、区的界线分布如下：

（1）小麦白粉病发生气候带（Ⅰ）和不发生气候带（Ⅱ）界线：北起甘肃野马街，经敦煌以东，酒泉以西，张掖以南，西宁、合作、岷县、雅安、西昌以西，丽江以西，腾冲，此线以东的广大冬春麦区，为白粉病发生气候带（Ⅰ）；此线以西（除新疆北部部分春麦和西藏南部冬春麦区）的广大西部麦区，为白粉病不发生气候带（Ⅱ）。

（2）小麦白粉病常发气候亚带（ⅠA）界线：南部界线在南方冬麦区，自东向西大致通过杭州、天目山、黄山、庐山、岳阳、南县、石门、恩施、金佛山以北，之后又自北向南通过遵义、贵阳、百色、河口；西部界线与白粉病发生界线重合；北部界线位于北方冬麦区，自西向东大致通过岷县、平凉、渭南、华山、许昌、亳县、宿县、新浦、临沂等地。南线、西线、北线三线以内为小麦白粉病常发气候亚带（ⅠA）。该亚带划分为 3 个气候区ⅠA_1、ⅠA_2和ⅠA_3。三区的界线分别为，从岷县出发，经武都、南充、重庆以西、遵义以西之后向南与该亚带南线重合，此线以西为冬小麦白粉病西南常发气候区（ⅠA_1）；从岷县出发，经武都、汉中以南、安康以南、南阳以南、驻马店、阜阳、蚌埠以北、清江，此线以南为冬小麦白粉病长江流域常发气候区（ⅠA_2）；此线以北为冬小麦白粉病淮河流域常发气候区（ⅠA_3）。

（3）小麦白粉病易发气候亚带（ⅠB）界线：此带仅存在于北方麦区，北部界线自东向西大致通过大连以东、营口、朝阳、承德以南、北京以北、五台山、榆林、吴旗、固原、兰州以南、岷县；南部界线与常发气候亚带北界重合，两线之间为冬小麦白粉病黄河流域易发气候区（ⅠB区）。

(4) 小麦白粉病次易发气候亚带（ⅠC）界线：在南方冬麦区，其南部界线自东向西大致通过福州以北、永安、赣州、衡阳、韶阳、芷江；北线与常发气候亚带的南线重合，该区为南方冬麦区白粉病次易发气候区（ⅠC_1）。在北方春麦区，其北线自东向西大致通过通化、沈阳、赤峰、多伦以南、张家口以北、呼和浩特以北、包头、海流图等；南线与白粉病易发气候亚带重合；西线与白粉病发生气候带西线重合，南、北、西三线之间为北方春麦区白粉病次易发气候区（ⅠC_2）。新疆北疆大致包括伊宁、塔城一带，为北疆春麦区白粉病次易发气候区（ⅠC_3）。西藏拉萨地区，为西藏南部冬春麦区小麦白粉病次易发气候区（ⅠC_4）。

(5) 小麦白粉病偶发气候亚带（ⅠD）界线：在南方冬麦区，白粉病次易发气候亚带以南，为南方冬麦区白粉病偶发气候区（ⅠD_1）；在北方春麦区，白粉病次易发气候亚带以北为北方春麦区白粉病偶发气候区（ⅠD_2）。

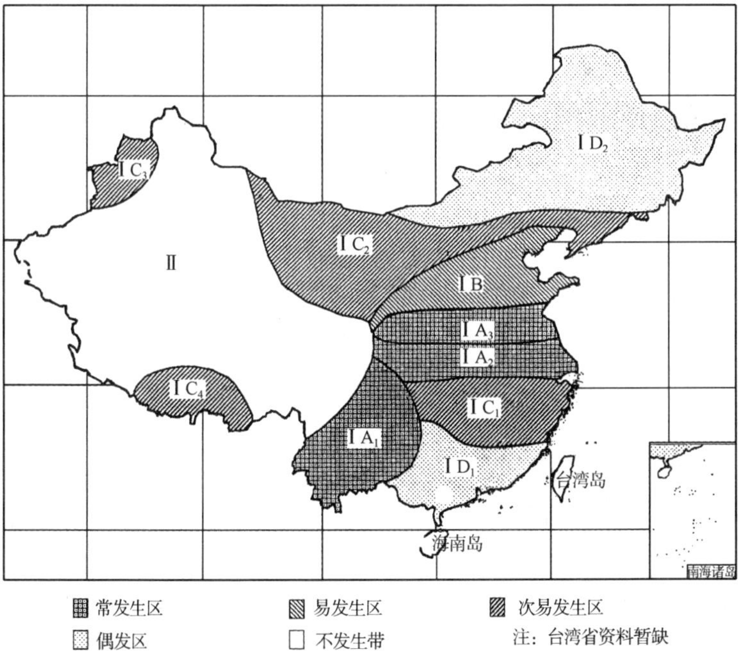

图 6.2　中国小麦白粉病气候分区图

（霍治国等 2002）

6.3.4 玉米螟

玉米螟，俗称玉米钻心虫。我国发生的玉米螟有亚洲玉米螟和欧洲玉米螟两种。亚洲玉米螟：为世界性害虫，主要分布于亚洲的温带和热带、澳大利亚、大洋洲、欧洲、北美洲等地；我国除青藏高原外各地均有分布，在华北、东北、华东及西北严重为害玉米等旱粮作物。欧洲玉米螟：国外主要分布于欧洲、非洲西北部、北美洲和亚洲西部；国内的新疆和宁夏是其主要发生区，在内蒙古呼和浩特、宁夏永宁和河北张家口一带欧洲玉米螟与亚洲玉米螟混合发生，以亚洲玉米螟为主。

玉米螟主要以幼虫蛀茎为害，破坏茎秆组织，影响养分输送，使植株受损，严重时茎秆遇风折断。主要为害玉米、高粱、谷子、黍，也能为害棉花、大麻、甘蔗、向日葵、水稻、甜菜、甘薯、豆类作物；但以对玉米的为害最大。常年春玉米的被害株率为30%左右，减产10%；夏玉米的被害株率可达90%，一般减产20%～30%。

玉米螟在我国均以末代老熟幼虫在寄主秸秆、穗轴或根茬中越冬。越冬的虫源基数直接影响着次年，特别是第一代玉米螟的发生量和为害程度。越冬基数大，越冬后成活率高，田间第一代卵量和被害株率就高，易造成第一代幼虫发生严重。

玉米螟在我国的年发生代数随纬度的不同，每年可发生1～7代。一般在45°N以北的黑龙江和吉林的长白山区年发生1代，40°～45°N间的吉林、辽宁及内蒙古大部分地区和河北北部年发生2代，45°～30°N间的长江以北广大地区年发生2～3代，而在25°～20°N间的广西、广东和台湾等地年发生5～6代，在同一省区，海拔高则代数相应减少。

玉米螟不同世代以及各个虫态的发生期因地而异。在同一发生区也因年度间的气温变化而略有差异。通常情况下，第一代玉米螟的卵盛发期在1～3代区大致为春玉米心叶期，幼虫蛀茎盛期为玉米雌穗抽丝始期，第二代卵和幼虫的发生盛期在2～3代区大体为春玉米穗期和夏玉米心叶期，第三代卵和幼虫的发生盛期在3代区为夏玉米穗期。如在重庆、越冬代成虫在4月下旬至5月中旬发生，第一代幼虫为害春玉米，第二代主要为害夏玉米，第三四代为害秋玉米，以秋玉米受害最重，夏玉米次之，春玉米较轻。

玉米螟喜中温高湿，高温干燥是其发生的限制因素。温度主要影响玉米螟的发生代数和发生期。年平均气温越高，年发生代数越多。冬季温暖，春季气温回升早，越冬幼虫化蛹时间也早。据李正跃等（1998）报道，在10～34 ℃的9种恒温条件下，亚洲玉米螟除在10 ℃不能发育以外，在其余8种恒温中均可发育，但其死亡率在 12 和 34 ℃中较高。最低发育起点温度卵期为 10.38 ℃，幼虫期为 10.06 ℃，蛹期为 11.07 ℃；高温限制温度卵期为 28.00 ℃，幼虫期和蛹期均为 31.00 ℃；卵期有效积温为 79.15 ℃·d，幼虫期为 339.73 ℃·d，蛹期为 128.82 ℃·d；从产卵到成虫羽化整个过程的发育起点温度为 10.35 ℃，高温限制温度为 32.00 ℃，有效积温为 539.91 ℃·d。湿度和降水量常决定着发生量的多少。春季越冬幼虫恢复活动后，必须取食潮湿秸秆，吸取水分后才能化蛹，成虫羽化后必须饮水才能正常产卵。成虫产卵也需要一定的湿度，相对湿度低于 25%，成虫常不产卵，湿度 40%时产卵量增加，80%时产卵量达到高峰。玉米心叶期过于干旱，产在叶片上的卵块往往会脱落。一般在玉米螟发生期，旬平均气温在 20 ℃以上，降水较多，旬平均相对湿度在 70%左右，是其在北方的盛发条件。但在成虫羽化和卵孵化盛期遇暴雨，可引起虫口大量死亡，过多的雨水还会使螟蛹大量腐烂，从而减轻玉米螟的发生程度。

6.3.5 东亚飞蝗

蝗虫，俗称蚂蚱。全世界已知 1 万多种，我国有 1 000 余种。蝗虫主要包括飞蝗和土蝗。飞蝗，在我国有东亚飞蝗、亚洲飞蝗和西藏飞蝗 3 种，其中东亚飞蝗在我国分布最广，为害最严重，是造成我国蝗灾的最主要飞蝗种类。土蝗，是指除飞蝗以外的其他蝗类，其种类多，分布广，食性杂；由于各地自然环境的差异，其群落结构和发生为害有所不同。

东亚飞蝗的发生地在我国分布区域极广，从 42°N 以南直至海南和云南，西起甘肃南部和四川，东至渤海、黄海沿岸和台湾等地。其中，长江以北的华北平原，即淮河流域、黄河流域及海河流域中下游的低洼地区，主要包括河南、山东、河北、江苏、安徽、天津等省（市）是其主要发生地。

东亚飞蝗食性很杂，主要取食禾本科和莎草科植物，最嗜食芦苇、稗草和红草等杂草。也喜食栽培作物中的小麦、玉米、高粱、水稻、粟、甘蔗等。大发生缺乏食物时，也能为害棉花、大豆和蔬菜等农作物。飞蝗以成虫和若虫（蝗蝻）咬食植物的叶片、嫩茎和幼穗等植物地上的所有绿色部分。

东亚飞蝗无滞育现象，年发生代数和发生时期因南北地区而异（表 6.3）。北京以北地区每年发生 1 代；渤海湾、黄河中下游、淮河流域、长江流域一般每年发生 2 代；江西、广西、广东、台湾每年发生 3 代；海南岛每年可发生 4 代。各地均以卵在土下 4～6 cm 处越冬。

在江苏、安徽、山东、河南等 2 代区，越冬代称为夏蝗，第一代称为秋蝗。越冬卵一般于 4 月下旬至 5 月上中旬孵出蝗蝻，羽化后为夏蝗。夏蝗成虫盛期常在6月中下旬到7月上旬，产卵盛期在7月上中旬。7月中旬至8月中旬孵出秋蝗蝻，8月上旬到9月上中旬，羽化为秋蝗。秋蝗产卵盛期在9月上中旬，一般年份即以秋蝗卵越冬，特殊年份9月间可发生部分3代蝗虫，但多数不能产卵而死亡。

表6.3　东亚飞蝗在我国各地的发生时期与世代

流域	地点	发生代数	第一代孵化期	第二代孵化期	第三代孵化期	第四代孵化期	第五代孵化期
海河	北京	2	5月中、下旬	8月中旬			
	静海	2	5月中、下旬	7月下旬、8月上旬			
	黄骅	2	5月中旬	7月下旬、8月上旬			
黄河	聊城	2	5月上旬	7月上、中旬			
	微山湖	2	5月中旬	7月下旬	9月中旬*		
淮河	黄海	2	5月中、下旬	7月上、中旬			
	洪泽湖	2	5月上、中旬	7月中旬	9月上、中旬*		
长江	南京	2	4月下旬、5月上旬	7月上、中旬			
	杭州	2	4月下旬、5月上旬	7月上旬			
珠江	柳州	3	4月中、下旬	6月下旬、7月上旬	9月上、中旬		
	湛江	4	2月中、下旬	5月上旬	7月中旬	10月上、中旬	
南渡江	安定	4	2月中、下旬	5月上旬	7月上、中旬	9月中、下旬	12月上、中旬*
	乐会	4	2月中、下旬	5月上旬	7月上、中旬	9中月、下旬	

*仅在干旱年出现

飞蝗的种群数量消长取决于气候、水文、地形、土壤、植被和人为活动等综合因素。

（1）气候。气候影响东亚飞蝗的分布区域、每年的发生世代数和世代数变动以及年度或季节发生程度的消长。适宜飞蝗发生的气候特点是夏热多雨、冬寒少雨、春旱多风、秋旱少雨，年降水量一般为500～1 000 mm，年平均气温为11～15 ℃。

（2）温度。东亚飞蝗卵的发育起点温度为15 ℃，蝗蝻的发育起点温度为

20 ℃，整个生育期要求 25 ℃以上天数不少于 30 天。东亚飞蝗发育的适温范围为 25～40 ℃，最适发育温度为 28～34 ℃。气温较高年份，世代数可增加，从而增加当年发生量；气温较低的年份，可减少世代数。低温不利于东亚飞蝗的发生，如在黄淮平原 4 月下旬或 5 月上旬连续出现 4～5 天的寒流，则可使卵及幼蝻死亡；而在秋季，如出现迅速降温，也可引起幼蝻死亡。据试验，生长在 25～30 ℃变温下的三龄蝗蝻，如气温逐渐降低到 20 ℃时其立即停止取食。此外，吸水后的越冬蝗卵在－10 ℃的低温下可维持 15 天，－15 ℃可维持 5 天，－25 ℃在 1 天以上即死亡。

（3）降水。在我国一般多雨不利于东亚飞蝗的发生。年降水量 1 000 mm 以上的地区，不大适于东亚飞蝗的发生。特别是春季梅雨期和生长季节连续降雨，淹没蝗虫滋生区以及促进流行性疾病，会使蝗蝻大量死亡。蝗虫取食水分增多的植物后，可降低生殖力。蝗区每年降水量的多少和降雨时期的变化对卵的生存、孵化率、孵化时间、整齐度以及蝗蝻和成虫的生存等都有较大影响。

（4）旱涝。旱涝与东亚飞蝗发生的关系较为密切；旱、涝相间出现，蝗虫发生随之严重。涝灾后，库、洼积水，减少了蝗虫栖息和产卵场所，影响了蝗卵的孵化，当年蝗虫一般发生较轻。水退后，杂草丛生，地面板结，适宜蝗虫取食和产卵，蝗虫随之迁入。在淮河流域，干旱与东亚飞蝗同年发生、前两年发生洪涝再间隔一年发生蝗灾的可能性最大。再如，海河流域的蝗区前一年大涝，则往往次年飞蝗大暴发，故有"大水之后，必闹蝗虫"之说，因为前一年 7—8 月间降水较多，发生涝灾，而 9—10 月气候干旱，大部分积水退去，由于土壤含水量偏高而不便耕翻，有利于蝗卵生存，故附近秋蝗残蝗集中到退水地产卵，使第二年夏蝗发生严重。

在一般情况下干旱年蝗虫发生重，洪涝年蝗虫不易发生。这是由于蝗虫在禾本科植物的荒草地中产卵，如果雨水多，虫卵或因水淹或因霉菌感染而大量死亡，因而不能成灾，只有气候干燥，蝗虫才能大发生。而且干旱气温高，能促使蝗蝻生长发育，蝗蝻成活率高，成虫繁殖力强。连年的大旱是造成蝗虫大量发生的主要原因。河南省东亚飞蝗区 20 世纪 90 年代以来连年干旱，特别时 1992—1995 年，年降水量比近 40 年平均值减少 30％～50％，导致蝗虫大发生。山东省连续干旱 2～3 年，蝗虫必定大暴发，例如 1977—1978 年雨水连年偏少，1978—1982 年蝗虫大发生；1986—1989 年降水量分别为常年的 75.4％，80.8％，68.7％和 77.9％，1988—1990 年蝗虫连续大发生。

（5）地形特征。东亚飞蝗分布区海拔高度绝大多数为 2～50 m，如淮河流域、黄河流域及海河流域中下游的低洼地区。少数飞蝗发生地的海拔高度可达 50～200 m，如海南岛西南部的沿海丘陵和平原蝗区。在坡向方面，阳坡、半阳坡比阴坡、半阴坡更适宜蝗虫的生存。坡度的重要性较前两者小，但山前缓坡地带对蝗虫比较有利。

(6) 土壤。土壤是蝗虫的产卵场所，因此，蝗虫对土壤类型、质地、水分含量、pH 以及表土的松紧度都有明显的选择性。蝗虫不喜在过于黏重的土壤中产卵，而沙土、沙壤土、淤泥土、黏土均适合产卵。蝗虫产卵最适土壤含水量范围为：沙土 10%～20%，壤土 15%～18%，黏土 18%～20%，如含水量低于 5%或高于 25%时，则产卵数量显著降低，且对蝗卵发育不利。适宜产卵的含盐量在 0.2%～1.2%之间。土壤 pH 7～9，适宜蝗虫发生。飞蝗多选择平实土面产卵。

(7) 植被特征与寄主植物。东亚飞蝗发生区的植被类型一般是以旱生和半湿生性的禾本科植物群落占主导地位，代表性的植物种类有芦苇、稗草、茅草、狗牙根、莎草等。植被覆盖度对飞蝗的分布也有较大影响，一般蝗区的植被覆盖度在 75%以下，最适宜的植被覆盖度为 25%～50%，覆盖度超过 80%很少有飞蝗的分布。不同的东亚飞蝗滋生区，其植被群落结构有较大差异。不同食料植物对东亚飞蝗生长、发育、生殖、寿命都有很大影响。东亚飞蝗喜食的寄主植物有芦苇、稗草等 25 种，不喜食的经济作物有大豆、豌豆、花生、棉花等 27 种。特别是成虫期的寄主植物对其影响更大，如蝻期取食禾本科植物，成虫取食不喜食植物则不能生殖或生殖力很低，若以不喜食植物饲养则多不能羽化、交尾和产卵。

群居性蝗虫有远距离迁移的习性，其迁飞过程也是性器官发育成熟的过程。群居性蝗蝻羽化后，开始仍在蝗蝻群居处跳动，经 5～10 天，全部蝗蝻羽化为成虫后常于晴天傍晚做飞翔活动，在飞行中亦能诱发地面其他蝗群合群起飞。起飞开始于白天高温时，即 11—14 时之间，可持续飞行 1～3 天，夜晚仍可飞行。微风时常逆风飞行，大风时可转换方向做顺风飞行。飞蝗在飞行过程中不取食，即使遇到暴雨或下沉气流而被迫降落地面，亦不取食，但飞蝗迁飞结束后，为补充体内营养大量取食，造成迁入区的严重受害。

6.4 病虫害发生的气象预测

6.4.1 病虫害气象预测概述

气象条件不仅通过直接影响病虫的生存、生长、发育、繁殖、扩散等，影响和制约着病虫的发生期、发生量和为害程度；而且通过对寄主植物或其他生物（如天敌等）的影响，间接影响着病虫的发生与消长。因此，开展基于前期气象条件的病虫害发生流行预测，及时、准确地提供病虫害预测预报信息，不仅对实现病虫害的综合治理和持续控制，最大限度地减轻病虫害的危害具有十分重要的实际意义，也是病虫测报工作中不可或缺的重要组成部分。

我国病虫害气象预测的历史悠久。元朝末年娄元礼编撰的《田家五行》已有病虫害预报的内容，如“谷雨日雨，则鱼生，必主雨多，二麦红烂，不可食用”。农谚“天旱生蚜虫，潮湿生锈病”，“先涝后旱，蚂蚱成片”等都是病虫害气象预报的内容。现代农作物病虫气象预报始于20世纪50年代，《中国农报》1953年曾根据虫情调查和气象预报作出飞蝗发生趋势预报。50年代末，马世峻以降水量、温度、晴雨日数、湖水位及虫口基数为依据，提出了东亚飞蝗发生程度的预测。70年代以来，农作物病虫统计预报，在许多省、市、县的病虫预测中得到广泛应用。

我国农作物有害生物监测预报体系建设始于20世纪50年代，1956年底，建立了专业性测报站138个，群众性测报点1 890个；1978年，原农林部成立了农作物病虫预测预报总站，其后基本建成了国家、省、地、县级的全国农作物有害生物监测预报网体系；到2000年，全国共有专业性测报机构2 000余个，从事测报工作的专业技术人员8 300余人。1989—2002年，国家实施了农作物病虫预测预报网络体系建设项目。1998—2002年，国家实施了植物保护工程，加强了农作物病虫预测预报基础设施建设工作，建成了国家级农作物病虫区域性测报站500多个。

1955年中华人民共和国农业部颁布了《农作物病虫害预报方案》，并于20世纪50年代后期制订了马铃薯晚疫病、稻瘟病、小麦条锈病、东亚飞蝗、黏虫、棉花红铃虫和稻螟虫的测报办法。20世纪60年代以后，相继开展了病虫指标预测法、数理统计预测法和综合分析预测法等方法的研究，并在病虫预报中进行了应用。通过多年测报工作的实践和总结，对全国农作物主要病虫的测报办法进行了补充和修订，于1981年正式公布了《农作物主要病虫测报办法》。进入20世纪80年代，有关害虫生命表、产量损失、防治指标和预测模型的研究得到了加强；随着计算机技术的应用，数理统计模型比较多地应用于农作物病虫害预测预报中；80年代末开始，先后对小麦条锈病、稻瘟病、稻飞虱、棉铃虫、黏虫、稻纵卷叶螟、麦蚜、草地螟、白粉病等主要农作物病虫害的流行规律或迁飞路线进行了研究，并进行了病虫害的长期预测研究。90年代，随着棉铃虫的暴发成灾，重点加强了棉铃虫发生为害、迁飞规律等与气候条件关系的研究，并以此为基础建立预报模式，提高了预测预报的准确性。另外黏虫异地预测方法的研究与应用，草地螟发生规律和预测预报的研究，褐飞虱预测预报技术研究，棉花害虫测报标准、区划及应用，小麦白粉病中期测报研究等都不同程度考虑了气候条件的影响，促进了我国农作物病虫害预测预报研究向学科综合的方向发展。90年代末以来，随着农业新技术革命的到来和知识经济的发展，计算机技术、网络技术、地理信息系统、全球定位技术等高新技术在农业病虫害预测预报领域的大量应用，大力推进了农作物病虫可视化预报的进步和发展，也给农作物病虫害的预测预报带来新的发展机遇。

6.4.1.1 病虫害气象预测的类别

按预测内容可分为：①发生期预测。预测病虫的发生或为害时期；对迁飞性害虫，预测其迁出或迁入时期。②发生量预测。预测病虫的发生数量或田间虫口密度。③分布区预测（包括迁移、扩散预测）。预测病虫的分布区域或发生面积；对迁飞性害虫，预测其迁飞途径、方向和降落地区范围。对气流传播的病害，预测其传播的方向、区域等。④为害程度预测和损失估计。在发生期、发生量预测的基础上，根据作物生育状况等，进一步预测为害的轻重或造成损失的大小。

按预测时效可分为长期预测、中期预测和短期预测。①长期预测。时间尺度为病虫发生前半年以上。长期害虫预测一般指预测两个世代以后的虫情动态，通常由年初展望全年，或对一些生活史长、周期性发生的害虫，分析其在今后几年内的消长动态。长期病害预测一般指在作物生长季节开始前或开始时，分析当年或翌年病害发生发展情况。②中期预测。时间尺度为病虫发生前1～2个月以上。根据害虫前一代的发生情况，推测下一代虫期的发生动态，以指导防治措施。③短期预测。时间尺度为病虫发生前几天或十几天。短期虫害预测是根据虫期的发生情况，推测后一虫期的发生时期和数量；短期病害预测一般指作物生长期内病害发生、发展和流行情况的预报，以确定防治措施与适宜时期。中、短期预测是根据长期趋势预测，结合当地观察情况进行校正后发出的预报。依预报的性质，可分为通报、补报、警报及特殊报等。通报即一般预报。补报属补充性质的预报，一般在发出病虫通报之后，还要根据实际情况的变化，发出一次或几次补充预报，其目的在于进一步准确地提供预报和指导防治。警报属紧急性质的预报，即当所预报的病虫情况已达到防治指标时，要立即发出警报，及时开展防治工作。特殊报即对新发现的病虫害或对某些病虫在发生消长中出现异常现象时发布的预报。病虫气象预测的地区范围可以是一县、一地区、一省及病虫发生区。

6.4.1.2 病虫害气象预测的方法

我国农作物病虫害气象预测的方法，大致可分为三类：生物学预测法、数理统计预测法、综合集成预测法。

（1）生物学预测法。基于农作物病虫害的自身发育规律，利用与农作物病虫害发生有关的某种气象因子或物候现象作为依据或指标，推测寄生物的发生期或发生程度，主要包括物候预测、指标预测及发育进度预测。相关的预测大多为定性的描述，且适用的范围较小。

①物候预测法，是通过实践中长期观察、经验积累，找出与病虫害发生流行相关的某种现象作为预测依据。物候预测法反映了各种气象要素、环境条件的综合影响。此法主要对病虫发生期进行预测，它的模型表达通常是以文字描述来实现，如河南省方城县的“榆钱落，幼虫多，桃花红一片，发蛾到高峰”。

②指标预测法，是利用农作物病虫害发生流行需要的气象指标、菌量指标、寄主的抗性指标等，预测病虫害的发生期和发生程度。如桑树褐斑病，在桑树叶出现小水渍样暗色病斑时，当天气高温多湿、连日阴雨、相对湿度在75%以上，桑树褐斑病将加剧发生。5 月气温在 15 ℃以上、相对湿度在60%以上，6 月气温在 20 ℃以上、相对湿度在 70%以上，7—8 月气温在19 ℃以上、相对湿度在 80%以上，病菌繁殖加快，将导致病害暴发。

③发育进度预测法，是根据作物的生育期和有害生物为害期的关联性进行预测。如预测害虫发生期，可根据害虫田间发育进度的观测结果，参考当时气温预测，加上相应的虫态历期，推算以后虫期的发生期。用这种方法进行短期预测，准确性较高，在我国已成为稻螟、棉红铃虫等许多重要粮棉害虫群众性测报的最基本方法。

（2）数理统计预测法。通过筛选出对病虫发生期、发生量、为害程度等起主导作用的气象因子，建立预测模式进行预测。目前大约 300 多种预测方法中，绝大多数属于统计预测；并为世界许多国家所广泛采用。按预测模型的建模方法，统计预测大致可归为三大类：一是专家调查法，如德尔菲调查法；二是因果关系分析法，如相关分析、回归分析、相似分析、判别分析、模糊分析、聚类分析、星座图聚类等；三是时间序列分析法，如自回归滑动平均、指数平滑、方差分析、周期外推、灰色拓扑预测等。按预测模型建模所用资料是否具有物理生物学意义可分为：遥相关统计预测，气象因子相关统计预测，自相关统计预测，综合因子相关统计预测。预测对象主要有：害虫各生育期的发生量（卵量、幼虫量、成虫量）、害虫各生育阶段的发生期（卵期、幼虫或若虫期、蛹期、成虫期）、害虫行为期（孵化期、迁飞期、降落期、萌动期)、病害的发生程度(发病指数、发病率、发病速率、发病面积、为害等级)、病害的发生期(初期、盛期)。预测涉及的农作物主要有:稻、麦、棉、旱粮、油料、蔬菜、麻、桑、糖料作物、烟草、果树、牧草等。20世纪70年代前,统计预测多以发生期、发生程度的短期预报为主,仅对部分病虫试作中、长期预报。20世纪80年代以来,加强了对长期预报的研究和探索,并对主要农作物病虫害的发生进行了长期预测。

(3)综合集成预测法。是将各子模型的预测结果进行综合集成,建立一个系统的模型。各种农作物病虫害预测的专家系统都应属此类。

如在滑动相关普查的基础上,对江苏省油菜菌核病分别建立以气象、海温和环流资料为预测因子的油菜菌核病病情指数预报子模式。对各子模式采用平均、加权、回归和人工神经网络(ANN)方法进行综合集成。综合集成模式提高了历史样本的拟合精度和独立样本试报的准确性,特别是人工神经网络集成模式的效果更理想。

海温子模式:$$Y_1=1.0261X_{11}+1.0366X_{12}-1.3552X_{13}-135.4310 \tag{6.1}$$

环流子模式:$$Y_2=-0.0009X_{21}{}^2+0.0502X_{22}{}^2-0.0099X_{23}{}^2+38.3008 \tag{6.2}$$

气象子模式:$$Y_3=18.0082\ln(X_{31}+100)-\frac{3491.8894}{X_{32}+100}-0.0002X_{33}{}^2-37.1896 \tag{6.3}$$

式中Y为病情指数(下同)。

综合模式:①平均值集成模式:$Y=\frac{Y_1+Y_2+Y_3}{3}$

②加权集成模式:$Y=(R_1Y_1+R_2Y_2+R_3Y_3)(R_1+R_2+R_3)$

③回归集成模式:$Y=a_1Y_1+a_2Y_2+a_3Y_3+a_0$

式中R代表权重;a_0,a_1,a_2,a_3为以子模式的预报值为预报因子,病情指数的实际值为预报量建立的多元回归模型的系数。

(4)人工神经网络(ANN)集成模式。该方法进行集成建模,运用的是一个三层的人工神经网络前馈网络模型。该模型包括一个输入层和一个输出层,其中间为一个隐含层。以三个子预报模式的历史拟合样本作为神经网络集成模式学习矩阵输入,相应的预报量序列作为学习矩阵的期望输出,采用误差反传算法,通过调整网络模型输入层与隐含层及隐含层与输出层之间的各连接权系数和阈值进行不断训练以获得模型的参数。

经1998和1999年独立样本试报检验,集成模式对独立样本的预报能力明显优于子模式。三个子模式不仅2年的平均绝对百分比误差达到了

26.3%～32.0%，而且预报效果在不同的年份波动较大。综合集成预报模式减小了预报误差，4 个集成模式 2 年的平均绝对百分比误差为 12.1%～23.1%，特别是人工神经网络（ANN）集成模式 1998 和 1999 年的误差分别为 10.6%和 13.5%，在所有的模式中预报误差最小，也最为稳定。

6.4.1.3 病虫害气象预测的因子

（1）气象因子。包括影响病虫发生发展以及未来天气演变趋势的主要气象因子，如气温、地温、雨量、雨日、雨期、湿度、露、雾、日照、风向、风速、气压、环流因子、海温等。

（2）病虫因子。包括虫源基数、菌源量、发育进度等。

（3）生物因子。包括寄主植物及天敌等。

6.4.2 水稻稻飞虱

以全国稻飞虱发生面积率为预报对象，以 74 项大气环流特征量、地面气象因子为预报因子；采用相关分析法，筛选与全国稻飞虱发生面积率相关显著的环流特征因子、地面气象因子，分别构建基于环流特征因子、地面气象因子、环流与地面综合因子的逐月全国稻飞虱发生面积率预报模式，可实现月、季、年尺度的全国稻飞虱发生面积率预报。

6.4.2.1 资料选择与处理

（1）地面气象代表站点选择。依据我国稻飞虱的发生分布，结合 2000—2002 年稻飞虱分省发生面积占全国发生面积的比例（图 6.3）进行确定。由图 6.3 可以看出，稻飞虱主要发生在江南、华南、江淮、江汉等稻区。其中湖南省稻飞虱发生面积最大，位居分省发生面积占全国发生面积的比例之首；其次是江苏，发生面积占全国发生面积的 17%；第三是浙江，发生面积占全国发生面积的 12%；广东、广西、江西、湖北、安徽、贵州、云南、重庆、上海等省（区、市）发生面积比例在 2%～10%之间，上述省份合计稻飞虱发生面积占全国的 96.5%；其余产稻省份稻飞虱发生的面积很小，比例不足全国的 4%。因此，在地面气象代表站点选取时，依据各省份稻飞虱发生的面积权重，在稻飞虱主要发生区选取 42 个站点，生成逐旬的稻区平均气温、降水量和日照时数值序列。

（2）因子时段组合。我国水稻一般最早于 1 月份播种，最晚于 11 月上旬以后收获。基于稻飞虱发生的时间特征及预测结果的时效性，对 74 项大气环流特征量的逐月值，从上年 1 月至当年预报月份，依次连续按照 1 个月、2 个月、3 个月、4 个月、……、n 个月进行所有时段组合（n 为预报制作的前一月)；对地面平均气温、降水量、日照时数的逐旬值，从当年1月上旬至11月下旬，按与大气环流特征量同样的方法进行时段组合，分别计算不同时段的历年平均值和距平值。以字母s表示上年，字母d表示当年，数字表示开始或结束月份，如s5s12表示上年5月至上年12月，s9d3表示上年9月至当年3月。

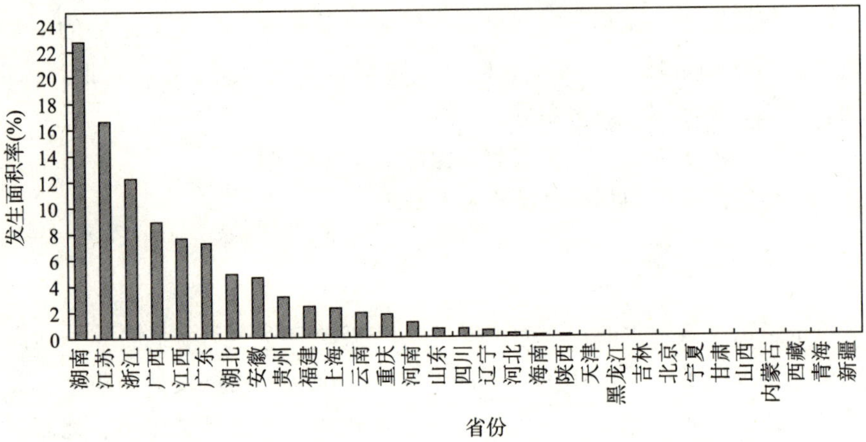

图6.3 2000—2002年稻飞虱分省发生面积占全国发生面积的比例

(3) 关键因子筛选。采用相关分析法，筛选与全国稻飞虱发生面积率相关显著的环流特征因子、地面气象因子及其时段。筛选原则如下：只选取通过0.001水平显著性检验的因子及其时段组合；同一因子有多个时段通过0.001水平显著性检验时，取相关系数最大、独立性最好的时段。据此，筛选出与全国稻飞虱发生面积率相关显著的环流特征因子58个、地面气象因子307个，将筛选出的因子及其时段定为关键因子，作为预测模型建模的备选因子。

(4) 全国稻飞虱发生面积率分级。以1961—2004年全国稻飞虱发生面积率的平均值（34%）为参照值，取参照值上下波动的80%确定等级间隔。将全国稻飞虱发生面积率级别分为：<7%，定为轻发生年；7%～34%，定为偏轻发生年；34%～61%，定为偏重发生年；>61%，定为重发生年。

6.4.2.2 全国稻飞虱发生面积率等级气象指标

依据全国稻飞虱发生面积率的分级，分别计算58个关键环流特征因子、307个关键地面气象因子相应级别的平均值。在此基础上进行全国稻飞虱发生面积率等级气象指标的确定，遵循的原则如下：中选指标能较好地表达级别间的差异，即正效应因子级别指标应遵循轻≤偏轻<偏重≤重，负效应因子级别指标应遵循轻≥偏轻>偏重≥重。据此，分别建立基于环流特征因子、地面气象因子的全国稻飞虱发生面积率等级气象指标（表6.4）。

表 6.4 基于环流特征因子、地面气象因子的全国稻飞虱发生面积率等级气象指标

因子类别	因子名称	编号	轻	偏轻	偏重	重
环流特征因子	当年 4—8 月亚洲区极涡强度指数	51d4d8	38	36	34	32
	当年 4—8 月北半球极涡强度指数	55d4d8	158	153	146	139
	上年 12 月至当年 2 月东亚槽位置	65s12d2	142	143	146	148
	上年 10 月西太平洋副高面积指数	5s10	12	17	22	23
	上年 10 月至当年 5 月西太平洋副高强度指数	16s10d5	15	16	27	28
	上年 7—9 月南海副高脊线	31s7s9	25	23	21	14
地面气象因子	当年 1 月上旬至 6 月中旬稻区平均温度（℃）	$T_{1上6中}$	14.2	14.0	14.6	15.0
	当年 3 月中旬至 9 月上旬稻区日照时数（h）	$S_{3中9上}$	1 132	1 045	948	939
	当年 1 月上旬至 3 月下旬稻区降水量（mm）	$P_{1上3下}$	180	202	256	250

表 6.4 较好地反映了轻、重等级之间的差异。其中，当年 4—8 月亚洲区和北半球极涡强度指数、上年 12 月至当年 2 月东亚槽位置、上年 10 月西太平洋副高面积指数、上年 10 月至当年 5 月西太平洋副高强度指数、上年 7—9 月南海副高脊线 6 个环流特征因子指标以及稻区日照时数指标，明显表达了全国稻飞虱发生面积率不同发生等级间的差异。

6.4.2.3 全国稻飞虱发生面积率气象预测

利用长年代全国稻飞虱发生面积率及其对应的关键环流特征因子、地面气象因子序列，以当年全国稻飞虱发生面积率为预测目标，分别以上年 1 月至当年 8 月的关键环流特征因子和上年全国稻飞虱发生面积率、当年 1—8 月的关键地面气象因子和上年全国稻飞虱发生面积率、环流与地面综合因子为预测因子，以我国稻飞虱主要发生时段 3—9 月为预报时段，分别建立基于环流特征因子、地面气象因子、环流与地面综合因子的逐月全国稻飞虱发生面积率预报模式，以不参与建模的 2004 年的实际资料进行预测效果检验。

（1）基于环流特征因子的全国稻飞虱发生面积率预测。基于 1961—2003 年的关键环流特征因子和全国稻飞虱发生面积率，建立了 3—9 月逐月全国稻飞虱发生面积率预报模式（表 6.5）。由表 6.5 可见，除当年 5 月初模式未引入新的关键环流因子外，其余各月预报模式均在上一个月的基础上引入了最新的关键环流因子，实现了模式动态更新和预报。经历史拟合检验和 2004 年外推预报实际检验，各月预报模式历史拟合准确率均在 85％以上，效果较好，

2004年3—9月各月的外推预报准确率均达到了90%以上。

表6.5　基于环流特征因子的全国稻飞虱发生面积率预测模式

预报制作时间	所用因子时段	预报模式	F	R	2004年预报精度（%）
当年3月初	上年1月至当年2月	$Y=-55.972-1.049X_{51s4s10}+0.746X_{65s12d2}+0.085X_{69s7s9}+0.756Y_s$	60.5	0.929 6	97.0
当年4月初	上年1月至当年3月	$Y=21.24-0.06X_{45s12d3}+0.12X_{69s7s9}-0.06X_{55s4s10}+0.85Y_s$	55.6	0.924 1	99.7
当年5月初	上年1月至当年3月	$Y=21.24-0.06X_{45s12d3}+0.12X_{69s7s9}-0.06X_{55s4s10}+0.85Y_s$	55.6	0.924 1	99.7
当年6月初	上年1月至当年5月	$Y=-52.682-1.065X_{51s4s10}+0.726X_{65s12d2}+0.051X_{69s7s9}+0.118X_{11s10d5}+0.749Y_s$	47.6	0.930 3	96.8
当年7月初	上年1月至当年6月	$Y=-55.562-1.049X_{51s4s10}+0.743X_{65s12d2}+0.095X_{69s7s9}+0.052X_{20s12d6}+0.768Y_s$	47.1	0.929 7	99.6
当年8月初	上年1月至当年7月	$Y=-37.822-0.931X_{51s4s10}+0.591X_{65s12d2}+0.025X_{69s7s9}+0.812X_{9d7}+0.748Y_s$	49.0	0.932 1	96.0
当年9月初	上年1月至当年8月	$Y=92.468-0.76X_{51s4s10}+0.416X_{69d7d8}-0.083X_{69s7s9}-1.557X_{51d4d8}+0.684Y_s$	59.0	0.942 6	90.1

注：X为环流特征因子，X下标的第1个数字为环流因子编号；Y_s为上年稻飞虱发生面积率；所有模式均通过了0.001水平的显著性检验。

（2）基于地面气象因子的全国稻飞虱发生面积率预测。基于1961—2003年的关键地面气象因子和全国稻飞虱发生面积率，建立了3—9月逐月全国稻飞虱发生面积率预报模式（表6.6）。逐月预报模式，经历史拟合检验和2004年外推预报实际检验，历史拟合准确率平均在85%以上，2004年的外推预报准确率均在89%以上。

表6.6　基于地面气象因子的全国稻飞虱发生面积率预测模式

预报制作时间	所用因子时段	预报模式	F	R	2004年预报精度（%）
当年3月上旬	1—2月	$Y=-4.429-0.046S_{1上1中}+0.198T_{1上2下}+0.853Y_s$	84.2	0.930 7	95.4
当年4月上旬	1—3月	$Y=-2.877-0.054S_{3中3下}-0.05S_{1上1中}+0.239T_{1上3上}+0.806Y_s$	65.0	0.934 0	95.6

续表

预报制作时间	所用因子时段	预报模式	F	R	2004 年预报精度（%）
当年 5 月上旬	1—4 月	$Y=-5.791-0.014S_{3中4上}-0.049S_{1上1中}+0.237T_{1上3上}+0.834Y_s$	63.6	0.932 8	95.4
当年 6 月上旬	1—5 月	$Y=-39.92+0.42T_{1上5下}-0.09S_{3中3下}+0.81Y_s$	00.9	0.932 7	97.5
当年 7 月上旬	1—6 月	$Y=-54.82-0.089S_{3中3下}+0.461T_{1中6中}+0.809Y_s$	86.5	0.932 4	96.8
当年 8 月上旬	1—7 月	$Y=-24.994-0.031S_{1上7下}+0.423T_{1中6中}+0.774Y_s$	91.5	0.935 7	89.5
当年 9 月上旬	1—8 月	$Y=-60.607+0.012P_{6上8下}+0.382T_{1中6中}+0.019P_{1上3下}+0.833Y_s$	62.3	0.931 5	92.3

注：T 为平均气温，P 为降水量，S 为日照时数，Y_s 为上年稻飞虱发生面积率，上、中、下分别为上旬、中旬、下旬；所有模式均通过了 0.001 水平的显著性检验

（3）基于环流与地面综合因子的全国稻飞虱发生面积率预测。基于 1971—2003 年的关键环流特征因子和地面气象因子，建立了 3—9 月逐月全国稻飞虱发生面积率预报模式（表 6.7）。由表 6.7，全国稻飞虱发生面积率主要取决于前期的亚洲区极涡强度指数、欧亚经向环流指数、东亚槽位置、印缅槽和地面气温、日照和温度等因子的变化。逐月预报模式，经历史拟合检验和 2004 年外推预报实际检验，历史拟合准确率平均在 85%以上，2004 年的外推预报准确率均在 87%以上。

综上，基于环流特征因子、地面气象因子、环流与地面综合因子的全国稻飞虱发生面积率预报模式，均可实现在 3—9 月的每月月初进行全国稻飞虱发生面积率的动态预报，历史拟合准确率平均在 85%以上，外推预报准确率均在 87%以上。从实际外推预报效果看，以基于环流特征因子的预测模型外推预报效果最好，其次为基于地面气象因子的预测模型。基于地面气象因子的预测模型，由于直接选取预报区域中影响稻飞虱灾变的光、温、水等要素为预报因子，物理和生物学意义较为明确；所需气象资料可以旬、候、天为单位实时获取，可将预报因子的选取扩展到作物收获前。而基于环流特征因子的预测模型，由于环流资料以月为单位，其预报因子的选取则至少要提前一个月甚至更长。因此，基于地面气象因子的预测模型具有更好的补充预报功能，便于在实际预报中应用。

表 6.7　基于环流与地面综合因子的全国稻飞虱发生面积率预测模式

预报制作时间	所用因子时段	预报模式	F	R	2004 年预报精度（%）
当年 3 月上旬	1—2 月	$Y=224.17-3.32X_{51s3s10}-0.15S_{1上1下}+0.42T_{1上2下}-1.36X_{62s7s9}$	12.3	0.793 0	87.6
当年 4 月上旬	1—3 月	$Y=-35.54+2.13X_{69s7s9}+0.38T_{1上3上}$	44.1	0.860 1	93.7
当年 5 月上旬	1—4 月	$Y=-135.39-3.58X_{51s4s10}+2.42X_{65s12d2}-0.14S_{3中4下}$	18.0	0.801 7	94.4
当年 6 月上旬	1—5 月	$Y=-41.89-1.08X_{62s7s9}+1.75X_{69s7s9}+0.70T_{1上5下}$	43.5	0.901 7	90.4
当年 7 月上旬	1—6 月	$Y=-126.63+1.82X_{69s7s9}+0.05P_{1上3下}+0.76T_{1上6下}$	35.1	0.882 1	91.4
当年 8 月上旬	1—7 月	$Y=-106.83+1.75X_{69s7s9}+1.445X_{9d7}+0.70T_{1上6下}$	35.0	0.881 6	88.0
当年 9 月上旬	1—8 月	$Y=55.48-1.18X_{62s7s9}+1.425X_{69s7s9}-2.02X_{51d4d8}+0.58T_{1上5下}$	47.8	0.931 8	92.3

注：T 为平均气温，P 为降水量，S 为日照时数，上、中、下分别为上旬、中旬、下旬；所有模式均通过了 0.001 水平的显著性检验

6.4.3　小麦白粉病

以全国小麦白粉病发生面积率为预报对象，以 74 项大气环流特征量、地面气象因子为预报因子；采用相关分析法，筛选与全国小麦白粉病发生面积率相关显著的环流特征因子、地面气象因子，分别构建基于环流特征因子、地面气象因子、环流与地面综合因子的逐月全国小麦白粉病发生面积率预报模式，可实现月、季、年尺度的全国小麦白粉病发生面积率预报。

6.4.3.1　资料选择与处理

（1）地面气象代表站点选择。依据我国小麦白粉病气候分区结果，在小麦白粉病常发区、易发区选取 24 个站点，站点分布覆盖黄淮、江淮、江汉北部、西北东南部、西南东部、华北麦区。生成逐旬的麦区平均气温、降水量和日照时数值。

（2）因子时段组合。我国冬小麦面积和总产量各约占全部小麦面积和总产量的 85%左右，考虑到小麦白粉病主要发生在冬麦区。对 74 项大气环流特征量的逐月值，从上年 1 月至当年预报月份，依次连续按照 1 个月、2 个月、

3 个月、4 个月、……、n 个月进行所有时段组合（n 为预报制作的前一月）；对地面平均气温、降水量、日照时数的逐旬值，从上年 10 月上旬至当年 6 月下旬，按与大气环流特征量同样的方法进行时段组合，分别计算不同时段的历年平均值和距平值。

（3）关键因子筛选。采用相关分析法，筛选与全国小麦白粉病发生面积率相关显著的环流特征因子、地面气象因子及其时段。筛选原则如下：只选取通过 0.001 水平显著性检验的因子及其时段组合；同一因子有多个时段通过 0.001 水平显著性检验时，取相关系数最大、独立性最好的时段。据此，筛选出与全国小麦白粉病发生面积率相关显著的环流特征因子 26 个、地面气象因子 380 个。将筛选出的因子及其时段定为关键因子，作为预测模型建模的备选因子。

（4）全国小麦白粉病发生面积率分级。以 1977—2005 年全国小麦白粉病发生面积率的平均值（20%）为参照值，取参照值上下波动的 80%确定等级间隔。将全国小麦白粉病发生面积率级别分为：＜4%，定为轻发生年；4%～20%，定为偏轻发生年；20%～36%，定为偏重发生年；＞36%，定为重发生年。

6.4.3.2 全国小麦白粉病发生面积率等级气象指标

依据全国小麦白粉病发生面积率的分级，分别计算 26 个关键环流特征因子、380 个关键地面气象因子相应级别的平均值。在此基础上进行全国小麦白粉病发生面积率等级气象指标的确定，遵循的原则如下：中选指标能较好地表达级别间的差异，即正效应因子级别指标应遵循轻≤偏轻＜偏重≤重，负效应因子级别指标应遵循轻≥偏轻＞偏重≥重。据此，分别建立基于环流特征因子、地面气象因子的全国小麦白粉病发生面积率等级气象指标（表 6.8）。

由表 6.8，基于环流特征因子、地面气象因子的全国小麦白粉病发生面积率等级气象指标，包括上年 1 月至当年 5 月北半球极涡面积指数、上年 2 月至当年 5 月亚洲区极涡面积指数、上年 7—10 月太平洋区极涡面积指数、上年 1 月至当年 5 月东亚槽强度、上年 5 月至当年 3 月西藏高原（30°～40°N，75°～105°E）指数 5 个环流特征因子指标，上年 10 月中旬至当年 5 月中旬麦区平均温度、上年 11 月下旬至当年 3 月中旬麦区降水量、上年 10 月上旬至当年 6 月下旬麦区日照时数 3 个地面气象因子指标，较好地表达了全国小麦白粉病不同发生面积率等级之间的差异。

表 6.8　基于环流特征因子、地面气象因子的全国小麦白粉病发生面积率等级气象指标

因子类别	因子名称	编号	轻	偏轻	偏重	重
环流特征因子	上年 2 月至当年 5 月亚洲区极涡面积指数	46s2d5	186	184	178	176
	上年 7—10 月太平洋区极涡面积指数	47s7s10	183	171	167	164
	上年 1 月至当年 5 月北半球极涡面积指数	50s1d5	733	726	705	692
	上年 1 月至当年 5 月东亚槽强度	66s1d5	304	306	308	317
	上年 5 月至当年 3 月西藏高原（30°～40°N，75°～105°E）指数	68s5d3	749	747	756	759
地面气象因子	上年 10 月中旬至当年 5 月中旬麦区平均温度（℃）	$T_{10中5中}$	8.8	9.0	9.6	9.7
	上年 11 月下旬至当年 3 月中旬麦区降水量（mm）	$P_{11下3中}$	70	76	100	119
	上年 10 月上旬至当年 6 月下旬麦区日照时数（h）	$S_{10上6下}$	1 436	1 368	1 306	1 241

6.4.3.3　全国小麦白粉病发生面积率气象预测

利用长年代全国小麦白粉病发生面积率及其对应的关键环流特征因子、地面气象因子序列，以当年全国小麦白粉病发生面积率为预测目标，分别以上年 1 月至当年 5 月的关键环流特征因子和上年全国小麦白粉病发生面积率、上年 10 月至当年 5 月的关键地面气象因子和上年全国小麦白粉病发生面积率、环流与地面综合因子和上年全国小麦白粉病发生面积率为预测因子，以上年 10 月至当年 6 月为预报时段，分别建立基于环流特征因子、地面气象因子、环流与地面综合因子的逐月全国小麦白粉病发生面积率预报模式，以不参与建模的 2005 年的实际资料进行预测效果检验。

（1）基于环流特征因子的全国小麦白粉病发生面积率预测。基于 1976—2004 年的关键环流特征因子和全国小麦白粉病发生面积率，建立了上年 10 月至当年 6 月逐月全国小麦白粉病发生面积率预报模式（表 6.9）。由表 6.9 可见，各月预报模式除上年 12 月至当年 2 月月初模式未引入新的关键环流因子，同上年 11 月初模式相同以外；其余预报模式均在上一个月的基础上引入了最新的关键环流因子，实现了模式的动态更新和预报。经历史拟合检验和 2005 年外推预报实际检验，各月预报模式历史拟合准确率在 85％以上，2005 年各月的外推预测准确率均达到了 91％以上。

表 6.9　基于环流特征因子的全国小麦白粉病发生面积率预测模式

预报制作时间	所用因子时段	预报模式	F	R	2005 年预报精度（%）
上年 10 月上旬	上年 1 月至上年 9 月	$Y=-136.81+2.06X_{8s6s8}+0.18X_{67s6s9}+0.56Y_s$	24.4	0.867 7	91.4
上年 11 月上旬	上年 1 月至上年 10 月	$Y=184.87-0.25X_{50s1s10}+0.50Y_s$	37.6	0.866 4	93.6
当年 3 月上旬	上年 1 月至当年 2 月	$Y=247.01-0.27X_{50s1s10}-0.94X_{64s6d2}+0.33Y_s$	34.8	0.901 8	93.8
当年 4 月上旬	上年 1 月至当年 3 月	$Y=88.56-0.67X_{64s6d3}-0.76X_{52s4s12}+0.58Y_s$	22.4	0.858 4	93.2
当年 5 月上旬	上年 1 月至当年 4 月	$Y=314.23-1.03X_{64s6d4}-0.34X_{50s1d4}+0.26Y_s$	41.6	0.919 5	96.4
当年 6 月上旬	上年 1 月至当年 5 月	$Y=328.7-1.17X_{64s6d5}-0.35X_{50s1d5}+0.24Y_s$	43.1	0.918 4	95.2

注：X 为环流特征因子，X 下标的第 1 个数字为环流因子编号，Y_s为上年小麦白粉病发生面积率；所有模式均通过了 0.001 水平的显著性检验

（2）基于地面气象因子的全国小麦白粉病发生面积率预测。基于 1976—2004 年的关键地面气象因子和全国小麦白粉病发生面积率，建立了 3—6 月逐月全国小麦白粉病发生面积率预报模式（表 6.10）。由表 6.10 可知，逐月预报模式，经历史拟合检验和 2005 年外推预报实际检验，历史拟合准确率平均在 85%以上，2005 年的外推预报准确率达 92%以上。

表 6.10　基于地面气象因子的全国小麦白粉病发生面积率预测模式

预报制作时间	所用因子时段	预报模式	F	R	2005 年预报精度（%）
当年 3 月上旬	上年 10 月至当年 2 月	$Y=5.12+0.57T_{10中2上}-0.06S_{10下2下}+0.58Y_s$	36.6	0.905 9	97.4
当年 4 月上旬	上年 10 月至当年 3 月	$Y=3.47+0.50T_{10下3下}-0.07S_{11下2中}+0.54Y_s$	29.7	0.887 5	92.3
当年 5 月上旬	上年 10 月至当年 4 月	$Y=-6.07+0.55T_{10下4下}-0.07S_{11下2中}+0.52Y_s$	29.5	0.887 0	99.9
当年 6 月上旬	上年 10 月至当年 5 月	$Y=-13.66+0.02T_{10下5下}-0.07S_{11下2中}+0.54Y_s$	26.6	0.876 6	98.2

注：T 为平均气温，S 为日照时数，Y_s为上年小麦白粉病发生面积率，上、中、下分别为上旬、中旬、下旬；所有模式均通过了 0.001 水平的显著性检验

（3）基于环流与地面综合因子的全国小麦白粉病发生面积率预测。基于1976—2004年的关键环流特征因子、地面气象因子和全国小麦白粉病发生面积率，建立了3—6月逐月全国小麦白粉病发生面积率预报模式（表6.11）。由表6.11可知，逐月预报模式，经历史拟合检验和2005年外推预报实际检验，历史拟合准确率平均在85%以上，2005年的外推预报准确率均达96%以上。

表6.11 基于环流与地面综合因子的全国小麦白粉病发生面积率预测模式

预报制作时间	所用因子时段	预报模式	F	R	2005年预报精度（%）
当年3月上旬	上年10月至当年2月	$Y=90.38-0.12X_{50s1s10}+0.48T_{10中2上}-0.05S_{10下3下}+0.48Y_s$	29.5	0.914 7	98.6
当年4月上旬	上年10月至当年3月	$Y=55.10-0.81X_{52s4s12}+0.43T_{10下3下}-0.07S_{11下2中}+0.47Y_s$	26.0	0.904 9	96.0
当年5月上旬	上年10月至当年4月	$Y=155.61-0.21X_{50s1d4}+0.35T_{10下4下}-0.06S_{11下2中}+0.39Y_s$	27.2	0.908 5	96.8
当年6月上旬	上年10月至当年5月	$Y=316.77-0.32X_{50s1d5}-1.13X_{64s6d5}-0.03S_{11下2中}+0.22Y_s$	34.1	0.925 1	100

注：T为平均气温，S为日照时数，Y_s为上年小麦白粉病发生面积率，上、中、下分别为上旬、中旬、下旬；所有模式均通过了0.001水平的显著性检验

综上，基于环流特征因子、地面气象因子、环流与地面综合因子的全国小麦白粉病发生面积率预报模式，均可实现年度、逐月的全国小麦白粉病发生面积率的动态预报，历史拟合准确率平均在85%以上，外推预报准确率均在91%以上。从实际外推预报效果看，以基于环流与地面综合因子的全国小麦白粉病发生面积率预报模型外推预报效果最好，其次为基于地面气象因子的预测模型。表明小麦白粉病的发生流行是适宜的大气环流背景、地面气象条件以及菌源量共同作用的结果。

6.4.4 玉米螟

6.4.4.1 资料选择与处理

（1）地面气象代表站点选择。东北地区是我国春玉米主产区，播种面积占全国玉米总播种面积的35%左右；华北地区是我国夏玉米主产区。二者的播种面积之和占全国玉米总播种面积的70%左右，也是玉米螟的主要发生区。因此，本文以东北地区、华北地区为主，兼顾其他玉米主产省份进行地面代

表站点的选取，包括春玉米代表站 18 个，夏玉米代表站 29 个。春玉米按播种—出苗、出苗—拔节、拔节—抽雄、抽雄—成熟，夏玉米按播种—出苗、出苗—抽雄、抽雄—成熟，进行生育时段划分，逐年逐站统计玉米不同生育时段的降水量、平均气温、≥0 ℃积温、≥10 ℃积温、平均极端最高气温、平均极端最低气温、平均相对湿度、日照时数、平均风速、平均气温日较差、温雨系数（降水量/平均气温），共 11 项。

（2）因子时段组合。对 74 项大气环流特征量的逐月值，从上年 1 月至当年 6 月，依次连续按照 1 个月、2 个月、3 个月、4 个月、……、18 个月进行所有时段组合，分别计算不同时段的历年平均值和距平值。

6.4.4.2 全国玉米螟发生面积率气象预测

（1）基于环流特征因子的全国玉米螟发生面积率预测模型。基于 1952—2003 年的全国玉米螟发生面积率距平和 74 项大气环流特征量的不同时段组合距平，采用相关分析法，筛选与全国玉米螟发生面积率距平相关显著的环流特征因子，选取通过 0.001 水平显著性检验的环流特征因子及其时段组合 626 个作为预测备选因子，以全国玉米螟发生面积率距平为预测目标，建立全国玉米螟发生面积率预测模型。

$$Y = 1.355e^{-4} - 1.342X_{30d4} + 3.208X_{24s6s7} + 0.395X_{10s8} - 1.602X_{30s4} - 0.535X_{49d1d5} + 0.831X_{48s8d3} - 0.668X_{48s5d6} + 1.552X_{43s1s4} - 0.515X_{43s3} + Y_0 \quad (6.4)$$

式中 Y_0 为 1952—2003 年全国玉米螟发生面积率的平均值，其他字母意义同前。

（2）基于地面气象因子的全国玉米螟发生面积率预测模型。以玉米播种—抽雄期为地面预报因子的选取时段，将春玉米分为播种—出苗、出苗—拔节、拔节—抽雄 3 个生育时段，夏玉米分为播种—出苗、出苗—抽雄 2 个生育时段。基于 1952—2003 年的全国玉米螟发生面积率距平和不同站点不同生育时段的地面气象因子距平，采用相关分析法，筛选与全国玉米螟发生面积率距平相关显著的站点、生育时段、地面气象因子组合，选取通过 0.01 水平显著性检验的组合 126 个作为预测备选因子，以全国玉米螟发生面积率距平为预测目标，建立全国玉米螟发生面积率预测模型。

$$Y = 2.642e^{-5} - 0.944X_1 - 0.310X_2 + 0.341X_3 - 0.471X_4 + 0.150X_5 + Y_0 \quad (6.5)$$

式中 X_1，X_2，X_3，X_4，X_5 为预报因子，代表各站点不同生育时段相应气象因子距平如表 6.12 所示。

表 6.12　基于地面气象因子的全国玉米螟发生面积率预测模型中预报因子代表意义

	站点	玉米生育期	气象因子距平	相关系数
X_1	北京	出苗—抽雄	平均相对湿度距平	−0.435 8
X_2	安庆	出苗—抽雄	平均气温日较差距平	−0.537 4
X_3	通化	播种—出苗	平均相对湿度距平	0.444 2
X_4	保定	出苗—抽雄	平均气温日较差距平	−0.511 9
X_5	海伦	出苗—拔节	平均最低气温距平	0.444 9

（3）两种模型的比较。比较基于环流特征因子、地面气象因子的全国玉米螟发生面积率预测模型（表 6.13）。由表 6.13 可知，2 种模型的复相关系数均在 0.86 以上。2004 年发病面积率外推预报准确率均在 88%以上，其中基于环流特征因子的预测模型的准确率达 99%以上，预测效果很好，可在生产中应用。

表 6.13　基于环流特征因子、地面气象因子的全国玉米螟发生面积率预测模型比较

模型	复相关系数（R）	2004 年预报准确率（%）
环流特征因子模型	0.942	99.28
地面气象因子模型	0.867	88.6

6.4.5　东亚飞蝗

6.4.5.1　基于海温的全国东亚飞蝗发生面积预测

基于 1951—1998 年 48 年的海温资料和全国东亚飞蝗发生面积资料，采用相关分析法，筛选与全国东亚飞蝗发生面积相关显著的海温场，选取通过 0.01 水平显著性检验的海温场 34 个作为预测备选因子，在 34 个海温相关场中，除少数几个相关场为正相关外，其他相关场均为负相关，其中尤以上年 5 月海表面平均温度与蝗虫发生面积相关最显著。以全国东亚飞蝗发生面积为预测目标，采用逐步回归方法，建立全国东亚飞蝗发生面积预测模型：

$$Y=822.76+0.006\,2X_1-341.18X_2-420.47X_3+7.73X_4 \quad (6.6)$$

式中 Y 为全国东亚飞蝗发生面积；X_1 为（−10°N，165°W）网格点上年 5 月海表面平均温度；X_2 为（−8°N，155°E）网格点上年 5 月海表面平均温度；X_3 为（−8°N，150°E）网格点上年 5 月海表面平均温度；X_4 为（−6°N，155°E）网格点上年 5 月海表面平均温度。

预测模型的复相关系数为 0.893 7，通过 0.01 置信度检验。用 1951—1998 年 48 年的海温资料进行拟合，经后验差检验，P（小误差概率）为

0.923，C（后验差比值）为0.311，模型检验结果为好。图6.4给出了基于海温的全国东亚飞蝗发生面积预测模式拟合值与实际值的比较，拟合效果较好。

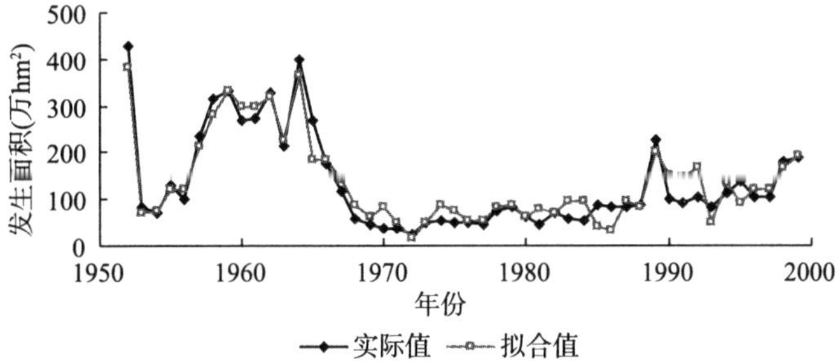

图6.4 基于海温的全国东亚飞蝗发生面积预测模式拟合值与实际值的比较

6.4.5.2 基于环流的全国东亚飞蝗发生面积预测

基于1952—1999年48年的74项大气环流特征量资料和全国东亚飞蝗发生面积资料，采用相关分析法，筛选与全国东亚飞蝗发生面积相关显著的环流特征因子，选取通过0.01水平显著性检验的环流特征因子40个作为预测备选因子，以全国东亚飞蝗发生面积为预测目标，采用逐步回归方法，建立了全国东亚飞蝗发生面积预测模型（表6.14）。

表6.14 基于环流的全国东亚飞蝗发生面积预测模型

编号	模型	R	F	Sig
1	$Y=-14\,948.5+89.694X_1+23.015X_2-33.166X_3+105.913X_4$	0.782	16.896	0
2	$Y=-11\,047.9+86.108X_1+15.219X_2-32.097X_3+121.979X_4+96.679X_5$	0.814	16.466	0
3	$Y=1\,396.847+91.833X_1-35.403X_3+137.423X_4+118.340X_5$	0.800	19.101	0
4	$Y=773.499+108.911X_1-36.137X_3+111.976X_4+115.203X_5+7.843X_6$	0.820	17.303	0

注：R为复相关系数；Sig为大于F值的概率，其显著性概率值均为0；方程通过0.05显著性水平检验

表6.14的模型中，Y为全国东亚飞蝗发生面积；X_1～X_6分别代表4月大西洋副高脊线、上年9月西藏高原指数、5月亚洲区极涡面积、3月大西洋副高北界、上年9月大西洋副高脊线以及亚洲3月纬向环流指数。分别采用模型4至模型7对1952—1999年全国东亚飞蝗发生面积进行拟合，效果均较好。图6.5给出了模型1拟合值与实际值的比较示例。表明4月大西洋副高

脊线、上年9月西藏高原指数、5月亚洲区极涡面积、3月大西洋副高北界、上年9月大西洋副高脊线以及亚洲3月纬向环流指数是影响我国东亚飞蝗发生的关键因素。

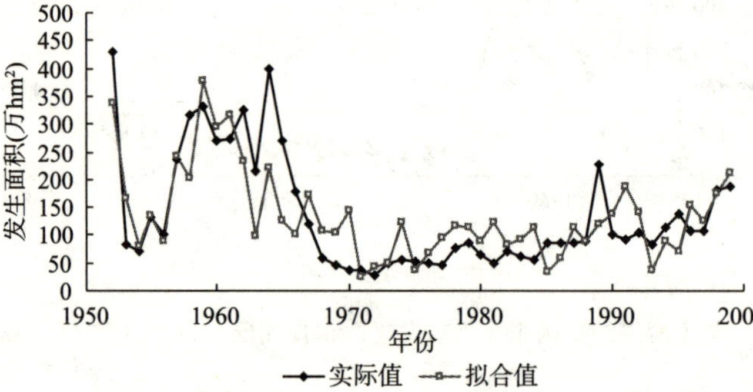

图6.5 模型1对全国东亚飞蝗发生面积的拟合值与实际值的比较

6.5 农业病虫害防治的气象服务

农业病虫害的发生、发展和流行须同时具备以下三个条件：有可供病虫滋生和食用的寄主植物；病虫本身处在对作物有危害能力的发育阶段；有使病虫进一步发展蔓延的适宜环境条件，其中气象条件是决定病虫害发生流行的关键因素。因此，为有效遏制近年来我国农作物病虫害危害日趋严重的态势，大幅度增强农作物重大病虫害的防灾减灾能力，实现综合治理和持续控制，首要问题是加强农作物重大病虫害发生流行的监测与预测，其中针对主导驱动农作物重大病虫害发生流行的天气气候条件，建立病虫害中长期气象预测预报的业务技术体系，通过提供及时、准确的预测预报服务，为有针对性地进行病虫害防治提供决策依据，有利于政府和相关生产部门提前对农业生产及病虫害防治进行全面的部署和安排，避免因病虫害来势猛、农药等物资不足而措手不及，最大限度地减轻病虫害对农业生产和生态安全的危害。

6.5.1 病虫害预测预报气象服务

目前全国农作物病虫害气象预测预报尚处于发展探索阶段，仅对少数农作物病虫害开展了准业务服务，从整体上看，尚未形成真正的业务服务能力。为尽快建成农作物病虫害气象预测预报业务服务体系，今后应以病虫害气象预测预报的应用基础研究和业务产品研发为重点，进一步加强我国主要农作物病虫害发生流行与气象条件、气候背景指示的关系研究，建立病虫害预测预报的气象指标体系；发展基于气象业务观测资料、大气环流特征量等大尺度因子的主要农作物病虫害中、长期预测预报技术；研发农作物重大病虫害年度发生流行趋势预测，以及基于农作物生育时段的发生区域、面积和程度的预测预报，以及农作物病虫害发生流行的气候影响评价等业务服务产品；开展相应的气象业务服务，重点做好农作物病虫害大发生年份的气象预测预报服务。

6.5.2 病虫害田间防治气象服务

目前农业病虫害防治的最主要手段是化学药剂的田间施用，田间防治作业期间的天气条件直接影响和决定着病虫害防治的质量和效果。由于影响化学药剂喷施、化学粉剂撒施防治病虫害，以及化学除草质量和效果的气象条件不同，因此，病虫害田间防治的气象服务，应重点做好防治天气适宜期和病虫害防治适期的气象要素预报，指导生产者有针对性地开展田间防治，以提高病虫害防效、降低生产成本。

（1）化学药剂喷施防治。影响化学药剂喷施防治病虫害质量和效果的主要气象因子是降水量。适宜喷药的天气是连续 2～3 天无降水；当日降水量为 0.5～1.0 mm 或其以上时，药效开始受影响；日降水量≥5.0 mm 时药效很差。

（2）化学粉剂撒施防治。影响化学粉剂撒施防治病虫害质量和效果的主要气象因子是降水量和风速。适宜撒药的天气是风速维持在 3～4 级，风向稳定，施药后有 1～3 mm 的降水量或夜间有较浓的露水；当日降水量≥15 mm 时药粉受雨水冲刷而降低药效；日降水量≥30 mm 时药粉受冲刷严重，药效极差。因此，撒药作业应注意利用短时小雨天气过程，或在下午到傍晚前后进行，以提高防治药效。

（3）旱地作物化学除草。影响旱地作物化学除草质量和效果的主要气象因子是土壤湿度、降水量、日照和温度。适宜化学除草的天气是：在外界气温较低时，宜选晴天，温度较高时段，温度过低（温度为 6～10 ℃或其以下）除草效果不佳；在外界气温较高时，宜选阴天或短时小雨天气；当土壤湿度为 25%～35%或其以上，可防止灼伤作物茎叶，提高除草效果；当出现≥3 天连晴天气，土壤板结，药剂因蒸发而影响除草效果；当日降水量≥15 mm 有径流时，除草效果也降低；连晴天气在 10 天以上或日降水量≥30 mm 时，除草效果不佳。

第7章

农业气象灾害的监测、预测与评估

7.1 农业气象灾害监测

7.1.1 农业气象灾害监测的目的和现状

我国是世界上受气象灾害影响最为严重的国家之一，气象灾害种类多，强度大，频率高，严重威胁人民生命财产安全，给社会和经济造成巨大损失。据统计，近年来我国每年因各种气象灾害造成的农作物受灾面积达 5 000 万 hm^2，影响人口达 4 亿人次、经济损失多达 2 000 多亿元。在气候变暖的背景下，极端气象事件明显增多，给农业生产造成的损失明显增大，对农业可持续发展和国家粮食安全构成严重威胁。因此，大力加强农业防灾减灾能力建设，建立农业气象灾害监测预警和服务体系，最大限度地减轻农业气象灾害的损失，对保障新农村建设、促进经济发展和社会进步具有十分深远而现实的意义。

对农业气象灾害进行监测，可以在灾害发生后的第一时间内了解各地所发生的灾害种类、时间、强度以及可能对农业生产造成的损失，并提供给各级政府和广大农民群众，为及时采取灾害防御措施，最大程度地减轻灾害损失赢得宝贵的时间。另一方面，也可以积累科学资料，为更好地揭示灾害规律、开展灾害预报打下重要的数据基础。

由于农业气象灾害的种类很多，危害的对象不尽相同，发生的时间和地区变化也很大，因此，必须建立一个覆盖全国范围的庞大、高效、科学、强有力的监测系统。这个系统既要有监测网络和信息传输系统，还要充分应用各种先进的监测技术。作为气象灾害的一部分，农业气象灾害的监测首先要依托于中国气象局的气象台站监测网络系统和信息网络系统。

7.1.1.1 中国气象局气象监测网络系统*

7.1.1.1.1 气象台站监测网络

中国气象局的气象台站监测网络系统是由“三站四网”组成的。

所谓“三站”是指国家气候观象台、国家气象观测站和区域气象观测站。国家气候观象台依据中国气候系统委员会关于中国气候观测系统的设计原则和确定的重点气候观测区，结合世界气象组织（WMO）对全球气候观测系统（GCOS）和区域气候站网选择的原则，在原有国家级观测站基础上择优选址确定。它是对地球气候系统多圈层及其相互作用开展长期、连续、立体和综合观测并开展资料分析、评估研究和提供服务的平台。国家气象观测站是国家获取基本气象观测资料的平台。其中国家气象观测一级站是国家气象观测骨干站，承担国家气象综合观测任务，为全国的天气预报和服务提供基本气象观测资料，并按要求承担全球资料交换任务；国家气象观测二级站是一级站的重要补充，承担国家基本气象观测任务和根据地方服务需要承担其他观测任务，观测资料全国交换。区域气象观测站则是根据中小尺度灾害性天气预警、大中城市、特殊地区和专属经济区的气象和环境预报服务的需要，在国家级观测站布局的基础上，根据当地经济社会发展需要而建设的观测站，它是国家观测站的重要补充。

所谓“四网”指国家气候监测网、国家天气观测网、国家专业气象观测网和区域气象观测网。其中国家气候监测网以国家气候观象台和卫星观测系统为主体组成，它负责提供高准确度、高可靠和稳定的基准气候观测产品，用于气候业务和气候变化研究，必要时可承担业务试验任务。国家天气观测网以国家气候观象台、国家气象观测站为主体组成，是国家天气观测的骨干网，包括了全部探空观测、天气雷达观测和气象卫星观测。主要是提供满足全国天气分析预报和数值模式预报需求的观测产品，也可提供气候预测业务所需的经过初步质量控制的观测产品。国家专业气象观测网是根据气象业务和服务需求构成的各种专业气象观（监、探）测网。目前主要有国家天气雷达观测网、大气成分观测网、生态与农业气象观测网、雷电探测网、空间天气监测网、水文气象观测网、海洋气象观测网、交通气象观测网、城市环境气象观测网、气候资源观测网、沙尘暴监测网、酸雨观测网、干旱监测网、风廓线雷达观测网、GPS/MET 观测网等 10 余种。区域气象观测网由区域内的国家气候观象台、国家气象观测站为骨架，结合本地区的区域气象观测站构成，是各区域、各省（区、市）地域内重要的区域气象综合观测网，其观

---

* 中国气象局网站，2007

测资料主要满足区域的需要，同时也是国家天气观测网的补充。区域气象观测网由各省（区、市）按照国家统一要求进行建设。此外，近年来我国大力加强地面自动网的建设。现在全国共有 19 956 个自动气象观测站，可以实现“分钟级”的观测。

7.1.1.1.2　气象信息网络系统

气象台站监测到的各种气象信息借助于通信网络系统进行传输。中国气象局信息网络系统是由国内气象通信系统、国际气象通信系统、同城用户服务网络系统、计算机网络系统、高性能计算机系统、气象资料存储检索系统和 Internet 接入与服务系统等综合构成的基础信息支撑平台。负责全国和全球地球环境观测资料与加工产品的实时收集、分发、处理、存档、管理和共享服务；负责为业务和科学研究提供计算资源服务与支撑；承担世界气象组织亚洲区域气象通信枢纽的任务；承担中国气象局气象档案馆以及世界数据中心气象学科中国中心的任务。

目前我国使用的国际气象通信系统是 2005 年投入业务化运行的第三代国际气象通信系统，它是中国气象局面向未来、适应 GTS（全球通信系统）发展计划而建成的新一代通信系统。国内气象通信系统包括 9210 工程建成的气象卫星通信系统和中国气象局全国宽带通信网络系统。9210 工程建成的系统是以 VSAT 卫星通信为主、地面通信为辅的计算机广域网系统、PCVSAT 气象数据单向广播接收系统和卫星话音系统，覆盖了全国地（市）级以上的气象部门。中国气象局全国宽带通信网络系统通过租用的中国电信 SDH 线路提供各级节点间的宽带网络连接，提供数据、音频和视频信息的综合传输，并完成网络监控、管理、安全和 QOS 保证等功能。中国气象局建立了气象资料存储检索与共享系统，完成对国家级实时业务系统、部门内各专业用户以及社会各界用户等各方面气象资料的管理和服务；同时提供用于数值预报业务和研究的高性能计算机群的存储空间管理服务。此外，中国气象局信息网络系统还有一个全国天气预报电视会商及电视会议系统，提供多点间的话音、图像、图形、文字和视频并存的多媒体实时天气预报会商，能方便、快捷地实现跨省、跨地区的气象信息特别是气象灾害信息的交流及预报员和专家对未来天气预报意见的会商。

7.1.1.1.3　气象卫星、天气雷达等高科技手段在气象监测中的应用

受空间分布密度和每日观测时次的限制，气象台站的监测信息仍难以捕捉到更加宏观、动态、及时的气象信息。气象卫星、天气雷达、计算机等高新技术在气象灾害信息监测中日益发挥着重要作用。

(1) 气象卫星。我国自 1988 年成功发射第一颗气象卫星以来，先后成功

发射了4颗极轨气象卫星和4颗静止气象卫星，是世界上同时拥有这两类气象卫星的三个国家之一。同时还建立了以接收风云卫星为主、兼收国外环境卫星的卫星地面接收和应用系统，在气象减灾防灾、国民经济和国防建设中发挥了显著作用。目前，我国的极轨气象卫星和静止气象卫星已经进入业务化，可以达到每15分钟获得一次全国性的卫星遥感图像。气象卫星已广泛应用于日常天气分析、火灾监测、干旱监测、台风监测、大雾监测、沙尘暴天气监测、积雪覆盖监测和植被监测。其中最近（2008年5月27日）发射的风云3号气象卫星属于新一代极轨气象卫星，可实现250 m空间分辨率资料的全球基本覆盖，将在促进国民经济发展、增强国家防灾减灾和应对气候变化方面发挥越来越重要的作用。

（2）新一代天气雷达网。新一代天气雷达网可以提高我国突发暴雨、沿海台风和大江大河强降水预警等灾害性天气预报的时效和准确率。我国已建成128个新一代天气雷达站，可以每6分钟观测一次天气，得到云雨内部结构。新一代天气雷达网的建设将在突发性灾害预警、防灾减灾气象服务建设中发挥重要的作用，同时对航空安全、军事活动、林业生态、水利水文、云水资源利用等也将产生显著的经济效益。

7.1.1.2　中国农业气象灾害监测状况

（1）农业气象灾害监测网络。农业气象灾害的监测是依托中国气象局的气象监测系统，在农业气象观测网内进行的，负责为包括农业气象灾害监测在内的农业气象信息提供大范围的实况监测数据。农业气象观测网的布局首先考虑气候差异，以国家气象观测台站网为基础，同时与全国大农业的分布一致，以农区为主，兼顾林区和牧区。农区中以粮食作物为主，适当考虑其他经济作物（太华杰等 1994）。目前全国共有农业气象观测站640个，其中，一级农业气象观测站400个，开展作物观测、土壤水分观测、自然物候观测和畜牧观测，还可根据本地区需求选择性地开展果树、林木、蔬菜、养殖渔业和农业小气候观测等任务，并进行农业气象灾害、病虫害调查等工作。二级农业气象观测站有240个左右，观测内容参照一级站观测内容，根据当地需求由省级气象部门确定。另外，还有68个农业气象试验站。所有的观测都严格按照《农业气象观测规范》的规定，在统一的时间，用统一的标准和统一的方法进行，以保证监测数据的准确性、实时性和可比性。农业气象灾害观测项目包括冻害、霜冻、低温冷害、高温、干旱、干热风、寒露风、冰雹等灾害发生时的作物植株受害部位与症状、受害程度（百分率）等。同时，还要遵循平行观测原则，进行气象要素观测。

全国约有土壤墒情观测站1 000个左右。近年来，干旱灾害频发，多数北方易旱省份增加了土壤墒情观测任务以满足对地方政府服务的需求。此外，自2005年起，全国布设了100个自动土壤水分观测站点，为干旱监测和决策服务提供了更加及时、丰富的资料。

(2) 农业气象信息传输系统。监测信息的快速传输是确保信息时效的关键环节。农业气象观测台站每旬（月）的1日、11日、21日03点之前，将上旬（月）采集的观测信息根据HD－03电码编报后加AB报类标志，通过国内气象通信系统发至本省、市、自治区气象台，供省级农业气象信息服务部门整理、分析，以及编制农业气象信息产品。同时，该报文由省级打包后转至中国气象局气象信息中心，进入数据库。国家级农业气象信息服务业务部门所在的国家气象中心可以直接调用上述信息，开展国家级农业气象信息服务。

随着计算机技术的发展，越来越多的气象和农业气象信息在气象系统内部方便、快捷地传输和共享，大大提高了各地进行气象和农业气象灾害信息服务的时效性。例如农业气象业务部门可以从“气象信息通信分析处理系统”(MICAPS) 获得更多的逐日气象和灾情信息；各级气象部门通过“全国气象情报与灾情信息网”及时上报当地的气象、农业气象灾害情况；气象系统内部NOTES网上的“全国气象业务服务信息系统”给各级气象部门提供及时、丰富的各种上报、下传的气象业务服务信息和产品。

7.1.2 利用灾害指标和实时气象资料进行农业气象灾害监测

由于农、林、牧、渔等要求的气象条件不尽相同，气候异常引起的灾害也是不同的。既有因温度过高或过低引起的高温热害、冻害、霜冻、低温冷害、寒害；也有因降水短缺或过多造成的旱灾、涝灾和渍害；还有几种不利气象条件形成的综合性农业气象灾害，如干热风、连阴雨。人们可以根据造成农业对象受灾、成灾的光照、温度、降水量等气象要素的阈值，确定和建立农业气象灾害指标。除了少数可以直接观测到的天气现象（冰雹、大风等)、植被表现（农作物受害、土壤干涸等）和仪器观测结果（土壤水分含量、干土层厚度）外，大多数农业气象灾害的监测是根据既定的农业气象灾害指标，结合观测到的实时气象数据来判断是否出现的。因此，准确的实时气象观测数据和迅速的气象信息传输网络是农业气象灾害监测的基础和保障，客观、定量的农业气象灾害指标则是农业气象灾害监测的前提和依据。

除了直接以光照、温度、降水量等气象要素的阈值及发生频率表示外，农业气象灾害指标还可以用其他物理量间接表示。例如，以反映土壤-植物-大气水分状况的农田土壤水分供需差值或比值（降水量与蒸散量、实际蒸散与潜在蒸散、相对蒸散）等来表征农业干旱程度，以不利气象条件引起的产量损失与光温生产潜力的比值等表示灾害强度。这些指标与农业对象的受灾机理联系更密切，因而物理意义和生物学意义更加明确。此外，也有用卫星遥感监测的物理量表示干旱、洪涝、雪灾、病虫害等。

长期以来，我国气象、农业、地理等部门开展了大量有关各种农业气象灾害指标的研究，为农业气象灾害监测奠定了重要基础和科学依据（张养才等 1991）。

7.1.3　应用卫星遥感技术进行农业气象灾害监测

卫星遥感是一种先进的资源和环境信息获取技术。由于其对地球宏观、综合、动态和快速监测的优势，在干旱、洪涝、森林火险等自然灾害的监测评估中得到了广泛的应用。特别是与计算机、网络技术、GIS 技术的结合更使遥感技术得以充分发挥出巨大的作用。

7.1.3.1　干旱遥感监测

干旱是我国农业生产的主要自然灾害，发生频率高、受害范围大、持续时间长、损失影响大，每年农田受旱面积占全部农业灾害面积的 62%以上。特别是我国北方地区水资源短缺，干旱威胁尤为严重，干旱成为北方农业生产中最主要的农业气象灾害，制约着该地区国民经济的发展。当前，气候变化背景下的极端气候事件发生频繁，干旱对农业生产的影响进一步加剧。国家各级政府决策机构和广大基层农民群众迫切需要及时掌握大范围农业干旱的分布实况，以便及时采取相应的防御对策。

农业干旱监测的一个重要内容是获取农田土壤水分含量。利用土钻取土称重计算土壤含水量的田间实测是最基本、最准确的手段。我国气象部门已经逐步建立起比较完善的土壤水分地面监测网。目前气象台站监测土壤水分仍以土钻取土称重法为主，近年来开始小范围推广中子仪法，并在全国布设了利用电磁技术的 TDR 和 FDR 自动土壤水分监测仪。但是田间实测费时、费力，而且测点少，代表性差，难以实现大面积旱情的实时动态监测。为解决这一问题，科学家从土壤水分平衡原理出发，建立土壤水分模型，估算区域尺度上的土壤含水量。但模型参数复杂，难以确定，且因影响土壤水分的因素较多，因而误差较大。20 世纪 60 年代末，随着科学技术的发展，通过测量土壤表面发射或反射的电磁能量遥感估测土壤湿度的方法应运而生，使大面积干旱（土壤湿度）实时或准实时动态监测成为可能。国内开展干旱遥感监测试验研究比国外大约晚 10 年以上。20 世纪 80 年代中期以来中国科学院、水利部、气象部门等科研、业务部门广泛开展了利用气象卫星 NOAA/

AVHRR资料遥感监测干旱技术的研究，取得了长足进步（田国良等 1992，肖乾广等 1994，张仁华 1991）。20世纪90年代后，土壤水分干旱遥感监测理论和应用研究进一步发展，在下垫面有植被和部分植被覆盖下的旱情遥感监测方面进行了大量深入研究。同时，利用静止气象卫星建立在地面能量和水平衡基础上监测干旱的工作也得到了发展。目前气象部门已初步建立了基于地面实测土壤水分资料和极轨气象卫星资料的气象卫星干旱遥感业务服务系统，针对裸露土壤、完全植被覆盖和部分植被覆盖等不同情况，分别采用热惯量法、距平植被指数法、供水植被指数法等方法进行评估，监测结果及时对外开展定期和不定期的干旱遥感监测服务。近年来，针对1999年发射的地球观测系统（EOS）的第一颗极地轨道环境遥感卫星 Terra（EOS－AM）载有的中分辨率成像光谱仪 MODIS 数据在波段设置和探测精度方面相对于 AVHRR 资料的优势，许多地方气象部门研究探讨建立基于 MODIS 资料的遥感干旱监测业务化模型和资料处理流程，并对实际发生的干旱过程进行了监测试验，结果表明在干旱面积估算精度和图像的可视化效果方面有了明显提高。在遥感干旱监测技术发展的同时，利用地理信息系统（GIS）、全球定位系统（GPS）支持遥感干旱解译已普遍展开，“3S”集成应用技术大大促进了干旱遥感监测精度的提高。

但是，作为世界性的难题之一，大范围农业干旱监测十分复杂，仍然存在许多有待继续深入的技术问题，如遥感监测土壤水分和旱情的植被覆盖和土壤类型影响问题、土壤水分与热惯量的关系模型的改进、遥感监测的最佳深度、遥感监测干旱时的风速影响、单时相遥感资料监测干旱方法、深层土壤水分监测方法等。同时，目前的干旱监测模型需要大量的实时地面资料支持，在实用性方面还有一定距离。从长远来说，遥感方法与其他方法的结合，定量化的机理性作物干旱监测模型的深化，高分辨率的新卫星发射升空，航空遥感监测资料和“3S”集成技术，土壤-作物-大气多圈层立体监测、多学科的综合将是实现及时、准确监测大范围干旱监测的主要途径。

7.1.3.2 洪涝遥感监测

我国国土辽阔，自然地理条件复杂，降水时空分布非常不均匀，因此洪涝灾害的发生十分频繁。我国的洪水主要是暴雨洪水。北方有春汛，主要由融雪融冰形成。南方从4月份进入汛期，分别受到副热带高压和台风影响，经常造成局部洪水，近年来还时常发生伴有泥石流的局地洪水。洪涝灾害的发生往往具有突发性特点，在较短的时间内给国民经济、人民生命财产安全和农业生产带来严重损失。传统的人工为主的气象信息采集手段已经很难满足防洪抗涝的需要。卫星遥感信息的覆盖范围大和时间周期较短对于洪涝灾害动态监测有特殊的优势和潜力。

目前，我国在水利部遥感技术应用中心和国家卫星气象中心分别建成了国家洪涝灾害遥感监测评估业务系统（路遥 2003）。水利部遥感技术应用中心主要利用航空或高分辨率卫星遥感监测，利用基于 GIS 的基础背景数据库对洪涝灾害进行评估。该系统可以在 12 个小时内提供各县的受淹面积、受淹耕地及居民地面积、专题图和统计表格。监测评估结果用到防洪减灾的第一线，直接向国务院办公厅和国家防汛抗旱总指挥部报告。国家卫星气象中心主要利用气象卫星和中分辨率的 EOS 序列环境卫星 MODIS 对洪涝灾害进行宏观和动态监测。系统能实时或准实时地获取气象卫星资料，完成洪涝灾害监测和粗评估产品处理，通过 Internet 网络和 VSAT 通信系统向有关部门和用户单位分发产品及提供服务。

魏成阶等（1998）介绍中国科学院遥感应用研究所等单位利用气象卫星、雷达卫星等获取的遥感资料，采用遥感技术、地理信息技术、计算机技术和网络通信技术等与地理学、水文学和气象学等基础学科相结合的手段，构建了我国洪涝灾害遥感监测评估系统，可以实现对我国 7 大水系的水文状况及洪涝灾情信息的快速、连续、实时地获取和动态变化的监测，并在资源环境数据库支持下对洪涝灾害的损失给出定位、定性、定量的评估，提出受灾地区的防洪减灾建议。

7.1.3.3 低温冷害、高温热害遥感监测

国内外关于利用遥感监测和评估低温冷害的研究尚不多见，主要集中在地表温度反演、作物种植面积及分布的确定、冷害监测以及灾损评估四个方面。例如，可以采用卫星遥感的热红外信息监测低温冷害的分布及低温的强度和路径；可以通过极轨气象卫星资料 AVHRR 反演高温信息，并建立地表高温与受高温干旱影响作物之间的关系，结合土地利用背景信息，推算耕地高温干旱面积。但是总体上说，利用遥感技术监测低温、高温灾害的技术尚不太成熟。另外，在反演温度的同时，更应关注低温、高温灾害对农作物植株生长和产量影响的遥感监测技术。

7.1.4 农业气象灾害监测服务系统

为了确保气象灾害和农业气象灾害的监测预报信息及时传递到各级防灾减灾决策部门，实现气象服务覆盖千家万户，为挽救生命、减轻农业损失争取更多的时间、提供更有效的手段，需要在气象部门建立建设具有农业气象灾害信息收集和分发双向功能的快速有效的农业气象灾害监测服务系统。

目前中国气象局和各省（区、市）气象局都已经建立了应用遥感、地理

信息系统、计算机、网络系统的农业气象灾害监测预警系统。国家气候中心的干旱监测系统根据实时气象资料，结合卫星资料和土壤湿度分布数据，进行全国各地逐日、逐月的干旱跟踪监测。干旱监测信息及时在网上发布，随时可以查阅。国家气象中心根据全国土壤湿度的分布及变化，结合农作物发育期对水分的要求进行农业干旱监测服务。浙江省农业气象灾害监测系统由实时数据网上传输、实时数据转译、旬数据查询、实时灾害检索、实时灾害查询、历史灾害查询、监测报告输出和报表打印等模块组成，操作简便，自动化程度高。上海地区农业气象灾害监测警示系统以实时气象数据为基础，根据农业气象灾害指标进行评判分析，在基于 Active 的 Web/GIS 平台展示农业气象灾害，并通过 Internet 网，提供多用户服务。安徽省气象局建立了包括干旱、洪涝及低温冷害的基本数据库、灾害监测评估模型和应急反应及决策服务系统，对干旱、洪涝、低温冷害三种灾害的发生发展及演变规律、发生区域、影响程度以及未来发展趋势进行模拟计算和评估，通过通信网络传输发布灾害信息。福建省气象局的“基于 GIS 的福建省气候监测与灾害预警系统”具有信息采集、空间数据、实时监测、灾害预警、存储与检索、交互与展示、统计与诊断、图形与分析等功能。广东省气象局基于 GIS 技术的广东荔枝寒害监测预警研究，采用基于 GIS 技术和气候学模型，融合土地利用、海拔高度、坡度、坡向等地理信息，对平均气温、最低气温资料进行较高空间分辨率的地理订正，结合冬季经济林果的生长发育状况和受害指标，实现对广东寒害发生发展及其强度、范围的实时动态监测和预警。吉林省气象局利用气象地面观测资料和气象卫星遥感监测资料与 GIS 技术结合，以地理信息系统软件 ArcGIS 8.3 为依托，建立了基于 GIS 的农业气象灾害监测系统。在监测不同灾害时，能根据监测区的特性将监测区设置成不同的分区，并针对每一分区确定监测指标，快速、准确地实现监测区内的农业气象灾害监测及等级划分。

经过多年的建设，目前我国基本建立了气象灾害综合监测预警发布系统，信息覆盖面逐步拓宽，每天超过 10 亿的社会公众通过各种方式接收到气象信息服务。有关农业气象灾害的监测信息还可以通过各地的农村信息网和各种服务材料及时发送到农民群众手中。为了解决气象防灾预警信息发布的“最后一公里”难题，让更多的受众及时获悉突发性气象灾害监测预警信息，一些地区的气象部门（如深圳市）进行了手机小区广播试点；河北、浙江等省开展农村专用气象预警信息发布系统试验，将为乡村气象信息员队伍配备卫星数字广播接收机。

7.2 农业气象灾害预报

我国地处季风气候区，天气气候条件年际变化很大，气象灾害发生频繁。同时，我国不少地区农业生产基础设施薄弱，抗御自然灾害能力很差。气象灾害的发生会导致作物减产，品质下降，并带来经济损失，对农业可持续发展和国家粮食安全构成威胁。因此，开展及时、准确的农业气象灾害预测，可以为科学安排农业生产，及时采取抗灾减灾防御措施提供科学依据，从而在一定程度上减轻灾害损失，保证农业生产持续稳定发展。这对于保障社会主义新农村建设，促进经济发展和社会进步具有深远而现实的意义。

农业气象灾害预报是一种专业性气象灾害预报。农业气象灾害和气象灾害不完全相同。除了气象要素本身的异常变化外，农业气象灾害的发生、程度、影响大小还与作物种类、所处发育阶段和生长状况、土壤水分以及管理措施等多种因素密切相关。气象灾害发生时并不一定形成农业气象灾害。因此，一般的气象灾害预报或灾害性天气预报不等于也不能完全替代农业气象灾害预报。农业气象灾害预报应当是未来天气气候和作物特性两个方面的结合，参照农业气象灾害指标，预报农业生物是否受到危害，危害的时间、程度以及可采取的防御措施。

20世纪70—80年代，气象部门曾对小麦干热风、东北低温冷害、水稻寒露风等农业气象灾害的指标、特征、受害机理及防御措施等开展了大量研究，并对一些灾害的长中短期预报方法进行了尝试，取得了很多成果（张养才等1991，王馥棠等1991）。近年来，由于防灾减灾和农业可持续发展的需求，农业气象灾害预报更加受到重视，一些新的预测方法不断产生，遥感、计算机和GIS技术以及数值天气预报、区域气候模式和农作物生长模拟等数值-动力模式技术开始引入，并逐渐进入业务应用试验，大大促进了农业气象灾害预报研究的深入和发展（王石立2005，王春乙等2005）。

7.2.1 农业气象灾害预报的基本方法

7.2.1.1 农业气象灾害统计预报

统计预报是运用概率论和数理统计方法分析预报对象（随机动态系统）的统计规律以及预报量和预报因子之间的数量关系，通过统计模型来预测预报对象未来可能的变化。常用的统计预报模型有时间序列模型、动态系统模型、多元回归模型、变量场预测模型等。近年出现的人工智能分支——神经网络方法也可用于预测。

农业气象灾害预报的对象（统计预报中的因变量）可以是符合农业气象灾害指标的气象要素本身或某一灾害性天气过程，例如表示受旱的小于一定临界值的某时段降水量、达到干热风指标的天气过程；也可以是从农业气象灾害指标推导出的物理量或数学表达式，如土壤含水量、相对蒸散比、反映作物不同发育阶段对三基点温度要求的热量指数等；还可以直接选择反映农业气象灾害损失或影响的数值，例如干旱强度、受灾面积等。

农业气象灾害统计预报的主要方法是在农业气象灾害指标基础上，应用常用的统计方法，建立相应的预报模型。

(1) 回归分析方法。回归分析方法是农业气象灾害预报中最常用的方法，在分析农业气象灾害和预报因子统计关系的基础上建立预报方程。预报因子可以是地面常规气象要素，也可以选择大气环流特征量、海温等宏观因子，还有的用前期物候现象如树木物候、作物发育期等预测未来的异常气候或农业气象灾害。建模方法包括多元回归、逐步回归等。吴洪颜等（2004）通过对太平洋海温与江苏省春季连阴雨的相关普查，挑选出敏感区域和关键月份作为预报因子，建立了江苏省各地区以海温作为预报因子的春季连阴雨回归预测模型。

除了多元回归外，聚类分析是多元分析的另一个分支。选择一个能反映对象之间亲疏关系的统计量，根据该统计量的大小形成分类系统。也有的预报采用判别分析，即根据事物和对象的性质或状态进行分类，对各类特征建立判别方程，确定判别阈值，以此对新的样本进行分辨，确定所属种类或级别。这些方法均可应用于农业气象灾害的发生与否、强度大小等的预报。例如东三省用5—9月≥10 ℃积温距平和作物产量年景指数判断划分低温冷害年型，采用回归分析、聚类分析、判别分析对冷害年的环流特征量进行分析，建立以环流特征量为因子的低温冷害预测模型（周立宏等 2001）。

农业气象预测大多是长期或超长期时效的预报，准确率的提高有相当难度。原因之一是所采用的预报信息（因子）范围窄，同时缺乏识别有效因子及综合运用的研究。针对这一问题，卢志光等（2000）建立了容纳大量、多种预报信息，具有快速处理因子与目标相关关系的能力的“多息农业气象预测系统”。将地面气象、高空环流、多区海温信息、天文信息等多方位与气象要素长期衍变有关的信息及农业气象指标形成序列，进行标准化处理。该方法还采用了鉴别预报因子间独立性的“协击”运算方法，运用独立性强的预报因子建立模型，较好地克服了一般统计预报的弱点。该系统在提高农业气象长期、超长期预报的准确率上有较大潜力。

随着灾害学理论和观点的发展，近年来有些农业气象灾害预报从农业气象灾害的致灾因子、孕灾环境和承灾体等多方面因素建立预报模型。例如降水、气温、风速是形成青海高原牧区积雪的气象因子，但是由于承灾体（畜牧业生产）的脆弱性，不同地区作为孕灾环境的自然、社会条件和人为活动的不同，会在一定程度上加剧或者减轻积雪的不利影响。因此，青海气象部门在开展青海高原牧区雪灾预报时对雪灾形成的致灾因子、孕灾环境和承灾体等要素逐一分层分析，明确各个影响因子的作用及其相互关系，建立起一个从降水、积雪、成灾到灾情评价的逐级判识模型，在地理信息背景数据库的支持下，从产生降水之后进行动态监测和动态预测、灾情评估。其中，第一级判识因子考虑积雪面积、积雪深度和积雪日数三个因子；第二级判识因子选择积雪到雪灾过程中的孕灾环境因素，包括牧草产量、牧草高度、畜群结构、受灾面积人均GDP、受灾草场面积等；第三级判识因子采用模糊数学模型，在地面气象网络上报的损失因子基础上，做出灾情等级、受灾程度的综合评估（周秉荣等 2006）。

（2）时间序列分析方法。除了寻找相关因子外，农业气象灾害预报还可以利用时间序列分析方法研究其自身随时间演变的规律，进行外推预报。通常采用线性回归模型来描述，如自回归模型、自回归滑动模型等。一般的线性回归模型只考虑历史资料平均情况，针对气象灾害的非线性和突变性特点，可以使用非线性的门限回归模型（TAR），杨晓华等（2002）在四川低温冷害时间序列预测中使用了这种方法。为了减小优选最佳参数过程中的计算量，还采用了一种基于加速遗传算法的简便、通用的方案，保证了模型预测性能的稳定性，提高了预测精度。

马尔可夫链、方差分析、周期叠加也是这类时间序列模型。例如取山西省吕梁市 1957—2000 年 44 年的霜冻初、终日期随机时间序列，将初、终霜出现日期各划分为 5 种状态，分析各随机时间序列状态之间的转换概率，结合各序列的初始分布，即可建立吕梁市霜冻初、终日期预报预测模型（申建华等 2006）。

值得一提的是目前气象统计预报研究中将回归分析和时间序列分析巧妙结合，建立起用多元分析手段解决时间周期序列预测问题的均生函数模型（魏凤英 1999）。一些地方的农业气象灾害预报也借用了这一方法。例如那家风（1998）在贵州水稻扬花期低温预报中将低温指数的时间序列生成均生函数，按 EOF 展开，筛选出 7 个周期对应的均生函数，建立起以周期为自变量的回归预测模型。对春旱、夏旱、倒春寒等农业生产气象灾害的预报研究进一步将多个均生函数值作为不同时间尺度的试验周期分量，利用逐步回归进一步筛选分量，建立起带周期分量的多元回归预测模型。

(3) 动态系统模型。灰色系统理论是系统论的一个分支，实质是对系统过去及目前表现出来的一些不完全的信息进行分析、处理，并建立预测模型。在气候突变预测、气象灾害预测中也有一定效用。它通常不是去预测数据本身的变化，而是预测异常值出现的时刻。例如喻彦等（2005）利用灰色系统理论，结合勐海县冬季极端最低气温历史资料，建立的勐海县冬季发生极端最低气温低于－1.4 ℃霜冻的预测模型，预报冬季强低温霜冻出现的年份。又如王玮明（1998）以甘肃历年农业气象灾害的受灾面积数据为样本，取定适宜阈值，建立 GM（1，1）模型群，求出各模型的响应函数。预测值取整得到的对应年份即为未来的灾变趋势预测。

此外，人工神经网络是一种基于生理学神经系统的理论抽象模型，其特点在于信息的分布式存储和并行协同处理，具有很强的自学习、自组织、自适应及容错性等特点。朱寿燕等（2004）应用人工神经网络的原理和方法，选取与马尾松毛虫发生量相关密切的 8 个气象因子作为样本的输入特征，建立了马尾松毛虫有虫面积与气象因子的 BP 网络模型。由于神经网络方法能够充分利用应变量与预报因子间相互关系的信息，所建模型的拟合精度和预测精度都较令人满意，稳定性较好。

7.2.1.2　农业气象灾害预报的动态机理模式

上述农业气象灾害统计预测模型往往缺少与作物生长过程和生理特性上的紧密联系，同时也存在数理统计模型所固有的不足之处。近年来逐渐发展了一种新型的将气候模式与农业气象模式、农作物生长模拟模式结合进行农业气象灾害预报的方法。同时，GIS 等新技术也已用于大范围、较高分辨率的农业气象灾害预报中。

7.2.1.2.1　气候模式与农业气象模式结合的农业气象灾害预报。

(1) 气候模式-农业气象模式集成的土壤水分预报和灌溉预报。这种做法是将区域气候模式与土壤水分模型相连接，根据气象要素的逐日预报值来预测 1 m 深土层的土壤含水量和作物临界土壤含水量，当前者小于后者时预报出现干旱，土壤含水量与灌溉量上限之差即为灌溉量预报值。随着预报时效的延伸，预报误差将会加大，这主要与降水量预报误差的加大有关（张光智等 2001）。

(2) 冬小麦干旱识别和预测模型。这一模型与上面的介绍相类似。将气候模式的逐旬气象要素预报结果输入土壤水分模式，模拟土壤水分和水分供需比的变化，以此为指标，按不同干旱等级进行干旱识别和预测。不同的是土壤水分平衡分量中考虑了因小麦根系生长进入根层的水量。作物潜在蒸散量的计算考虑到叶面积，叶面积的模拟又依赖于对作物发育期的模拟（赵艳霞等 2001)。

7.2.1.2.2　基于作物生长模型的农业气象灾害动态机理模式预报

近年来国内在农业气象灾害预报中首次引进作物生长动力模拟模型，通过解决作物生长模型区域化、区域气候模式与作物生长模型嵌套等关键技术，形成了作物生长模拟模型与区域气候模式相结合的新一代农业气象灾害动态监测预警技术（王石立 2005)。作物生长动力模拟模型是一种机理性的面向生长过程的数学模型，它从系统科学的观点出发，遵循农业生态系统物质平衡和能量守恒及物质能量转换原理，以光、温、水、土壤等条件为环境驱动变量，运用数学物理方法和计算机技术，对作物生育期内光合、呼吸、蒸腾等重要生理生态过程及其与气象、土壤等环境条件的关系进行逐日数值模拟。从长远看，这种模型引入农业气象灾害预报必将大大提高农业气象学科的理论水平。

(1) 应用小麦生长模式的华北小麦干旱预报。在小麦生长模型模拟光合、蒸腾等过程的基础上，提出以 1 与相对蒸腾比之差的累积值表示的农业干旱胁迫指数及农业干旱预警指数的概念，建立了具有明确生物学意义的华北冬小麦干旱预测模式（刘建栋等 2003)。

(2) 应用玉米生长模式的东北玉米低温冷害预报。东北玉米冷害主要是由于生育期内热量不足，发育期延迟，导致无法正常成熟，造成减产。东北玉米模式建立了以日最高气温、日最低气温为因子的修正热量单位发育模型，并依据品种熟性，对作物参数进行了区域划分，确定了以抽雄期延迟天数、抽雄后热量条件及储存器官干重变化为低温冷害发生及等级的动态综合指标。以此模式和指标模拟了典型冷害年 0.25°×0.25°网格点的玉米生长发育状况和低温冷害的空间分布，与历史事实非常一致。只要有区域气候模式输出的当年 4 和 5 月网格点逐日气象要素预报值，结合 6 月以后历史平均逐日气象要素，输入区域玉米模型即可做出冷害发生与否预报。此后，还可结合实况资料继续滚动预报（刘布春等 2003)。

(3) 基于小麦油菜生长模式的江淮渍害预警。江淮地区秋季和春季时常多雨，形成渍害，对小麦、油菜生长影响很大。利用小麦生长模式，结合渍水及持续时间对小麦光合作用速率、干物质分配、叶片衰老影响的模拟，再根据区域气候模式输出结果或天气实况与天气预报，即可得到过量土壤水影响小麦产量的程度，进而做出江淮小麦渍害预警（石春林等 2003)，油菜渍害预警方法与此类似（刘洪等 2005)。

7.2.1.2.3　应用 GIS 技术的农业气象灾害预警

气象灾害发生及影响程度的空间变化很大，使用部门往往需要更具体、更有针对性的预报，这一需求促进了应用GIS技术提供分辨率更高的农业气象灾害预报的研究。

针对广东北部山区地形复杂的情况，在广东香蕉荔枝寒害的中短期预报研究中王春林等（2003）根据T213数值预报产品，引进综合因子，建立了MOS预报方程，实时制作广东86个地面站未来24，48和72小时的平均气温和极端最低气温预报。应用GIS技术，对温度预报值进行经度、纬度、海拔高度以及坡度、坡向的多次地理订正，得到0.5°×0.5°格点上的温度预报值。在此基础上，根据香蕉、荔枝的寒害指标，计算并预测格点的可能寒害等级。再将香蕉或荔枝种植分布图与寒害可能分布图相嵌套，结合行政边界等地理辅助信息，绘制出香蕉或荔枝寒害预报分布图。由于应用GIS技术，考虑到地形、地貌影响导致温度的再分配，使预测结果图直观、细致，对生产有很强的实际指导意义。

7.2.2 主要农业气象灾害的预警预报

7.2.2.1 农业干旱的预警预报

我国是典型的季风气候国家，冬季风时期干旱少雨，夏季风时期湿润多雨。每年夏季风的强弱和来临的早晚影响着各地雨季的迟早和长短、雨量的多少和雨区的范围，降水量的季节分配存在明显的地区差异，造成各地不同时期的干旱或洪涝渍害频繁。随着干旱的频次和强度的加大，干旱已成为社会、经济，特别是农业可持续发展的严重制约因素。我国明确提出要建立健全包括干旱灾害在内的灾害预警体系，以提高保障公共安全和应对突发事件的能力。中国气象局每天、每周、每旬发布干旱综合监测公报，农业、水利等部门也开展了各类干旱监测预测工作。

由于学科性质、研究对象、形成原因以及使用指标的不同，干旱可以分为气象干旱、农业干旱和水文干旱等自然因素形成的干旱以及自然因素和社会因素共同形成的社会经济干旱。表示干旱的指标有很多，使用较多的有降水距平百分率、标准降水指数、帕默尔干旱指数、作物湿润指数、农业受旱率(作物受旱总面积/播种总面积)、日径流量图、地表供水指数、土壤含水量等。

农业干旱是指由于外界环境因素造成作物体内水分失去平衡，发生水分亏缺，影响作物正常生长发育，进而导致减产或失收的一种农业气象灾害。相对气象干旱而言，农业干旱有着更为复杂的发生和发展机理，它涉及与大气、作物以及土壤等有关的诸多因子。农业干旱的预报因此也更加复杂。目前的农业干旱预报除了直接的降水量预报外，更多的是土壤含水量预报和各种综合性干旱指标预报。

7.2.2.1.1　基于降水量的预报

降水是农田水分的主要来源，结合作物不同发育阶段对降水量的要求，直接预报降水量的多少，可以在一定程度上反映农业干旱情况。

例如，干旱严重的辽宁朝阳地区应用平稳时间序列模型方法预测年降水量，根据确定的指标，判断该年的干旱程度。吉林在确定的春旱降水量指标基础上，分析春旱降水的周期规律，研究春旱发生的大气环流分布特征和影响系统，建立春旱预报模型（迟道才等 2006）。

山西长治地区根据农作物生长规律，综合盛夏（7—8 月）大秋作物（玉米、谷子、高粱、大豆等）生长期内需水量、有效降水日数、降水量等因素，制定了当地盛夏农业干旱事件的标准，对其历史分布规律及特性进行分析。通过对西北太平洋海温、北半球极涡年平均强度、冬季气温等要素与历年干旱事件发生频率进行回归分析，采用最优子集回归法建立了干旱事件预测方程。在 40 年回代检验中，有无干旱事件的预测准确率为 85%，干旱事件发生的预测准确率为 80%（庞转棠等 2007）。

7.2.2.1.2　基于土壤含水量的预报

土壤水是作物供水的直接源泉，因此土壤水分含量通常用做农业干旱指标，土壤含水量的监测、预测也因此成为农业干旱预警预测的重要依据。基本方法是根据不同作物、同一作物不同发育期对水分亏缺的不同响应来定义农业干旱，确定指标，利用农田水量平衡关系估算和预报各时段末的土壤水分含量，进而预报农业干旱程度。

有的研究从农田土壤水分平衡方程出发，利用土壤水分观测资料，建立以时段初的计划土层含水量、降水和日照时数为预测因子的土壤水分统计学预测模型。也有的研究得到某时段降水量预报值后，结合当前农作物发育进程及需水状况、50 cm 土层平均土壤含水量，来预测未来时段末的土壤相对湿度值，进而根据一定指标确定干旱等级。

河南（厉玉升等 2005）建立的黄淮平原干旱预警系统从作物耕作层的土壤水分变化出发，进一步拓展数值预报产品的应用，将区域气候模式（RegCM2）与土壤水分模型相结合，由区域数值预报模式运算得到土壤水分模型需要的预报时段内的平均气温、降水量、日照时数、水汽压和风速等气象要素场逐日值，开展较大范围或单点的实时土壤水分预报和干旱预警服务。试运行结果表明，土壤水分预报的平均相对误差在 15%以下，可以较好地模拟出土壤水分变化。显然，土壤水分及干旱预报的精度与区域气候模式降水量的预报精度关系密切。但从整体上看，该系统能够较好地应用于区域尺度的土壤水分和农业干旱预测预报，并进一步为实现节水灌溉和提高水分利用率制定科学合理的指导方案。

7.2.2.1.3　基于作物水分供需状况的综合干旱指标的预报

农业干旱的发生是降水、土壤水分、作物品种、所处发育期等综合因素影响的结果，仅仅考虑降水量或土壤含水量指标忽视了作物生理生态过程对水分的需求及反应。在研究和应用实践中逐步发展了利用作物缺水指数、实际耗水量等考虑水分供需、作物响应的综合指标预报干旱。这种干旱指数多以作物生长期内某时段的有效降水量与同期农田蒸散量的比值表征水分供需状况，反映作物干旱程度。

7.2.2.1.4　考虑多种因素的干旱综合预警预报

从根本上来讲，大气降水是农业水资源的主要来源。因此，更全面、更完整的干旱监测预警，应以气象干旱指标为基础，结合农业干旱指标，综合评价某时段干旱发生的程度。例如陕西省的干旱综合评价预警是以降水均方差和气温均方差及其温度影响权重为气象干旱指标，以根据作物根系活动层内土壤水分平衡计算的供需比作为农业干旱指标，然后，以气象干旱指标与农业干旱指标乘以某系数之和组成综合干旱指标。该综合干旱指标反映了降水、气温对干旱的作用，消除了时空尺度变量的离散程度差异，考虑了气温对干旱发生的影响，同时还反映了土壤-植物-大气连续体中水分供需关系程度的变化。利用上述综合干旱指标和预警方法对典型年份干旱发生过程的分析评价和干旱起始日期、持续日数的计算结果，与按照中国气象局规定的土壤相对湿度干旱标准确定的干旱状况相比基本一致，对未来干旱发展趋势的预警方法也比较客观（景毅刚等 2004）。

山东的农田干旱预警考虑到农田评价受旱程度应该包括受旱强度、受旱面积、干旱持续时间三个因素的影响，提出农田干旱强度的概念：

$$\text{农田干旱强度}=\frac{\sum(\text{旬旱面积比例}\times\text{旬天数})}{\text{总天数}}$$

由于由上式计算得到的农田干旱强度是无量纲量，表征某地区某时段内持续受旱的农田面积占该地区耕地总面积的比例，因而对于不同地域和不同时段的旱情具有一定的可比性。分别对山东全省春旱、夏秋旱和年干旱强度与前期或同期降水量进行回归分析，建立干旱预警模型，可根据各地区前期降水量和预报值预测当地后期的干旱强度，及时为政府提供决策服务（陈艳春等 2005）。

随着对干旱预报服务需求的增加和计算机技术的迅速发展，各地气象部门陆续建立了更多综合多种类型、多种指标以及多种数学方法的干旱和农业干旱集成预报系统。

7.2.2.2　冷害、霜冻的预警预报

东北地区低温冷害指夏季持续低温导致作物不能正常生长，给农业生产造成严重损失。如果在播种前作出夏季低温预报，即可为选择适宜作物及品种提供根据，减轻灾害损失。因此防御低温冷害需要较准确的中长期温度趋势预报。多年来很多学者在东北区夏季低温冷害长期预报方面做了不少研究，重点是有关东北低温与大气环流、厄尔尼诺等关系的规律性研究。所用的指标多为4—9月平均气温、4—9月≥0 ℃积温等偏重于气候或农业气候意义的因子。近年来的研究除了侧重于定量的预报方程外，更多地探讨冷害指标及预测因子、预测时段划分的生物学意义。

例如郭建平等（2003）构造了一个由不同时段玉米生长发育所需下限、上限和适宜温度组成，真正反映温度对作物影响的玉米热量指数，具有较清晰的生物学意义。以此为冷害指标建立的以6个大气环流特征量为预报因子的各省预测模型及集成预报模型取得了较高准确率。进一步以热量指数划分热量年型，建立东北不同地区低温年和高温年的预测指标集，预测生长季热量状况。历史拟合度在97%以上，10年试报准确率在90%以上，预报时效长达半年多。

春季低温冷害是湖南早稻生产中的主要农业气象灾害之一，在有倒春寒或5月低温的年份常常可能导致早稻大面积减产。湖南的春季低温冷害预测研究在分析其影响成因的基础上，从大气环流变化、前期秋冬季天气气候特征、太阳黑子变化特征等方面选取预报因子，进行优化组合，建立了预报因子库和预报规则库。还从气候背景影响因子角度出发，统计分析了赤道东太平洋海温异常、冬季青藏高原积雪异常对春季低温冷害的影响，作为参考补充纳入春季低温冷害预报中应用。近40 a的历史回报及试报效果均较好（李耨周等 2004）。

北京郊区位于北方冬麦区的最冷边缘，虽然种植强冬性品种，但冻害仍常有发生。冬小麦冻害是多因素综合作用的结果，从入冬停止生长到返青后期长达数月，因此，对冻害仅进行一次预报显然是不够的。研究人员采用运筹学决策树方法，通过归纳冬小麦各生育阶段各种因素的综合影响，建立了冬小麦冻害预报系统。系统包括品种、播种、冬前条件、越冬条件、早春条件5个层次，先按品种、播种条件及冬前条件的综合影响确定麦苗抗寒锻炼情况，即抗寒力；然后根据越冬条件预测麦苗越冬期间的冻伤程度；再按早春条件预报冻害程度。预测结果均以5个等级描述。除播种质量外，其他层次的各级指标均以气象因子表示。系统还按照预测的冻害级别给出不同时段冻害预防的补救措施和建议，具有较高的应用价值（巴特尔

等 2006)。

随着北方日光温室的迅速发展，日光温室农业气象灾害的预报及服务正逐步开展。分析冬季强低温天气的发生规律，准确预报其发生强度和时间，对防灾减灾具有重要意义。陕西在延安地区温室内外温度对比观测基础上，确定−20 ℃为日光温室冬季冻害的强低温天气标准。进一步分析得到“横槽东摆型”是当地低温冻害的主要环流形势，并确定了出现低温天气的预报指标。在具体的日光温室冬季低温冻害天气预报服务中，若预报 1～2 个县（区）出现日最低温度小于−20 ℃，表明冷空气势力弱，影响轻微，不发专题信息。若预报 3 个或 3 个以上县（区）出现日最低温度小于−20 ℃，个别地方可能出现冻害，则向相关县（区）发布低温消息。若预报有 6 个以上县（区）出现次日最低温度小于−20 ℃，且极端最低温度达−23 ℃以下时，可能出现中等程度冻害，应发布低温警报，在电视台播放滚动字幕信息，向主管部门汇报。若预报有 9 个以上县（区）出现次日最低温度小于−20 ℃，且极端最低温度达−26 ℃以下，发布低温紧急警报，在电视新闻节目中播放，向市主管领导专题汇报，由主管部门组织预防冻害，各县（区）气象部门实施 24 小时动态跟踪服务（孙智辉等 2005）。

7.2.3 提高农业气象灾害预报工作的途径

随着社会经济的发展，人们对气象预报提出了更高要求。目前我国 24 小时晴雨预报准确率已达 80%，已经逐步接近一些先进国家，但突发性天气灾害的预报准确程度有待提高。

农业气象灾害预报的难度很大，有关农业气象灾害预报的定义、概念、原理以及可预报性等都还缺乏深入的研究，对国家需求的满足程度及与气象学科其他预报领域的进展相比也存在很大差距。今后应当从重视灾害指标、改进预报方法、建立服务系统等几个方面大力加强农业气象灾害预测预报工作。

(1) 重视农业气象灾害预报的指标研究。农业气象灾害预报的特点在于它的针对性，在于它与农业生产对象的紧密结合。如果农业气象灾害指标的生物学意义或农学意义不明确，农业干旱预报就会等同于一般的大气干旱预报或降水量预报，东北作物低温冷害预报就会变成单纯的夏季低温预报，华南作物寒害预报也将等同于寒潮天气预报。

前述华北小麦干旱预报模型中提出的农业干旱胁迫指数和农业干旱预警指数以相对蒸腾比的大小反映水分胁迫，以累积值大小定义农业干旱的开始、持续、严重及缓解，生物学意义十分明确。由不同时段玉米生长发育所需下限、上限和适宜温度组成，真正反映温度对作物影响的玉米热量指数，具有较清晰的生物学意义，在此基础上建立的以大气环流为预报因子的东北地区全区和分省的玉米热量指数预测模型，取得了较高准确率。利用热量指数可进一步预测热量年型。

总之，农业气象灾害指标研究需要继续加强。要与作物生长过程、作物生理特征及受害影响相结合，要考虑作物不同发育阶段对灾害敏感程度的差异，要使指标能够反映不同地形气候条件下作物的不同响应。

（2）进一步改进统计预报方法。统计模型仍是农业气象灾害预报的主要方法之一。当前应力求在预报因子物理意义和预报模型改进两个方面有所突破。选择预报因子时要注重物理概念和生物学原理，力求深入了解天气气候背景、异常气候事件与农业气象灾害之间的因果关系，设法更多地发现和揭示气候异常变化的物理过程和前兆预测信号。建立预报模型时应采用统计学中不断发展的新方法，改进传统的统计模型和资料处理方法。力求克服经验统计方法存在的解释性较差、预报效果不稳定等缺陷，设法提高农业气象灾害统计预报的准确率。

（3）积极稳妥地发展动态机理模式的预报方法。受学科发展的限制，基于作物模型的农业气象灾害动态机理模式预报还存在一定难度。但是，这是农业气象灾害预报的一个重要发展方向，是十分有益的尝试，应当继续积极稳妥地进行研究。

基于田间观测数据、经过充分检验、有较强模拟能力的作物生长模型是实际应用的前提和基础。作物生长动力模拟模型在由单点和田间尺度升至区域尺度应用时会面临环境变量的时空变异问题，需要通过合理地输入取样、区域校正、完善模型、处理不完全资料等途径来减小区域化应用时的误差。目前国内已经有一些尝试，但还远远不够。同时，提高月、季气候预测准确率还有很大难度。特别是作为作物模型输入因子的区域气候模式逐日要素预报准确率的提高更有一个过程。

对于如何将天气预报或区域气候模式与作物模拟模式相结合，进行农业气象灾害预报的问题，可以进行多种方式的尝试，如以预报时段内要素预报＋后期气候平均值序列调用作物模型，以天气实况值＋预报时段内要素预报值＋后期气候平均值序列调用作物模型等动态预报和逐步订正等方法，尽最大可能地减小天气、气候预报产生的误差。

（4）努力做到多学科交叉、多种方法综合集成。农业气象灾害是一种针对性很强的专业预报，目前还很不成熟，任何单独一种预报方法都难以奏效。因此，农业气象学和天气气候学、动力气候学等多学科结合，各种预报方法相结合，长中短期预报相结合，动态预报和补充订正相结合，卫星遥感动态监测信息和预警模式相结合的综合集成将是农业气象灾害预报的稳妥、有效的方法。

（5）加强农业气象灾害预警预测信息服务。随着国家应急工作的不断深入，国家对灾害预警信息发布的要求越来越高。农业气象是传统的气象服务，其中农业气象灾害监测、预警、预测，农业生产气象条件分析预报都是农业生产非常需要的信息，为国家防灾减灾和农业可持续发展提供决策服务是气象和农业气象工作的重要职责。做好农业气象灾害预警预测信息服务，第一要尽可能开发、扩大面向农、林、牧、渔、生态环境的气象灾害预警服务产品。要了解政府各个部门和广大农民对农业气象灾害信息服务的需求，要有针对性。中国气象局与农业部、国家林业局等部门合作，在中央电视台发布农业干旱预报、病虫害发生气象条件等级预报、森林火险气象等级预报等。第二要尽快研制包含已有研究成果，可供业务应用和操作方便的各种农业气象灾害预警系统。系统中应考虑多种预报模式、多种技术（遥感、GIS、气候模拟等），形成从资料输入、模式计算到信息发布乃至决策建议等业务流程，为政府减灾防灾提供科学决策依据。目前很多省如河南、安徽、江西、江苏、福建、陕西、青海等在预报方法研究的基础上，建立了包括农业气象灾害预测、评估、决策在内的综合服务系统，使农业气象预测直接在服务中发挥作用。中国气象科学研究院主持的“十五”国家科技攻关项目“农林重大病虫害和农业气象灾害的预警及控制技术研究”之第13课题“农业气象灾害预警技术研究”在各项预测预警成果基础上，建立了农业气象多灾种综合预测预警系统（AgMDPWS）。该系统把包括不同灾害类型、不同预测方法、不同预报时效、不同数据来源以及不同输入因子的复杂内容有序地组织起来，形成一个高效便捷、可操作的计算机应用系统。可用数理统计预测模型或机理预测模型等不同方法对华北农业干旱、东北作物低温冷害、江淮渍害、华南经济林果寒害等4种农业气象灾害实施长、中、短不同时效的预测预警。系统尽可能地与中国气象局业务流程融合，系统运行结果可直接生成业务部门需要的预测服务产品。第三要依托中国气象局信息发布手段和渠道，让政府和农民群众在第一时间获得正确、科学、有决策价值的农业气象灾害预警信息。气象部门主要通过电视、广播、电话、手机（短信）、报纸、网络、电子显示屏等方式来传播天气预报，目前正在设法解决预警信息发布覆盖面不广、特殊人群服务不足和“最后一公里”瓶颈等问题，并争取实现突发性天气的电视插播。农业气象灾害预警信息的发布主要是通过各种服务材料、电视、广播和网络系统（农业信息网、农村经济信息网等）。

农业气象灾害预警预测工作在适应防灾减灾、保障人民生命财产安全、保障农业可持续发展方面任重而道远!

7.3 农业气象灾害影响评估

7.3.1 概念与现状

我国是世界上两条巨型自然灾害地带都涉及的国家，即北半球中纬度重灾带与太平洋重灾带的组成部分，因而成为全世界易灾、多灾与灾情最严重的国家之一。在发生的农业自然灾害中农业气象灾害约占70%左右。农业气象灾害种类多、强度大、频率高的危害特征，常严重威胁着人民生命财产的安全，给国家和社会造成巨大损失。据统计，20世纪90年代以来，我国平均每年因各种气象灾害造成的农作物受灾面积达4 800多万 hm^2、受灾人口约3.8亿人次、直接经济损失达1 800多亿元。其中干旱、洪涝、冷害、寒害、冻害、霜冻、涝渍、高温热害等是我国当前重大的农业气象灾害，已对我国农业可持续发展和粮食安全构成严重威胁。因此，客观、定量地评估农业气象灾害的影响，为我国农业防灾、减灾、救灾提供科技支撑，最大限度地减轻农业气象灾害造成的损失，不仅是我国农业生产面临的长期而艰巨的任务，而且对保障新农村建设目标的实现、促进经济发展和社会进步具有十分深远而现实的意义。

农业气象灾害的影响，是指在历年的农业生产过程中，由于孕灾环境的气象要素年际之间的差异引起某些致灾因子发生变异，承灾体发生相应的响应，使最终的承灾体产量或品质与预期目标发生偏离，影响农业生产的稳定性和持续性，并可能引发一系列严重的社会问题和经济问题。农业气象灾害系统由孕灾环境、承灾体、致灾因子、灾情四个子系统组成，其中灾情是孕灾环境、承灾体、致灾因子相互作用的最终结果。

农业气象灾害影响评估，是研究农业气象灾害事件发生的可能性及其导致农业产量损失、品质降低以及最终的经济损失的可能性大小的过程。由于农业生产具有自然再生产和经济再生产交织的特点，经常处于自然风险和社会经济风险的威胁之中，其风险性远远高于其他产业，农业气象灾害风险属自然风险的研究范畴。因此，基于风险原理，研究主要农业气象灾害影响评估的风险化、数量化和动态化技术方法，构建灾害风险分析、跟踪评估、灾后评估、应变对策的技术体系，对国家农业防灾减灾、农业可持续发展意义重大，可为政府和生产部门控制农业气象灾害的发生，防御或减轻灾害对农业生产的危害，制定救灾措施、农业灾害保险政策，进行风险转移提供科学依据。

农业气象灾害影响评估研究的理论基础是风险分析。风险分析在近20～30年来得到迅速发展，并已广泛应用于生物、医学、技术应用、环境和工程等领域。几乎所有灾害的影响均包括自然和技术、社会因素、心理因素。自然灾害风险分析作为多学科交叉的边缘科学，它以灾害模型、抗灾性能模型、承灾体密度模型和灾害损失模型为基础，但目前成熟的成果尚不多见。美国学者William J. Petak和Arthur A. Atkisson在《自然灾害风险评价与减灾对策》一书中对美国主要自然灾害的风险分析进行了详细的论述，但针对农业灾害的风险评估基本没有涉及。国外学者在风险分析研究方面多侧重于经济领域。

国内学者在风险分析研究方面也多侧重于经济领域，自然灾害风险分析研究起步较晚，早期的研究主要是针对工程项目，比较重视自然灾害事件发生可能性的研究。在自然灾害系统理论体系的建立，损失的指标及定量计算，自然灾害评估框架体系的建立，自然灾害经济损失函数，洪水灾害模型、洪泛区价值模型、洪泛区抗灾模型及损失计算方法，区域水灾的风险评估，台风灾害的风险评估等方面取得了重要进展。在农业风险管理、农业自然灾害风险、农业资源风险的框架体系、农业生态系统健康内涵及其评价指标等方面取得了一些进展。

国内农业气象灾害风险评估的研究，大致以2001年为界分为两个阶段。第一阶段，以探索灾害风险分析技术方法为主的起步阶段，主要成果包括：在农业生态地区法的基础上建立了华南果树生长风险分析模型，这是国内较早将风险分析方法应用于农业气象灾害研究；以风险分析技术为核心，探讨了农业自然灾害分析的理论、概念、方法和模型。第二阶段，以灾害风险评估技术方法为主的发展阶段，针对农业生产中区域农业气象灾害影响的量化和动态评估需求，引入风险原理，基于地面、遥感两种信息源，集成多元灾害史料和作物生育全过程的实时信息，进行灾害风险分析、跟踪评估、灾后评估、应变对策及其相链接的综合评价，建立了主要农业气象灾害风险评估的技术体系。相关研究成果丰富和拓展了灾害风险的内涵，包括概念、定义的论述，机理的辨识，函数关系的构建；实现和量化了灾害风险的评估，包括评估体系框架的构建、估算技术方法的研制、理论和应用模型的构建及其量化。

近年来在农业防灾减灾迫切需求的强力驱动下，特别是“十五”国家科技攻关课题“农业气象灾害影响评估技术研究”的开展，我国的农业气象灾害影响评估研究得到快速发展。成果基于地面、遥感两种信息源，以风险原理为核心，建立了主要农业气象灾害（北方冬小麦干旱、江淮冬小麦和油菜涝渍、东北玉米和水稻冷害、华南香蕉和荔枝寒害）影响评估、基于 GIS 的农业干旱遥感监测评估技术体系，编制了相关灾害的综合风险区划，解决了基于生育时段灾害影响评估的数量化、风险化、模型化等关键技术，集成了集灾害风险分析、跟踪评估、灾后评估、应变对策于一体的技术体系，开发了灾害评估系统业务应用软件，实现了区域主要农业气象灾害风险的量化和动态评估，示范区的评估准确率在 85%以上。成果已在 5 个省级农业气象业务服务中应用推广，直接受益面积 100 万 hm^2，减灾效益在 5 400 万元以上，其中提出的我国北方大部分冬麦区减少灌溉、重旱年减损的合理技术，推广面积 17.7 万 hm^2，节水 675～1 350 m^3/hm^2，累计增加纯收入 2 500 万元以上。

7.3.2 评估的主要技术方法

农业气象灾害影响评估研究的起步较晚，其理论方法和技术应用目前尚处于探索阶段，技术与评价体系还有待统一认识和实践检验。就现有的研究和认知水平，农业气象灾害影响评估技术体系可包括 4 个方面的内容，即灾情监测与识别、灾害风险分析、灾害风险评估和灾害风险评价与对策，其中灾害风险分析和灾害风险评估是农业气象灾害影响评估技术体系的核心。农业气象灾害影响评估的主要技术思路如下：

按照农业气象灾害系统组成的 4 要素，利用气象、产量、灾情等资料对区域农业气象灾害的孕灾环境、致灾因子、承灾体、灾情进行分析，研究不同孕灾环境、灾害种类的发生范围、强度、频率，承灾体的抗灾性能，造成的减产率；筛选承灾体的主要致灾因子，构建致灾因子、减产率的长年代序列。根据致灾因子及其强度、频率对承灾体生长发育和产量影响的相关分析，构建灾害模型，确定致灾等级标准；通过对承灾体的抗灾性能、灾损率分析，分别构建抗灾性能模型、灾损价值模型。对序列进行不同的理论概率分布函数拟合检验，选择最优的理论概率分布函数进行序列的风险概率估算，包括不同致灾因子、致灾指标下的风险概率，不同减产率下的风险概率。依据风险概率的大小确定自然条件下灾害出现的风险等级。基于不同减灾措施的实施，重新构建上述序列并重新进行风险概率估算，计算不同减灾措施降低灾害风险的概率。综合考虑灾害的致灾强度、灾损、抗灾能力风险的组合匹配情况，构建灾害的综合风险指数模型，进行灾害的风险区划。以下以北方冬小麦干旱、江淮冬小麦和油菜涝渍、东北玉米和水稻冷害、华南香蕉和荔枝寒害为例，进行农业气象灾害风险分析、风险评估、风险区划等技术方法的介绍。

7.3.2.1 风险分析技术

农业气象灾害风险分析技术主要解决在现有农业生产实况下，针对某种农业气象灾害与其他灾害、社会经济因素的影响分离、指标表征、模式表征、风险估算的技术方法。技术关键是致灾信息的提取及其风险量化表征估算。风险分析技术通过有效提取灾害的致灾因子、灾损信息，构建灾害的致灾强度、灾损风险量化序列，建立灾害的风险概率估算模型，实现灾害的风险估算从阶段实际发生频率到总体风险概率的提升；建立包括致灾因子、致灾等级、致灾损失的灾害致灾的风险量化指标，为农业生产管理者把握相关灾害的总体风险规律及其致灾风险标准提供量化依据。

(1) 减产率序列的构建。一年生农作物冬小麦、油菜、玉米、水稻、香蕉历年减产率的确定，采用逐年的实际产量偏离其趋势产量的相对气象产量的负值，趋势产量采用直线滑动平均法、正交多项式逼近法等确定。多年生果树荔枝减产率的表征，综合考虑收获面积的减少和单产的降低，采用总产降低率（霍治国等 2003）。图 7.1 和图 7.2 分别给出了冬小麦趋势产量、相对气象产量的历年变化示例，由此可得到研究区域不同站点的冬小麦减产率序列。

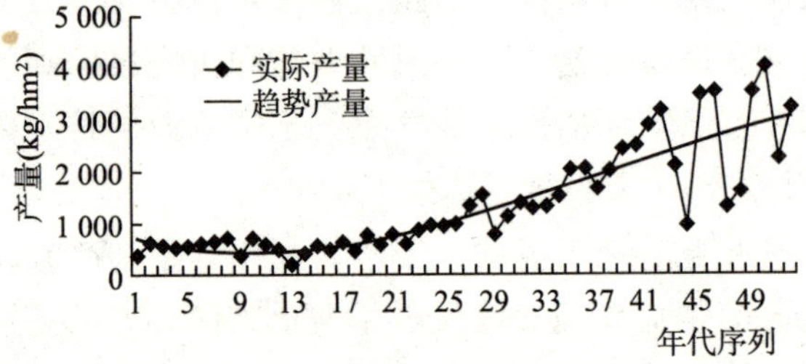

图 7.1 河南省渑池县历年冬小麦实际产量和趋势产量

（1949 年开始为 1）

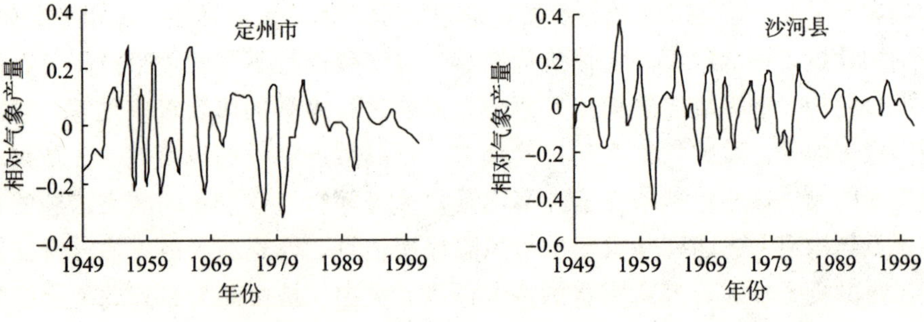

图 7.2 河北省定州市、沙河县冬小麦相对气象产量的年际变化

（2）致灾因子序列的构建。利用长年代气象、产量、灾情资料，对不同年代北方地区分县的冬小麦减产率与对应发生干旱、东北地区分县的玉米和水稻减产率与对应发生冷害、江淮地区分县的冬小麦和油菜减产率与对应发生涝渍、华南地区分县的香蕉和荔枝减产率与对应发生寒害的各种致灾因子进行相关分析，筛选主要致灾因子，依据减产率与致灾因子的对应匹配及其量化关系，构建不同灾害致灾因子序列，建立致灾指标。

以北方冬小麦干旱为例，不同生育阶段的致灾因子一般可选取小麦生育阶段的作物水分亏缺率、降水量负距平百分率。小麦生育阶段的水分亏缺率可以描述为小麦生育阶段的自然供水量与需水量的差值占需水量百分率的负值；是从农田水分平衡原理出发，客观反映农田水分供需失衡引起的小麦干旱。小麦生育阶段的降水量负距平百分率是指小麦生育阶段的降水量与常年同期气候平均降水量的差值占常年同期气候平均降水量的百分率的负值；是表征小麦生育阶段降水量较常年值偏少的方法之一，能直观反映降水异常引起的小麦干旱。通过逐年计算不同生育阶段的小麦水分亏缺率、降水量负距平百分率并与减产率对应匹配，构建长年代不同致灾因子序列。依据减产率与致灾因子量值之间的关系，建立不同致灾因子的冬小麦干旱致灾指标（表 7.1）。

表 7.1 北方地区冬小麦干旱的致灾因子及致灾指标 单位：%

因子	时段	等级			
		轻旱	中旱	重旱	严重干旱
作物水分亏缺率 G	全生育期	$G<15$	$15\leqslant G<30$	$30\leqslant G<50$	$G\geqslant 50$
降水量负距平率 P_a		$P_a<15$	$15\leqslant P_a<35$	$35\leqslant P_a<55$	$P_a\geqslant 55$
减产率 y_w		$y_w<10$	$10\leqslant y_w<20$	$20\leqslant y_w<30$	$y_w\geqslant 30$

（3）风险估算模型的构建。对研究区域分县的不同承灾体的减产率和致灾因子序列分别进行正态分布、指数分布、伽玛分布、瑞利分布、威布尔分布和耿贝尔-Ⅰ分布模型的概率密度函数拟合检验，选择最优的理论概率分布函数进行序列的风险概率估算。模型中参数的估计采用极大似然法等。模型中参数的估计有多种方法，极大似然法是在待估参数的可能取值范围内进行挑选，使似然函数值（即样本取固定观察值或样本取值落在固定观察邻域内的概率）最大的那个数值即为极大似然估计量。极大似然估计量通常不仅满足无偏性、有效性等基本条件，还能保证其为充分统计量。建立在概率论基础上的农业气象灾害风险评估在本质上要求满足大数定律，即在序列数据充足（样本数＞30）时，也可通过大样本确定模型中的相关参数。表 7.2 和表 7.3，以华南香蕉和荔枝寒害为例，给出了华南地区寒害过程降温幅度和最低

气温概率分布型拟合优度检验、分布函数优选的示例。

表 7.2 华南地区寒害过程降温幅度和最低气温概率分布型拟合优度检验结果

概率分布	过程降温幅度（℃）		过程最低气温（℃）	
	服从站数（个）	不服从站数（个）	服从站数（个）	不服从站数（个）
正态分布	98	11	55	54
指数分布	0	109	0	109
伽玛分布	31	78	40	69
瑞利分布	0	109	0	109
威布尔分布	91	18	0	109
耿贝尔-Ⅰ分布	63	46	89	20

表 7.3 华南地区寒害过程降温幅度和最低气温概率分布型拟合最好的站数 单位：个

概率分布	过程降温幅度（℃）			过程最低气温（℃）		
	D_n 最小	ω^2 最小	D_n 和 ω^2 同时最小	D_n 最小	ω^2 最小	D_n 和 ω^2 同时最小
正态分布	47	52	44	15	7	5
指数分布	0	0	0	0	0	0
伽玛分布	25	28	25	2	0	0
瑞利分布	0	0	0	0	0	0
威布尔分布	12	9	9	0	0	0
耿贝尔-Ⅰ分布	25	20	17	92	102	92

注：Da，ω^2 为拟合优度检验的统计量

7.3.2.2 风险评估技术

农业气象灾害风险包括致灾强度、灾损、抗灾能力风险三部分。因此，要实现对灾害风险的量化评估，重点应解决量化灾害致灾强度、灾损、抗灾能力风险估算的技术方法、表征模型、应用模型问题。关键技术是风险评估模型的构建及其参数的区域化。通过建立系列配套的主要农业气象灾害影响定量评估的技术体系，可定量评估相关灾害的致灾强度、灾损、抗灾能力风险，实现对基于不同发育阶段灾害灾损的动态评估。

7.3.2.2.1 致灾强度风险评估

以基于自然水分亏缺率的冬小麦干旱强度风险评估为例，经对北方地区分县的冬小麦自然水分亏缺率、减产率序列进行理论概率分布函数拟合，发现 85%以上的站点符合正态分布，对少数不符合正态分布的站点，采用“偏态分布正态化”的方法也可将其序列转换为正态分布。利用建立的正态分布模型估算北方冬小麦不同生育阶段的自然水分亏缺率等级出现的风险概率。

图7.3给出了北方（京、津、冀、晋、鲁、豫、陕）冬小麦全生育期不同自然水分亏缺率≥30%、≥50%的风险概率分布示例。基于自然水分亏缺率的冬小麦干旱风险分布，总体上呈由北向南逐渐减少的趋势；其中中南部地区呈由中部向沿海、由中部向西部逐渐减少的趋势。

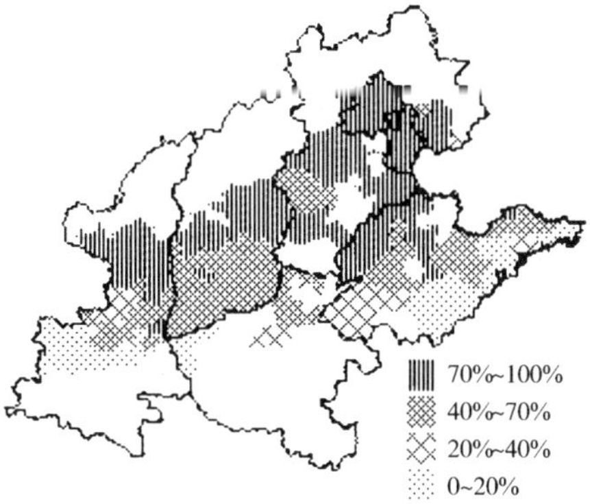

（a）水分亏缺率≥30%

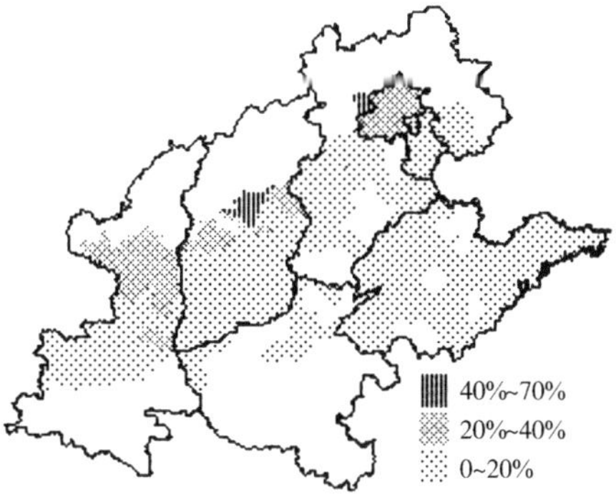

（b）水分亏缺率≥50%

图7.3 北方冬小麦全生育期不同自然水分亏缺率等级的风险概率分布

7.3.2.2.2 灾损风险评估

（1）基于实际产量的灾损风险评估。承灾体的实际产量是在生产实况下，自然气候条件、农业灾害、社会经济因素对最终产量综合影响的结果，相应的减产率序列则主要包含了逐年所有农业灾害影响的信息。从严格意义上讲，基于实际产量的灾损风险是反映所有农业灾害对承灾体最终产量影响的可能性，无法反映某一具体种类的农业气象灾害造成的灾损风险。但对于以某一农业气象灾害影响为主的特定区域，则实际产量的灾损风险可大致反映这一农业气象灾害所导致承灾体灾损的风险情况。如北方地区冬小麦干旱灾损风险，主要依据如下：干旱是北方地区冬小麦最主要的农业气象灾害，是导致大范围冬小麦单产降低的主要因素。这里需要指出的是：虽然从大气候环境看降水的年际波动明显大于光温，但实际情况是北方冬小麦一般都有灌溉，在生产上由于温度年际波动导致的减产也相当频繁，包括冬前低温导致弱苗、越冬冻害、春霜冻、灌浆期高温危害等；近10多年北方地区许多地方水源不足，灌溉成本提高，加上冬春变暖，使得干旱的矛盾又重新上升了。因此，冬小麦的历年减产率在很大程度上反映了年际间的干旱变化对冬小麦产量影响的风险程度。

利用建立的正态分布模型，可以估算北方地区分县的不同冬小麦减产率范围出现的风险概率。图7.4给出了北方冬小麦减产率≥10%、≥30%的风险概率分布示例。结果表明：冬小麦各减产率出现的风险概率分布具有很明显的区域性和连续性，低值区集中分布在本区的南半部和灌溉条件好的地区，而高值区则分布在陕、晋的中北部。

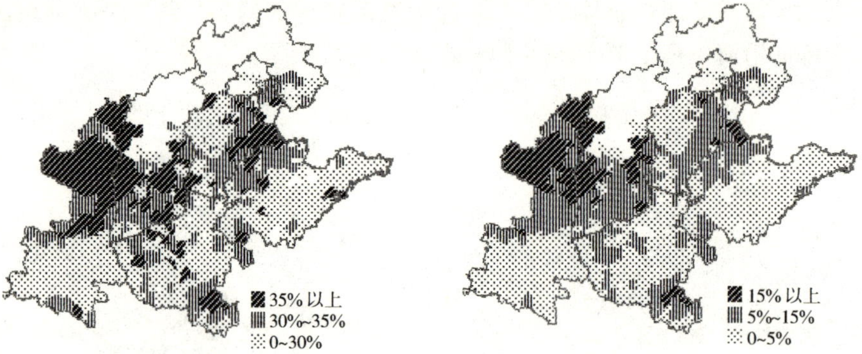

（a）减产率≥10%的风险概率　　（b）减产率≥30%的风险概率

图 7.4　北方冬小麦不同减产率出现的风险概率分布

（2）基于致灾因子的灾损风险评估。以基于自然水分亏缺率的冬小麦干旱灾损风险评估为例，表 7.4 给出了河北及京津地区部分站点冬小麦全生育期不同自然水分亏缺率出现的风险概率及对应的实际减产率示例。依据实际减产率对自然水分亏缺率的敏感性差异，可评估不同干旱风险条件下的冬小麦减产率风险。

表 7.4　冬小麦全生育期不同自然水分亏缺率出现的概率及对应的实际减产率

单位：%

站名	缺水率	10	20	30	40	50	60	70	80	90	100
泰安市	概率	90	75.5	53.9	31.1	13.9	4.7	1.15	0.2	0.02	0
	减产率	−2.21	−4.22	−6.23	−8.24	−10.25	−12.3	−14.27	−16.28	−18.29	−20.3
霸州市	概率	100	99.5	96.5	85.7	62.5	33.4	11.96	2.7	0.36	0
	减产率	1.67	−1.66	−4.99	−8.32	−11.65	−15	−18.31	−21.64	−24.97	−28.3
沂源县	概率	97.1	89.1	71.4	45.9	22	7.5	1.75	0.27	0.02	0
	减产率	−2.24	−5.48	−8.72	−11.96	−15.2	−18.4	−21.68	−24.92	−28.16	−31.4
青岛市	概率	38.3	22.6	11.4	4.9	1.7	0.5	0.12	0.02	0	0
	减产率	−9.78	−11.86	−13.94	−16.02	−18.1	−20.2	−22.26	−24.34	−26.42	−28.5
渭南市	概率	51.6	30.9	14.9	5.7	1.7	0.4	0.07	0.01	0	0
	减产率	−9.13	−11.36	−13.59	−15.82	−18.05	−20.3	−22.51	−24.74	−26.97	−29.2
临潼县	概率	62.6	41.3	22.3	9.6	3.3	0.9	0.17	0.03	0	0
	减产率	−9.11	−10.62	−12.13	−13.64	−15.15	−16.7	−18.17	−19.68	−21.19	−22.7
文登市	概率	26.1	15.4	8.2	3.8	1.6	0.6	0.19	0.05	0.01	0
	减产率	−14.45	−16.4	−18.35	−20.3	−22.25	−24.2	−26.15	−28.1	−30.05	−32

7.3.2.2.3 抗灾能力风险评估

农业气象灾害的致灾强度、灾损与农业抗灾能力密切相关，农业抗灾能力强，同等致灾强度的灾害造成的损失就相对较小，反之就大。农业抗灾能力的强弱与承灾体本身的抗逆性呈正相关，与农业生产力水平呈正相关，与农业收成呈正相关。承灾体的抗逆性是由其本身的遗传特性决定的，同一栽培品种年际间差异不大，这里不作研究。抗灾能力模型的构建主要考虑后两个因素。依据灾害种类的不同和选择的因子参数不同，抗灾能力的评估模型、评估指标可以有不同的表达形式。

以北方地区冬小麦抗干旱能力风险评估为例。采用冬小麦实际产量与光温生产潜力的比值（抗灾能力指数）评估北方地区冬小麦干旱的抗灾能力，一地的冬小麦光温生产潜力是该地区在水分完全满足情况下所能达到的最高产量，实际产量与光温产量的比值越大则反映该地水分供应条件越好，也就直接或间接反映了抗御干旱灾害的能力较高。对一地的逐年实际产量与逐年光温产量的比值进行线性回归，方程的斜率即为抗灾能力趋势向量系数。抗灾能力趋势向量系数越大，表明该地冬小麦干旱综合抗灾能力趋势越强。图7.5和图7.6分别给出了北方地区冬小麦干旱抗灾能力指数和抗灾能力趋势向量系数地区分布。其中抗灾能力指数，低值区包括河北沧州地区、邯郸的个别地区，山西西部的大部地区，陕西北部以及南部安康地区；中值区包括天津大部，河北省的北部和南部，山东的南部以及德州地区，河南的大部分地区，山西的南部，陕西的中部和南部的部分地区；高值区包括北京，天津，河北唐山的部分地区、石家庄地区，山东的大部分地区，河南郑州和许昌地区，陕西关中地区。抗灾能力趋势向量系数高值区包括山东西南部的部分地区和西北部的部分地区；较高值区包括河南中北部、山东南部的部分地区、西北部的部分地区和东部的部分地区、河北中部的部分地区、北京市和天津市；中值区包括陕西中南部的部分地区、山西中南部、山东中部、河北南部和中东部的部分地区；低值区包括陕西中北部和中西部、山西中部、河南西部、河北中部的北方地区和东部的唐山地区。

7.3.2.2.4 基于减灾措施的减灾能力风险评估

以灌溉降低冬小麦干旱风险能力评估为例。北方地区冬小麦大都有灌溉条件，一般每次灌溉量为675～750 m^3/hm^2，平均取为675 m^3/hm^2。因此，可根据不同地区的灌溉情况，将不同灌溉次数的累计灌溉量叠加到冬小麦供水量序列中，生成基于不同灌溉量的冬小麦供水量序列，利用风险分析技术进行估算模型构建，分别计算冬小麦全生育期内无灌溉、灌1～5次水时的不同缺水率的概率，从中可以分析当地自然降水对冬小麦的满足情况，以及当地在不同灌溉条件下降低干旱风险概率的状况。表 7.5 给出了部分站点在不同供水条件下不同缺水率范围风险概率的分布情况。

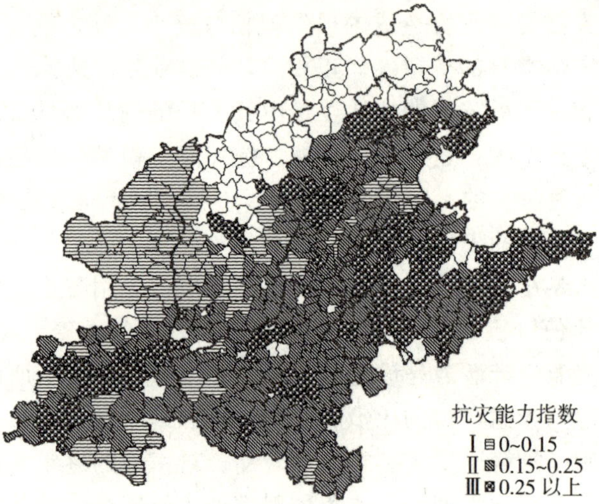

图 7.5　北方地区冬小麦干旱抗灾能力指数分布

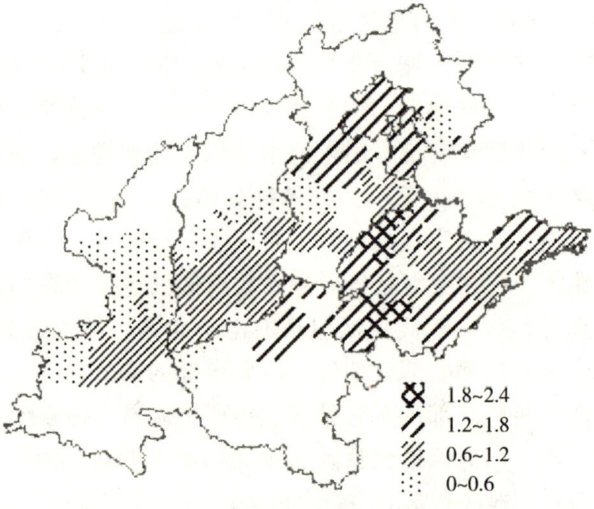

图 7.6　北方地区冬小麦干旱抗灾能力趋势向量系数分布

由表 7.5 可见，河北省及京津地区冬小麦在全生育期内，如果没有灌溉，其缺水率的风险概率是很高的，缺水率≥20%，≥30%和≥40%的风险概率大都分别高达 80%，50%和 30%左右，仅石家庄、邢台和遵化略小些。在有灌溉条件下，随着灌溉次数的增加，缺水率的风险概率也逐渐减小，即灌溉降低了干旱减产的风险概率。一般在轻旱年灌 1～2 水、中旱年灌 2～3 水、重旱年灌 3 水之后，大部分地区缺水率出现的概率已经很小，可基本满足冬小麦稳产、高产的水分需求。

这里应强调指出的是，同量的灌溉水、降水量对冬小麦生产的影响是有区别的，灌溉是有成本的，实际生产中，干旱造成冬小麦减产多的地区不一定经济损失大，而遇旱减产少的地区也不一定经济损失小。同时干旱提水灌溉还可能影响到周围地区的工业、生活和其他作物用水，因而必须提倡对水资源的统筹分配和节水栽培，在水资源不足地区则应削减冬小麦面积，改种旱作。

表 7.5 冬小麦全生育期内不同灌溉条件下缺水率的概率分布 单位：%

灌溉情况	缺水率范围	保定	坝县	北京	沧州	黄骅	乐亭	南宫	石家庄	唐山	天津	邢台	遵化
无灌溉	<10	3.9	0.7	2.4	2.2	4.2	1.4	4.8	12.4	2.3	0.9	8.8	7.9
	10～20	12.0	5.4	10.4	11.3	13.2	11.3	15.1	22.9	13.0	7.1	25.9	20.2
	20～30	22.7	20.1	24.2	27.9	24.8	33.2	27.1	26.8	32.0	24.9	35.0	29.6
	30～40	27.1	34.5	30.9	33.2	28.0	36.5	28.1	19.9	33.8	36.9	21.7	24.8
	40～50	20.3	27.4	21.6	19.1	18.9	15.0	16.8	9.4	15.4	23.2	6.2	11.8
	50～60	9.6	10.0	8.2	5.3	7.7	2.3	5.8	2.8	3.0	6.2	0.8	3.2
	60～70	2.8	1.7	1.7	0.7	1.9	0.1	1.1	0.5	0.3	0.7	0	0.5
灌1水	<10	16.3	9.1	14.8	16.4	16.9	16.8	20.2	26.2	18.6	11.1	32.1	24.3
	10～20	25.8	26.3	28.1	31.9	27.2	37.6	29.3	24.5	35.5	30.4	26.1	29.7
	20～30	25.6	34.8	29.3	30.1	26.2	31.5	24.6	14.5	29.2	35.3	10.9	20.7
	30～40	16.0	21.4	16.7	13.7	15.2	9.9	11.9	5.4	10.3	17.4	2.3	8.3
	40～50	6.3	6.0	5.2	3.0	5.3	1.1	3.3	1.3	1.6	3.6	0.3	1.9
	50～60	1.5	0.8	0.9	0.3	1.1	0	0.5	0.2	0.1	0.3	0	0.2
灌2水	<10	27.2	31.4	30.5	33.9	28.3	39.5	29.3	19.9	36.6	34.6	18.3	28.1
	10～20	22.5	32.2	25.9	25.2	23.5	25.2	19.8	9.4	23.4	31.4	5.5	16.4
	20～30	11.7	15.3	12.1	9.1	11.7	6.0	7.7	2.8	6.4	12.1	0.8	5.4
	30～40	3.8	3.3	3.1	1.6	3.5	0.5	1.7	0.5	0.8	2.0	0.1	1.0
	40～50	0.8	0.3	0.4	0.1	0.6	0	0.2	0.1	0	0.1	0	0.1
灌3水	<10	18.4	27.4	21.4	19.6	20.0	18.6	14.7	5.4	17.4	26.2	2.3	12.2
	10～20	8.0	10.0	8.1	5.6	8.5	3.4	4.6	1.3	3.7	7.9	0.3	3.4
	20～30	2.2	1.7	1.7	0.8	2.2	0.2	0.8	0.2	0.3	1.0	0	0.5
	30～40	0.4	0.1	0.2	0	0.3	0	0.1	0	0	0.1	0	0
灌4水	<10	5.1	6.0	5.1	3.2	6.0	1.7	2.6	0.5	2.0	4.8	0.1	2.0
	10～20	1.1	0.8	0.9	0.3	1.3	0.1	0.4	0.1	0.1	0.5	0	0.3
	20～30	0.2	0	0.1	0	0.2	0	0	0	0	0	0	0

7.3.2.2.5 基于发育时段的灾害风险动态评估

以东北地区玉米延迟型冷害风险动态评估为例。采用玉米生长发育模型计算不同发育期出现的日期及其积温，并与玉米冷害风险指标（表 7.6）相配合，进行玉米延迟型冷害风险动态评估。表 7.7 给出了长春市不同年份玉米生长发育模拟及冷害评估结果示例。经实际检验，长春市 1969，1972 和 1976 年为玉米严重冷害年，减产 20%～30%；1985 和 1995 年为一般冷害年，减产 15%左右；2004 年为正常偏高温年，没有发生玉米冷害。评估结果与实际情况相符。

表 7.6 东北地区中部中熟、中晚熟玉米冷害风险指标

指标类型	发育期	一般冷害（℃）	风险度（%）	严重冷害（℃）	风险度（%）
主导指标	出苗—七叶	积温距平：−40～−50	70	积温距平：<−50	70
	出苗—抽雄	积温距平：−46～−60	80	积温距平：<−60	78
	出苗—吐丝	积温距平：−50～−60	80	积温距平：<−60	78
	出苗—成熟	积温距平：−55～−70	97	积温距平：<−70	95
辅助指标	七叶普遍期	延迟天数：3～5 d	65	延迟天数：>5 d	65
	抽雄普遍期	延迟天数：4～6 d	72	延迟天数：>5 d	70
	吐丝普遍期	延迟天数：4～6 d	72	延迟天数：>5 d	70
	成熟普遍期	延迟天数：6～7 d	95	延迟天数：>7 d	93

表 7.7 长春市（中晚熟品种）不同积温年型玉米生长发育模拟及冷害评估

年份	项目	出苗	七叶	抽雄	乳熟	成熟	初霜日(日/月),霜害
	正常日期（日/月）	17/5	9/6	23/7	19/8	19/9	26/9
	正常积温（℃·d）	0	427	1 384	2 007	2 533	
1969	发育期（日/月）	18/5	15/6	30/7	29/8	8/10	19/9，霜
	发育期距平（d）	−1	−6	−7	−10	−18	
	积温（℃·d）	0	323.5	1 242.6	1 840.8	2 364.5	
	积温距平（℃·d）		−94.5	−141.4	−166.2	−168.0	
	冷害评估		严重冷害	严重冷害	严重冷害	严重冷害	
1972	发育期（日/月）	17/5	10/6	26/7	24/8	30/9	7/10
	发育期距平（d）	0	−1	−3	−5	−11	
	积温（℃·d）	0	408.9	1 335.3	1 912.5	2 419.7	
	积温距平（℃·d）		−18.1	−48.7	−94.5	−113.3	
	冷害评估			一般冷害	严重冷害	严重冷害	

续表

年份	项目	出苗	七叶	抽雄	乳熟	成熟	初霜日(日/月),霜害
	发育期（日/月）	18/5	11/6	25/7	23/8	25/9	4/10
	发育期距平（d）	−1	−2	−2	−4	−6	
1976	积温（℃）	0	406.7	1 347.3	1 943.0	2 438.3	
	积温距平（℃）		−20.3	−36.7	−64.0	−94.7	
	冷害评估				一般冷害	严重冷害	
	发育期（日/月）	19/5	12/6	25/7	23/8	22/9	3/10
	发育期距平（d）	−2	−3	−2	−4	−3	
1995	积温（℃）	0	377.2	1 337.5	1 929.1	2 467.5	
	积温距平（℃）		−49.8	−46.5	−77.9	−65.5	
	冷害评估		一般冷害	一般冷害	严重冷害	一般冷害	
	发育期（日/月）	16/5	9/6	21/7	17/8	13/9	
	发育期距平（d）	1	0	+2	+2	+14	
2004	积温（℃·d）	0	443.7	1 454.1	2 048.3	2 638.1	
	积温距平（℃·d）		+16.7	+70.1	+41.3	+105.1	
	冷害评估		无	无	无	无	

7.3.2.3 风险区划技术

综合考虑主要农业气象灾害的致灾强度、灾损、抗灾能力风险的组合匹配情况，构建灾害的综合风险指数模型。根据模型估算的结果及其区域分布，提出主要农业气象灾害风险区划的指标和方法，进行灾害风险区划。根据灾害风险的区域性和地带性规律，进行作物种植布局优化调整，实现从源头上控制农业气象灾害的发生，防御或减轻灾害对农业生产的危害。同时，可为农业灾害保险政策和保险费率的制定提供定量的技术依据，为保险部门实现农业灾害保险产业化提供可能。

以广东省香蕉寒害风险区划为例。综合考虑香蕉寒害的自然气候风险、实际灾损风险、承灾体易损性、防寒抗灾能力构建寒害综合风险指数模型。

$$K=\left[\sum_{i=1}^{n}(D_i\times P_i+R_i\times F_i)\right]\times W\times(1-Z) \tag{7.1}$$

式（7.1）中 K 为香蕉寒害综合风险指数；D_i 为不同寒害等级；P_i 为不同寒害等级出现的概率；R_i 为不同实际减产率范围；F_i 为不同实际减产率范围出现的概率；W 为寒害的易损性指数；Z 为防寒抗灾能力。其中：

$$W=\frac{M_1}{M} \tag{7.2}$$

$$Z=\frac{Y}{Y_{max}} \tag{7.3}$$

式（7.2）中 M_1 为一地的种植面积（hm^2）；M 为一地的耕地面积（hm^2）。式（7.3）中 Y 为实际单产（kg/hm^2）；Y_{max} 为最高单产（kg/hm^2）。

（1）香蕉寒害的自然气候风险。将香蕉寒害综合风险指数按大小分为五个等级：无寒害（$K<-1.0$）、轻度寒害（$-1.0\leqslant K<0$）、中度寒害（$0\leqslant K<1.0$）、重度寒害（$1.0\leqslant K<2.0$）、极重寒害（$K\geqslant 2.0$）。定义不同寒害等级与其发生概率之积的总和为寒害气候风险指数，计算并绘制香蕉寒害气候风险指数分布图（图 7.7），可以看出，广东省香蕉寒害气候风险指数表现出北大南小的趋势：蕉岭、连平、曲江、乳源、连山以北都在 1.5 以上，大埔、五华、河源、龙门、从化、清远、广宁、封开以北在 1.2 以上，粤中及珠三角地区多在 0.3～0.9 之间，粤西南在 0.3 以下。

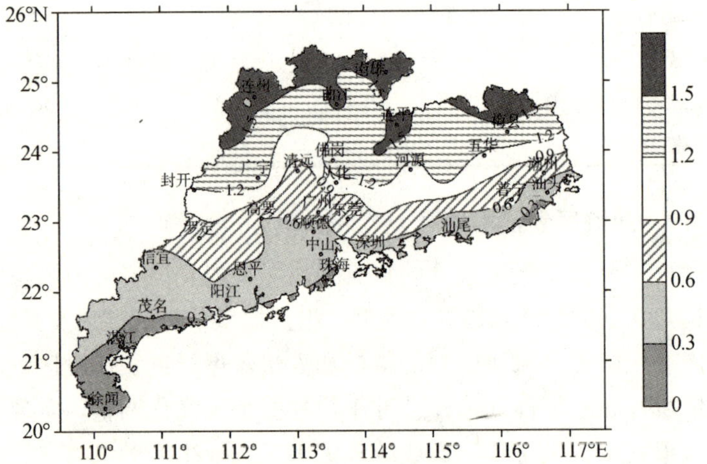

图 7.7　广东省香蕉寒害气候风险指数分布

（2）香蕉寒害的实际灾损风险。定义不同香蕉减产率范围与其发生概率之积的总和为实际灾损风险指数，计算并绘制香蕉寒害实际灾损风险指数分布图，图 7.8（图中空白区为非香蕉种植区）给出了广东省香蕉实际灾损风险指数的地区分布，可以看出，香蕉实际灾损风险指数的分布均表现出北大南小的趋势：北部在 0.2 以上，中部在 0.05～0.2 之间，南部在 0.05 以下。

（3）香蕉寒害的综合风险区划。对 K 进行极差标准化，使其处于 0～1 之间。根据极差标准化后的香蕉寒害综合风险指数大小及其区域分布，将香蕉寒害风险各分为四个等级（表 7.8），图 7.9 给出了广东省香蕉寒害综合风险区划。

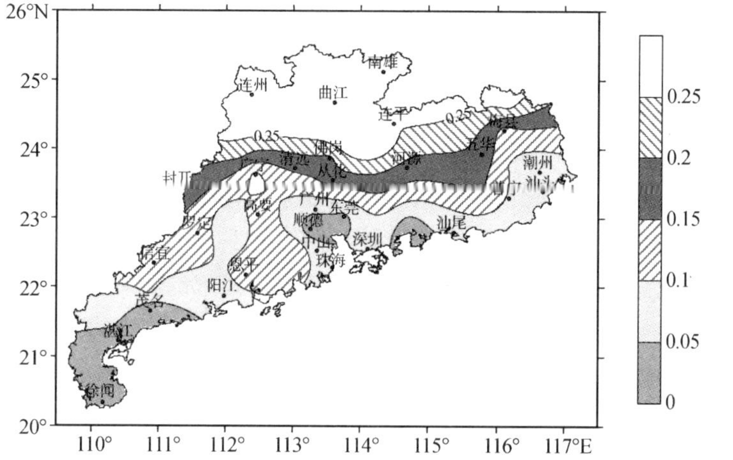

图 7.8　广东省香蕉实际灾损风险指数分布

表 7.8　广东省香蕉寒害综合风险区划指标

区号	风险级别	综合风险指数 K	分布地区
Ⅰ	不适宜种植区	$K=0$	
Ⅱ	轻度	$0<K\leqslant 0.2$	粤西南、沿海、韶关、清远北部、河源中部
Ⅲ	中度	$0.2<K\leqslant 0.4$	粤西的部分地区、粤东的部分地区、珠江三角洲部分地区
Ⅳ	重度	$K>0.4$	粤西部分地区、珠江三角洲中部、蕉岭、大埔、梅县等地

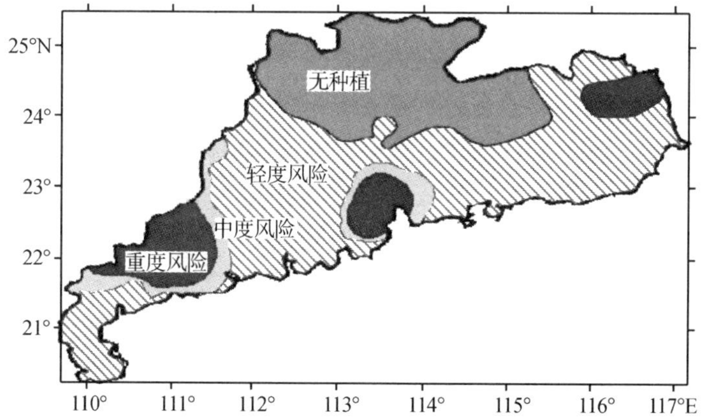

图 7.9　广东省香蕉寒害综合风险区划

7.3.3 评估的业务应用与发展趋势

7.3.3.1 农业气象灾害影响评估的业务应用

农业防灾减灾救灾的首要问题是灾害的监测与评估。只有实现了对灾害影响的科学量化和动态评估，才能通过国家和相关生产部门采取有针对性的应对措施，减少或控制灾害的发生，防御或减轻灾害对农业生产的危害，制定救灾措施和农业灾害保险政策，进行风险转移，保证农业的可持续发展和社会经济的稳定。因此，大力拓展农业气象灾害影响评估技术的业务应用服务，不仅可为国家制定农业气象灾害防御规划、国家粮食安全和气象灾害应急预案等宏观决策提供科学依据，而且对提升国家农业综合防灾减灾和应对气候变化的能力，具有十分重要的现实意义。

农业气象灾害影响评估的业务应用主要有以下方面：

（1）农业气象业务服务应用。基于实时气象业务信息，实现对农业气象灾害影响的灾前风险分析、灾中跟踪评估、灾后定量评估，包括灾害致灾强度、灾损、抗灾能力等的定量估算，将显著提升农业气象灾害监测和评估的量化水平，提升气象为农业服务的能力。

（2）减灾措施能力评估及其效益优化应用。如，灌溉降低冬小麦干旱风险能力评估及其效益优化技术，以基本满足冬小麦稳产、高产的水分需求为目标，研究及试验筛选得出：北方大部分冬麦区目前可减少灌溉 1～2 次，重旱年以灌 3 水的灌溉效益和减损效益最大，节水 675～1 350 m^3/hm^2。可在北方大部分冬麦区应用推广，可有效缓解北方地区水资源短缺，社会、生态和经济效益显著。

（3）农业防灾减灾决策应用。可获得及时准确的灾害监测与评估的量化信息，指导农业防灾减灾，通过采取相应的应对措施，可有效减少灾害的损失，保证农业的可持续发展和社会经济的稳定。

（4）农业发展战略调整应用。根据灾害风险的区域性和地带性规律，进行作物种植布局优化调整，实现从源头上控制农业气象灾害的发生，防御和减轻灾害对农业生产的危害。

（5）农业灾害保险应用。为农业灾害保险政策和保险费率的制定提供了定量的技术依据，将为保险部门实现农业灾害保险产业化提供可能。

7.3.3.2 农业气象灾害影响评估的发展趋势

近年来，我国农业已初步形成区域化、规模化、专业化生产的格局，高产、高效、高附加值的种养类型不断出现，农业生产的对象和区域布局发生了重大变化。尤其是气候变化背景下的极端天气气候事件增加，农业气象灾害发生规律出现了新的变化，呈现出频率高、强度大、危害日益严重的态势。更为重要的是，农业气象灾害具有群发性，在区域农业生产过程中，往往会发生多种农业气象灾害，或在某一灾害发生后诱发一种或几种灾害，而且彼此相互作用，形成复杂的灾害链或灾害群。因此，预计未来农业气象灾害影响评估技术，将向基于多种灾害发生规律的新变化及其对气候变化响应的综合集成方向发展。农业气象灾害影响评估的基础理论和应用方法研究将会进一步得到加强，农业气象灾害影响的风险化、定量化、动态化、综合化评估技术将向精细化方向发展。基于“3S”技术的农业气象灾害影响动态评估技术体系将成为研究、发展及业务应用的重点，基于农业模型的农业气象灾害影响评估技术将得到明显加强。农业气象灾害影响评估技术将在灾情监测与识别、灾害风险分析、灾害风险评估和灾害风险评价与对策方面形成配套体系，包括基于现代农业的农业气象灾害规律性及其指标体系、气候变化对农业气象灾害演变规律影响的揭示及其与评估模型的耦合等。

未来随着国家农业防灾减灾的迫切需求，风险分析的理论和技术将会全面引入农业领域，农业自然灾害影响的评估技术将向定量化、动态化、综合化方向发展，实现农业自然灾害影响由定性描述向定量表达的重要突破。

第8章 农业和生物气象灾害的减灾对策

8.1 减灾的基本思路与途径

8.1.1 农业气象减灾是一项复杂的系统工程

农业气象灾害及由气象条件诱发的生物灾害作为一个灾害系统，包括孕灾环境、灾害源、灾害载体和承灾体等子系统或单元。如果把减灾过程看做一个系统，则可分为灾前的防灾、灾中的抗灾、灾后的救灾和恢复重建等不同阶段，每个阶段是一个子系统或单元。减灾管理系统则包括政府机构、气象减灾的有关业务机构、社会团体和居民社区等单元或子系统。因此，农业气象减灾是一项复杂的系统工程，必须运用系统科学的理论与方法。农业气象减灾系统工程可以用图 8.1 表示。

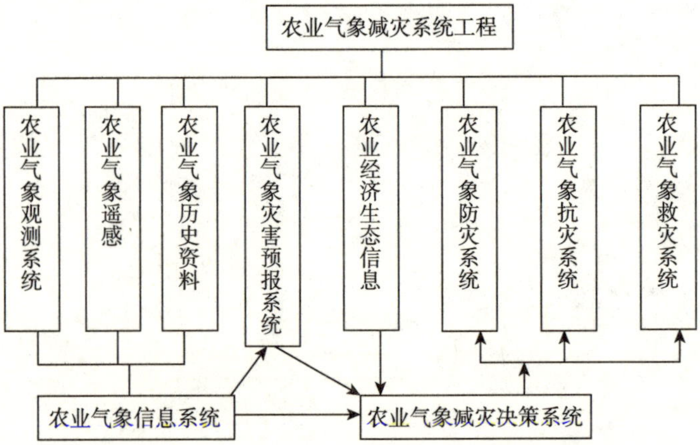

图 8.1　农业气象减灾系统工程框图

8.1.2 农业气象减灾的基本途径

农业气象灾害是致灾气象因子的冲击力或破坏力与农业承灾体的脆弱性或易损性即外因和内因的结合而产生的，因此，农业气象减灾的基本途径可以归纳成两个：①消除、削弱或规避致灾因子的冲击或破坏；②增强农业系统对气象灾害的承受力或抵抗力。

破坏力巨大的气象灾害一般不可能消除其致灾因子，只能采取时空规避措施。但在人工控制环境或由气象因素诱发的生物灾害，有可能在孕育期以较小的代价消除灾害源。大风、冰雹、低温、旱涝等如采取一定防护措施或调节小气候措施，也有可能削弱致灾因子的冲击或破坏。

由于农业系统是由农业生物和人工支持系统组成，因此，增强农业系统的减灾能力可从两个方面着手：一方面要加强农业生物自身对于灾害的承受力或抵抗力；另一方面要通过各种人工设施对农业生物进行保护。

8.1.3 从控制论的反馈原理看农业气象减灾的思路与途径

从控制论的角度，可以把农业气象减灾看成是一个输入-输出系统。由农业气象减灾综合管理系统对农业气象灾害、灾情和减灾效果反馈信息分析研究，作出判断和决策，制定减灾行动。依其作用可分为四类：作用于农业气象灾害源，旨在削弱或消除之；作用于农业气象灾害的载体，旨在限制或削弱之；作用于农业系统承灾体的环境，旨在改善之以利于提高承灾体对灾害的承受力或灾后的恢复能力；作用于承灾体，旨在加强其抗灾或耐灾能力。农业气象减灾管理的反馈原理可用图 8.2 表示。

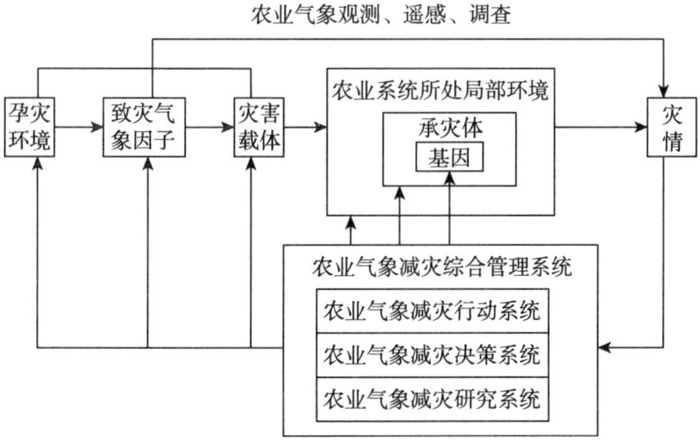

图 8.2　农业气象减灾管理的反馈原理

图 8.2 表明，农业气象灾害的减灾综合管理是一个控制系统。通过农业气象观测、遥感信息的获取和解译及农业生产调查等获得灾害和灾情信息，经过分析研究做出决策，提出的减灾措施按照作用于承灾体的部位的不同或作用于灾害源，又可以分为以下六类：

(1) 调节、改良农业生境小气候和改善农业生产条件。

(2) 增强承灾体承受气象灾害的能力。

(3) 通过育种和选种改良农业生物的遗传耐灾力或抗灾力。

(4) 消除或削弱灾害载体。

(5) 消除或削弱致灾因子。

(6) 通过生态环境建设改变孕灾环境。

根据农业气象灾害和承灾体的不同情况，采取上述措施时应有所侧重，少数灾种以削弱灾害源的措施为主，多数灾种以增强承灾体抗逆性的措施为主。

8.1.4 从风险管理的角度看农业气象减灾的基本策略

把农业气象灾害及由气象条件诱发的生物灾害看成是一类风险，从风险管理的角度，可以把农业气象减灾的策略归纳为以下几种：

(1) 时空规避风险。将农业系统与灾害源隔离是最安全的减灾途径。时间规避最常见的是调整播种期或移栽期，如北方春播棉花要求霜前播，霜后出苗；南方晚稻根据安全齐穗期的要求安排播栽期。空间规避是按照农业气候区划进行作物种植区的布局，如不在多雹区种植葡萄和蔬菜，在易旱区种植谷子、红薯等耐旱作物。

(2) 削弱或消除风险源。如：营建防护林或风障以减轻大风和干热风的危害，晚稻在寒露风到来前放深水提高叶温。大范围的农业气象灾害一般不可能消除其灾害源，但局地发生的某些灾害有可能做到，如人工消雹和熏烟防霜。气象条件诱发的植物病虫害在发生初期也有可能以较小代价及时消除。

(3) 增强农业系统对风险的承受能力。增强农业系统对风险的承受能力是农业生产上最常见的减灾措施。选育良种提高农业生物的抗灾或承灾能力是成本最低和效果稳定持久的措施，但育种周期较长，而且在育种目标上抗灾与高产优质往往有一定矛盾。通过栽培措施也可以提高农业生物个体的抗逆性，如在苗期蹲苗以提高后期的抗旱与抗倒伏能力，播前用抗旱剂、抗寒剂等拌种，叶面喷洒抗旱剂等。另外，台田有利于排涝，沟播有利于抗旱和防冻。群体抗逆能力涉及合理的密度和种植结构，如密度过大易发生倒伏，橡胶树与茶树间作可降低大风危害。从农业生态系统的角度，营建防护林、治理水土流失、平整土地和培肥土壤、农业水资源利用的开源节流、保护生物多样性等都具有一定的减灾效果。

(4) 接受风险。对于影响不大、损失很小，而实施减灾措施的成本可能要超过损失的轻度灾害，可采取接受风险的策略。如全田发生棉铃虫棉株率不足10%，而未来也不存在大发生的气象条件，由于只造成少量蕾铃脱落，反而有一定增产作用，不必使用药剂扑灭。再如轻度的霜冻使小麦叶尖受冻，对产量的影响并不大，如动员人力焚烧秸秆熏烟防霜，很可能得不偿失。

(5) 转移和分散风险。对于不可抗拒或减灾成本过高的风险通常采取投保以转移和分散策略。农业灾害保险虽然并未减轻灾害损失，但由于风险被转移和分散，一旦发生灾害可以很快得到补偿，极大降低了承灾体的灾害损失，有利于迅速恢复生产。无灾时虽然需要无偿支付保费，但这一支出是能够承受的，而在不投保的情况下一旦发生重大灾害，农业系统往往无法承受。但在发展中国家如何开展农业灾害保险仍有许多困难有待克服。

8.2 防避对策

8.2.1 防灾工程

农业气象减灾的防、抗、救三个阶段中，首先要立足于防灾，力争遏制灾害的发生或减轻灾害发生的强度。重大农业气象灾害的防灾主要是通过一系列防灾工程来实现的。

8.2.1.1 水利工程

旱、涝是农业生产上危害最严重的农业气象灾害，使水利工程成为农业减灾工程的主体，主要包括抗旱与防涝两个方面。大型水利工程主要是大江大河的综合治理与重大的水源工程，中型水利工程指中小河流的综合治理，小型水利工程通常指农田水利工程和山区小流域综合治理中的水利工程。

(1) 防洪工程。堤防的作用是防止洪水漫溢或海潮袭击，截至2006年我国有堤防28.1万km，为世界最长。海堤用于防御台风、风暴潮和海啸，现有13 718 km，保护着沿海5 831万人口、5 492万亩耕地和1.32万亿元的国内生产总值，但仍有66%未达到设计标准。江河湖泊圩塘堤防总长26万多km，其中大江大河及其主要干支流的重点堤防约5万km。但目前绝大部分堤防为土堤，北方许多河流的堤防只能抗御20～30年一遇的洪水。虽然目前大江大河的防洪能力有了显著提高，但全国80%的中小河流的防洪标准只有5～10年一遇。

在加固加高江河堤防的同时还要进行河道的疏浚与整治，否则会由于河床的不断淤积抬高和行洪能力下降而使堤防的加高失去意义。有些地方追求短期经济利益，侵占堤内土地进行非法建设或开垦，必须坚决制止。

到2006年已建成85 849座水库，总库容5 842亿m^3，能起到拦截洪水和削减洪峰的作用。修建水库应选择有利地形并要求稳定的地质条件；应考虑上游集雨面可能的降水总量与径流系数，否则会造成土地和人力、物力的极大浪费。水库还兼有发电、灌溉、航运、旅游、养殖等多项功能，但必须首先考虑防洪和抗旱的需要。水库防洪标准要根据当地的气象、水文和地质条件确定。在洪水来量可能超过设计库容的情况下，必须把水库和下游人民的安全放在第一位及时泄洪。目前我国水库总库容仅占年径流总量的22%，而发达国家一般都占一半以上，今后随着社会经济的发展还应继续兴建，同时要综合整治现有病险水库。目前全国共有中小型病险水库30 118座，占中小型水库总数的35.4%。

设立分滞区是为通过牺牲局部来保全大局。目前我国各大江河已建有97处分滞洪区，在1954年的长江洪涝、1963年的海河洪涝和2003与2007年等的淮河洪涝中都发挥了很大作用，保护了武汉、天津和其他沿江河城市的安全。但目前有些分滞洪区的管理失控，一些人违法开发和开垦土地，已有大量人口迁入。现有避洪设施只能解决20%人口的低标准临时安全，极大影响了分滞洪区的调蓄功能，必须逐步治理。2003和2007年的淮河洪涝中采取事先做好充分准备和动员，给予淹没地区合理补偿，有步骤启动各分滞洪区的做法，以很少的人员伤亡和财产损失，取得了抗洪斗争的重大胜利。

(2) 防旱工程。干旱是对农业生产影响最大的气象灾害。防旱工程包括水源建设、灌溉设施和农田水利工程。随着国民经济的发展，工农业生产和生活、生态用水量不断增加，加上全球气候变化导致我国北方气候的干暖化，干旱缺水问题日益突出，国家在水源工程和农业节水方面的投资也日益增大。

水源建设主要包括地表水源、地下水源和空中水源。地表水源主要是修建水库、水闸和提水灌溉。地下水源主要通过机电井提取。空中水源通过人工增雨作业获取。2006年全国灌溉面积6 255.9万hm^2，其中有效灌溉面积5 707.8万hm^2，机电井灌溉面积3 756..3万hm^2。灌溉农田约占全国耕地的一半，生产的农产品占全国农产品总量的2/3以上。西北干旱地区通过春季用飞机向高山积雪播撒黑碳粉，能促进积雪融化，增加径流。

我国已修建85 849座水库，41 209座水闸。但目前北方持续多年干旱，水库普遍蓄不满水，不少河流常年干涸无水可抽。全国已配套机电井437万眼，其中华北机电井分布过密，多年超采地下水，形成10余万 km^2 的大漏斗，有些地区的浅层地下水已经疏干，不得不靠提取深层地下水来维持当地的农业生产。

各地气象部门都已开展人工增雨作业并取得一定成效，但也存在一定的盲目性。黄土高原和各地山区建设了一批集雨工程，解决了人畜饮水困难和庭院灌溉。

农田水利工程包括灌区建设和田间节水灌溉设施。2006年我国已建成万亩以上灌区5 894个，有效灌溉面积2 802.1万 hm^2。

农业节水工程已取得很大成就，2006年节水灌溉面积2 242.6万 hm^2，占全部灌溉面积的35.85%，并以每年5%的速度增长。节水灌溉的方式主要是渠道衬砌防渗、管道输水、喷灌、滴灌、微喷、膜上灌、坐水种等。

8.2.1.2 农田基本建设工程

农田基本建设包括农田灌溉排涝、平整土地、改土培肥和营造防护林网。

农田灌溉工程如前所述，排涝工程主要是挖排水沟。盐碱地要深挖，以降低地下水位来抑制返碱。降低地下水位是南方小麦防治湿害的关键措施，为节省土地，往往挖成暗沟。

平整土地是提高农机作业与灌溉质量的关键。不平整的农田，高处易受旱，低处易受涝，作物长势不匀，农机作业困难。农田经平整后一般都能显著增产，但高差较大的农田在平整时要避免将生土翻上来。

沙质土壤与黏质土壤混合可以改善土壤结构，增强对于旱涝灾害的抵抗能力。但除非两类土质的地块相近，否则工程量极大。比较可行的办法是增施有机肥、深松耕、秸秆还田、轮作绿肥和使用土壤结构改良剂。

园田化可以提高农田的防灾能力，包括田间道路、渠系和林网的建设。农田林网可以减少水分蒸发，阻挡风沙，调节小气候，减轻旱涝、风沙、干热风、冰雹等多种灾害。虽然林带也有局部遮阴和对附近作物争夺水分养分的不利一面，但林网内的减灾增产效益要远远大于所付出的代价。

8.2.1.3 水土保持工程

我国是世界上水土流失十分严重的国家。以小流域为单元综合治理是治理水土流失的有效措施。需要对山、水、田、林、路统筹规划。小流域综合治理的工程措施包括治坡和治沟两方面。治坡工程包括修建梯田、水平沟、鱼鳞坑等，治沟措施包括修建谷坊坝、拦沙坝、塘坝、截流、蓄水池、湖村坝、引水渠、排洪沟等，其中最重要的是修建谷坊坝和梯田。生物措施主要是恢复植被，要根据土壤、地形和气候条件选择适宜的物种，宜林则林，宜灌则灌、宜草则草。2006年我国水土流失治理面积已达97.49万km^2，并以每年约新增4万km^2的速度增长，但水土保持的任务仍很艰巨。

8.2.1.4 生态环境建设工程

农业气象灾害的发生与生态环境的恶化分不开。生态环境建设工程除水土保持工程外，还包括江河源湿地保护、三北防护林建设、长江中下游水土保持林建设和天然林保护、荒漠化防治、珍稀动植物保护、环境污染防治等，应按照不同地区制定规划综合治理。

8.2.1.5 设施农业工程

保护地和畜舍等农业设施是防御气象灾害的有效措施。近年来各地兴建了大量塑料大棚和日光温室等保护地，使冬季和早春的农业气候资源得到充分利用。南方发展了遮阳网，有效减轻了热害。牧区的畜舍建设也取得很大进展，有效减轻了干旱缺水、严寒、暴风雪、风沙等气象灾害的威胁。

8.2.2 避灾措施

避灾是农业气象灾害防御的重要途径，可采取时间和空间隔离两种办法。

8.2.2.1 空间隔离

空间隔离的措施包括调整作物布局、调整种植制度或品种、发展农业设施等。

作物布局应考虑各地农业气候资源的充分利用和防灾的需要。如随着气候变化，华北平原的棉铃虫有加重发生的趋势。20世纪90年代我国棉花主产区向新疆迁移，充分利用那里空气干燥病虫害少、光照充足、气温日较差大等有利气候条件，取得了良好的经济效益。随着气候变暖，华南的热带、亚热带作物的种植区域向北迁移，以便充分利用气候变暖所增加的热量资源。但如北移幅度超出了气候变暖的程度，也会人为加重寒害的损失。又如在冰雹灾害常发的地区不应种植蔬菜和鲜果，应以相对耐雹击的林木和牧草为主。低洼易涝地应种植水稻和高粱，干旱地区应种植谷子、甘薯等。

随着气候变暖，种植制度的调整也势在必行。20世纪50—60年代，由于当时的水利、农机等条件较差，也缺乏合适的品种，在北京地区很难实行粮食作物的一年两熟平作，最多只能实行套作两熟。平作的夏玉米不是遭受涝灾就是遇到冷害，产量很低。随着生产条件的改善和气候变暖，目前华北平原已普遍实行小麦、玉米平作两熟，单产和劳动生产率都有了大幅度的提高。长江中下游由于春季湿害和夏季高温都有加重的趋势，同时大面积推广的杂交稻对低温的反应比常规稻更加敏感。因此，近年来双季稻的面积有所减少，小麦与中稻两熟制面积扩大，有效减轻了夏季热害和秋季低温冷害。20 世纪 80 年代初期四川东部与重庆的干旱加重，传统的冬水田已难以维持，当地总结出“水路不通走旱路”的经验，推广小麦、红薯、玉米的旱三熟制来替代传统的双季稻或小麦、水稻两熟制。

品种调整也是避灾的重要手段。在冬季严寒的地区，小麦应选用抗寒性强的冬性品种；在冬季温暖的地区则应选用冬性较弱的品种以充分利用热量资源和争取穗大早熟。20 世纪 80 年代以来东北气候迅速变暖，加上农业机械化水平提高节省了农时，各地对玉米品种作了较大调整，改用生育期更长的品种，增产效果显著。但也有一些地区调整幅度过大，人为造成了冷害，玉米不能在霜前正常成熟。

设施农业是空间避灾的重要手段。生长在温室里的作物可以避开外界不利气象条件的影响，并根据作物的生理需要创造最佳环境，以获得尽可能高的产量和质量。但修建设施和维持其功能也是要付出成本的。

畜舍是避开气象灾害的有效措施。近年来牧区的畜舍建设已取得显著进展。

在洪水、滑坡或泥石流、冰雹、暴风雪、风暴潮等对生命安全有重大威胁的不可抗拒的气象灾害及其次生地质灾害或海洋灾害发生时，将灾民转移安置到临时避险场所是最重要的避灾措施。

8.2.2.2 时间隔离

时间隔离主要是通过对作物播种期与移栽期的调整来实现的。

华北中北部过去冬小麦播种一直是在 9 月下旬，如延迟到 10 月上旬播种，往往冬前没有分蘖，苗情明显偏弱。但 20 世纪 80 年代以后秋冬变暖，9 月下旬播种往往苗期温度过高，容易发生徒长，不利于安全越冬，90 年代以来已改为 10 月上旬播种。华北山区的春玉米播种过去一般是在 4 月份，但春季十年九旱容易缺苗。现在普遍推广了等雨晚播技术，即准备早熟品种和中早熟品种两套种子，如春季墒情好则使用中早熟品种，春旱明显则将地整好，肥料送到地头，一般有 10 mm 以上降水就立即抢墒播种早熟品种。

8.2.3 防灾措施

除防灾工程和避灾措施外，生产上经常应用的防灾措施，主要有三个途径：一是抑制或消除灾害源；二是切断灾害链；三是提高承灾体的抗逆性。

对于自然破坏力极大的自然灾害是无法抑制或消除其灾害源的，如暴雨、洪水、寒潮、台风等。但有些能量或尺度较小的气象灾害，有可能消除或抑制其灾害源。如局部麦田的湿害，可以通过降低地下水位来消除；某种气象条件下诱发的病虫害，可以利用刚刚萌发的时机消灭其孢子或虫源。

自然灾害从孕灾环境到灾害载体，到承灾体，再到其次生灾害与衍生灾害，形成一个灾害链条。这种灾害链往往具有连续性，切断其中某个环节，就有可能阻止链条后端灾害的发生。如许多植物病毒病要通过蚜虫或灰飞虱等昆虫来传播，消灭了这些昆虫，也就控制了病毒病。下垫面受热不均匀是产生对流灾害性天气的重要成因，通过植树造林、增加灌溉和平整土地，可以减少强对流灾害性天气的发生。

提高承灾体的抗逆性是农业生产上最常用的措施。承灾体的抗逆性来自品种遗传、抗逆锻炼和人工辅助增强几个方面。通过品种改良来增强抗逆性是成本最低和最为巩固的防灾措施。许多作物通过蹲苗可以增加植株的耐旱能力，小麦通过冬前锻炼可以忍耐零下十几摄氏度的低温。人工喷洒某些生理调节剂也能够增强植株的抗逆性，如抗旱剂、抗冻剂、抑制蒸发剂等已在生产上大面积推广。

广义的防灾措施还包括气象灾害的监测、预报和预警，抗灾物资、资金、人员、技术的准备即备灾，编制减灾预案等。

8.3 抗灾对策

抗灾指在灾害发生后采取的遏制灾害源或保护承灾体的措施，通常带有很强的紧迫性和时效性。

8.3.1 工程抢险

对于重大气象灾害，工程抢险是最重要的抗灾措施。涉及工程抢险的气象灾害有暴雨洪水、台风风暴潮、暴风雪和雪崩、大风和冰雹等。

防洪是最常见的抢险工程，包括临时加高加固堤防、加固水库大坝、抢修水闸、围堵决口、清除行洪障碍物、轰炸冰坝等。应尽可能做好预防不出现险情，但一旦出现险情就要当机立断采取措施消除险情或隐患。

山区的暴雨经常引发滑坡和泥石流等地质灾害，通常破坏力极大而且不可抗拒，主要是对承灾体采取紧急加固或转移安置措施。牧区发生暴风雪时要对牧民住房和畜舍采取临时加固措施，温室要在大风和冰雹即将到来时紧急覆盖或加固。

8.3.2 人工影响天气

常见的人工影响天气抗灾措施有人工增雨雪、人工消雹、人工抑制霜冻等。

人工增雨的原理是向空中撒播冰核、致冷剂、凝结核，促进雨、雪粒子的形成，或发射火箭、高炮，通过播撒或扰动气流，影响降水的形成过程。人工增雨需要空中有足够的水汽供应和了解云发展的情况。因此，实施人工增雨作业，一定要掌握实况，抓住有利时机，人工增雪作业也是如此。

人工消雹的原理与增雨相似，是通过人工作业促使本来有可能通过强烈对流形成大的雹块的水滴提前降落，或通过对云的扰动改变冰雹的形成过程。

目前人工影响天气虽然取得一定效果，但对于其作业效果的定量检验却始终是一个难题。各地在实施人工影响天气作业时，要注重个例资料的完整和积累，为取得可靠的效果验证提供统计样品。

8.3.3 抗灾栽培

随着全球气候变化和极端天气气候事件的增加，仅有模式化栽培技术已经不能适应生产的需要，抗灾应变栽培技术应运而生。首先需要建立农业气象灾害的诊断识别技术体系，善于识别灾害的种类和类型，了解其危害机理和特点，才能建立应变栽培的技术体系和找准减灾的途径。

抗灾应变栽培的基本思想是根据外界环境条件的变化采取不同的措施，或调节田间小气候，或调节植株的状态，充分利用作物自身的适应能力和抗逆潜力来克服灾害的不利影响。

以小麦为例，如预报秋季偏暖则应采用冬性偏弱品种并适当晚播；预报秋季偏冷则采用冬性偏强品种并适当早播。如预报冬暖则在小麦停止生长前对旺苗采取镇压措施；预报冬冷则对弱苗要采取促进措施，冬季采取覆盖保暖措施。春寒年采取控制氮肥数量和控制浇水并增加磷肥数量的对策；春暖年可适当增加浇水和氮肥投入的对策，磷肥不必太多。东北发现玉米有贪青晚熟趋势，应采取增施磷肥、控制氮肥，隔行去雄穗，打老叶，浅锄等促进早熟的措施。

抗灾措施调整的幅度不可过大，在生产上经常遇到照搬上一年经验而加重灾害的教训。2005年黄河中下游小麦发生严重的早春冻害，原因之一是连续两年秋凉，农民以为还是早播好，结果遇上少有的秋暖年，早播小麦冬前过旺，给越冬留下了隐患。

8.4 补救对策

农业气象灾害发生之后的补救措施包括对作物和牲畜的补救和对灾民的

救援，灾害保险则是市场经济条件下通过转移和分散风险，让全社会共同承担风险的减灾途径。

8.4.1 补救措施

农业气象灾害分为突发型和累积型两类，干旱、涝害、湿害、冷害、冻害、阴害和大多数由不利气象条件引发的病虫害都属累积型灾害，灾害从孕育、发生、蔓延到衰减、消失的过程较长，一方面增加了减灾的复杂性，另一方面也给采取补救措施提供了可能与机会。山洪、霜冻、大风、冰雹、雷电以及由暴雨引发的滑坡、泥石流等地质灾害属突发型灾害，历时很短，但不一定都是毁灭性的，受灾以后在大多数情况下也有一个如何补救的问题。

采取补救措施的前提是对作物或牲畜受灾的程度及其恢复能力和产投比有一个正确的判断和分析，如果补救措施的成本过高就不值得采取，如果补救后的收益超过措施本身的成本就应该采取，这都需要通过不断总结来取得经验。

8.4.1.1 干旱的补救

北方春播遇旱，如墒情能勉强出苗则抢墒播种。如表土墒情不足底墒较好，可采取镇压提墒播种的办法。表墒进一步变差可采取深开沟、浅覆土的找墒播种法。干土层超过 10 cm 后，可采取坐水播种的造墒播种法。

冬小麦冬季干旱应反复镇压弥缝保墒和促进深层水汽聚集到表层。玉米苗期干旱应深锄促进根系下扎，增强抗旱能力。

水稻如因干旱缺水无法插秧，可改种玉米和蔬菜等其他作物，或改种旱稻。如预计缺水的时期不太长，可采取寄秧的办法，即将秧苗先集中到一块水田，密度比秧田稀些，但比本田密得多，等到有水时再插老秧。四川和重庆等热量丰富地区，晚稻遇伏旱高温导致严重减产或绝收时，采取割留高茬、培育再生稻的办法，仍可获得每亩 250～300 kg 的产量。

玉米、高粱、谷子等秋粮受旱，可喷洒抗旱剂、磷酸二氢钾、尿素等，既能根外施肥，又能促早熟。

8.4.1.2 涝害的补救

水稻受涝后，只要不淹没稻穗，损失不会很大。要及时开沟排水，清洗污泥，扶正秧苗，适当追施氮肥。旱粮在能下地后应及时松土以改善土壤通气并除草，促进作物恢复生长。玉米如已倒伏，在头一两天还可扶正，过后不可强行扶正以免造成茎秆折断。

如洪涝灾害已造成作物大量死亡，则应在退水后根据秋霜冻前还有多少积温及时改种其他小日期（短生长期）作物。如华北可改种红小豆、绿豆、特早熟谷子、荞麦、萝卜、白菜等。如改种这些作物也不能成熟，可精细整地种好小麦，以弥补损失。南方热量更为丰富，可选择的替代作物种类更多。

8.4.1.3　霜冻的补救

小麦春季发生轻度霜冻一般都能很快恢复，要适当提早浇水追肥时间来促进。如旺苗的主茎大蘖大量死亡，可利用小分蘖成穗。

玉米苗期受霜冻，即使地上部全部枯死，只要生长点还在地下，仍能重新长出，但蹲苗的时间要缩短或不必蹲苗。

早春蔬菜移栽后遇霜冻要根据死苗的多少和轻重分别采取补栽或改种措施。

果树开花后，花器抗寒性的顺序依次是子房＞柱头＞雄蕊。如果只是雄蕊冻坏，可以采取人工授粉的方法；如果柱头也冻坏了但子房尚好，可以喷洒生长刺激素促使子房膨大结果。

8.4.1.4　冻害的补救

对于冬小麦冻害的补救，关键是正确识别“假生长”现象，即生长点或分蘖节已经死亡的分蘖或植株在早春一段时期内绿叶仍能继续伸长，这是由于叶片基部细胞利用叶鞘贮存养分和土壤返浆水分伸长，但由于分蘖节已经死亡，与根系的联系中断，因此，在气温上升后分蘖节腐烂，地上部会很快枯死。“假生长”在华北一般维持10多天，在俄罗斯可维持一个月。由于“假生长”现象的存在，看上去一片枯黄的麦苗，不一定就是死的；看上去绿叶还在伸长，也不一定是活株。关键是要看分蘖节是否变色甚至腐烂和生长点是否已经皱缩或小心叶是否冻熟。

在华北北部，每亩如存活茎数在15万以上通常可以保留，加强管理仍可获得较好收成。在黄河流域由于是大穗型品种存活10万茎以上也可以保留。如存活茎数过少，则应当机立断改种春播作物。如能早期发现，改种春大麦或春油菜，仍可实现一年两熟。

对于死苗不太多，但受伤严重的麦苗，应区别情况采取不同的补救措施。旺苗受冻应首先趁返浆之前搂去干枯叶片叶鞘，促进心叶伸出；适当提早浇返青水和增加施肥量。对于受冻弱苗，不应急于浇水，应浅松土，施优质有机肥和磷肥，促进根系发育，随植株长大再逐渐加大水肥促进的力度。对于返不上浆的冬旱麦田应利用白天气温高于0 ℃时喷灌补水1～2小时。如为渠灌，则要严格控制水量，每亩不得超过10 m^3。

大白菜砍菜期受冻后，只要菜心和菜根没冻坏，放在冷屋缓慢复温仍可恢复。

8.4.1.5 冰雹的补救

作物受雹灾后首先应调查灾情，根据作物的生长阶段、受灾程度和再生能力决定采取何种补救措施。

小麦扬花期受雹灾，只要植株没有被完全打光，就不要轻易毁种。一般过4～6天就能从基部萌发新芽，15天后就能恢复一片绿色，30天后重新抽穗，50～60天后成熟。山东调查如50％～60％的植株被砸，仍可获得原产量的一半。雹灾后应及时浇水和追速效肥，中耕松土。雹灾后小麦生长和成熟不整齐，要分批收获。

玉米苗期受灾，如生长点未出地表，一般都能很快恢复生长。抽穗期遭受雹灾并有相当部分穗节砸断的，应锄掉断株，串种生育期短的绿豆、小豆、荞麦等作物以弥补产量损失。雹灾后不能在秋霜冻前正常成熟的玉米，可作为青贮玉米在乳熟期收获并青贮到窖内。

棉花遭受雹灾后，只要残留主茎上还有子叶节，皮层没有受重伤，都能成活继续生长。幼苗期受灾可移栽补苗。被打成光秆的棉株过些天会长出许多新枝条，要在新枝条长到5～6 cm时及时整枝，留上部枝为主茎，缺苗多的可多留枝。灾后要及时松土破除板结，并浇水追肥促进生长。

8.4.2 灾后救济

灾后救济包括发生灾害时的应急救助和灾后的救济工作。

救灾是全民的事业，政府要发挥主导作用，主要由各级民政部门负责，灾民也要积极开展自救与互救，还要调动社会各界，特别是各种红十字会等非政府组织、各种志愿者队伍和慈善机构的作用。重大自然灾害还要争取国际援助。

救助灾民是政府的职责，各国宪法和有关法律都有政府保障公民的生存权的明确规定。地方政府必须储备一定数量的救灾资金和物资，以备救灾之急需。目前我国已在11个城市建立了中央级救灾物资储备点，有关省也建立了自己的省级库。对救灾物资必须加强审计监督并加大透明度，使社会了解救灾物资的数量、分配和原则。

做好灾后救济工作，灾损评估是前提。民政部门制定了一系列灾害评估标准，根据不同的灾损水平确定对不同灾区的救济标准。灾害发生后，要迅速组织将救灾物资在第一时间运送到灾民手中，保障群众的基本生活需求。

灾后相当长时期内灾区仍很困难，对灾区可采取减免税收、以优惠价格提供生产资料和生活必需品、提供优惠贷款、赊销棉布等方式帮助灾民渡过难关。重灾区的救济有一定的季节性，冬季应提供寒衣和取暖，青黄不接之际要提供救济粮以度春荒，同时要确实保护种子和饲料。我国的多灾地区大多是贫困地区，救灾要和扶贫工作相结合，增强自身抗灾能力。

8.4.3 灾害保险

无论是民政部门还是社会团体的灾后救济，都只能解决灾民的临时生存，不可能解决灾区生产和灾民财产损失的补偿问题。保险最初起源于规避各种灾害事故对海上贸易造成的损失，通过行业协会集中每个经营者的少量资金形成补偿基金，在遭受灾害时补偿受灾的保险参与者。保险在当代社会已成为社会安全防灾的重要力量和有利于社会安全稳定的制度安排。

农业是受自然灾害影响最大的弱质产业，在理论上应该是对保险业需求最迫切的产业。发达国家开展农业保险业务已有上百年历史，在国家支持下的农业灾害保险已成为保障农业稳定发展的支柱产业之一。但对于大多数发展中国家，由于农业的经营规模较小，城乡收入差距大，农民投保的经济负担较重；另一方面，农业自然灾害的风险又很大，经营农业灾害保险通常是不可能赢利的。农业保险的高风险、高成本、高赔付使得一般商业保险企业望而却步。发达国家一般都规定农业灾害保险必须不以赢利为目的，而是作为一种政策性保险，采取适当手段实行区域性强制保险，制定符合实际的条款使农民能够承受，实行多方集资，多级共保；取之于民，用之于民。

新中国成立以来农业灾害保险几经起落，国务院于 2006 年 6 月 15 日发布《关于保险业改革发展的若干意见》，指出“保险是具有经济补偿、资金融通和社会管理功能的重要组成部分，在社会主义和谐社会建设中具有重要作用”，要求“认真总结试点经验，研究制定支持政策，探索建立适合我国国情的农业保险发展模式，将农业保险作为支农方式的创新，纳入农业支持保护体系。发挥中央、地方、保险公司、龙头企业、农户等各方面的积极性，发挥农业部门在推动农业保险立法、引导农民投保、协调各方关系、促进农业保险发展等方面的作用，扩大农业保险覆盖面，有步骤地建立多形式经营、多渠道支持的农业保险体系”。

近年来，在国家和地方政府的积极推动下，我国农业灾害保险事业取得了一些进展，各地创造了多种模式。但总的看，我国开展农业灾害保险还缺乏成熟的经验，存在许多难点，还需要不断摸索总结。

除政策性问题外，农业灾害保险在技术上的最大难点是灾损评估。由于农业气象灾害的损失在年际间差别很大，纯费率要以长期平均损失率为基础，而由于资料不足与缺失，保险费率难以拟定。各地的农业实践不同，农业气象灾害的性质、类型、频率、强度都有差异，造成合理的保险责任难以确定。农业保险的对象即保险标的又是有生命的动植物，其价格不断变化，很难估算预期利益与损失程度，难以定损理赔。从农业气象的角度看，急需建立农业气象灾害的诊断标准体系与灾害损失评价方法体系，为农业灾害保险的开展提供技术支撑。同时，大量培养既懂得保险业务，又懂得农业气象灾害识别诊断、灾损评估和减灾技术的复合型人才也应提到日程上来。

第9章 气候变化对农业灾害的影响

9.1 概述

全球气候变化已经并正在对世界各国，特别是发展中国家产生越来越显著的不利影响。根据IPCC第四次评估报告第一工作组的最新研究成果，过去100年（1906—2005年），全球地表温度升高了0.74 ℃（范围是0.56～0.92 ℃）；与1980—1999年相比，21世纪末全球平均地表温度可能会升高1.1～6.4 ℃，21世纪高温、热浪、极度干旱和强降水事件发生的频率和强度可能增加（IPCC 2007a）。IPCC第四次评估报告第二工作组的研究得出，许多自然生态系统正在受到气候变化的影响，尤其是受到温度升高的影响。自20世纪70年代以来，人类活动引起的气候变暖对许多自然和生物系统产生了可以察觉到的影响；区域气候变化对自然和人类环境的影响正在显现，未来气候变化对淡水资源、生态系统、粮食、森林、沿海生态系统、人体健康等将产生重大影响；采取适应气候变化的措施是十分必要的（IPCC 2007b）。

我国生态环境脆弱，易受气候变化的不利影响。我国科学家的初步研究表明，气候变化将继续对我国自然生态系统和社会经济系统产生重要影响，而且这些影响将以负面为主。

9.1.1 气候变化事实与预估

9.1.1.1 气候变化事实

近100年来，我国年平均地表气温上升了0.8 ℃，增温速率略大于全球平均水平。最低温度增加明显，气温日较差明显变小。从季节上来看，冬季和春季增温最为明显，而夏季有微弱变凉趋势。

近50年来，我国年平均地表气温升高了1.1 ℃，增温速率为每10年

0.22 ℃，显著偏高于全球或北半球水平。其中，冬季和春季增温更为显著。从空间上来看，以北方和青藏高原增温最为显著，而值得关注的是，西南地区出现了降温现象，其中比较突出的是春季和夏季变凉。另外，长江中下游地区夏季平均气温也呈下降趋势。我国的气候生长期已明显延长，以青藏高原和北方地区最为明显。

近 100 年来，我国年降水量没有出现明显的趋势性变化，但秋季降水量略有减少，春季降水量略有增加。近 50 年来，我国年平均降水量变化趋势也不明显。但在不同的地区年降水量存在一定的趋势性变化。1956—2000 年期间，长江中下游和东南地区年降水量平均增加了 60～130 mm，西部大部分地区、东北北部和内蒙古大部分地区的年降水量也有一定程度增加；年降水量有明显下降的地区分布在华北、西北东部、东北南部等地，其中黄河、海河、辽河和淮河流域平均年降水量约减少了 50～120 mm。

近 50 年来，我国大部分地区的日照时数、水面（蒸发皿测量）蒸发量和平均风速都表现出显著的下降趋势。1956—2000 年，全国平均日照时数减少了 5%（130 小时）左右，减少最明显的地区为我国东部，特别是华北和华东地区。年水面蒸发量减少 6%左右，以 20 世纪 70 年代中期以后的减少最为显著，减少最明显的地区为华北、华东和西北地区，其中华北的海河和淮河流域年水面蒸发量约下降了 220 mm 左右。风速减少最明显的地区出现在西北地区。全国的总云量有减少趋势，其中内蒙古中西部、东北东部、华北大部以及西部个别地区减少最为显著。此外，近 50 年来我国平均最大积雪深度呈一定程度的增加趋势，可能的原因是西部地区冬季降雪量增加。

自 1950 年以来，全国平均炎热日数没有呈现显著的趋势性变化，而霜冻日数减少了 10 天以上，与日最低气温明显增加的事实一致。同期我国的寒潮事件频数显著下降。近 50 年来长江中下游流域夏季暴雨日数明显增多，与之形成鲜明对比的是，西北东部、华北和东北的主要农业区干旱面积增加。但总体上看，全国强降水事件的影响范围和干旱面积的变化趋势并不显著。近 50 年，特别是 20 世纪 90 年代以来，登陆我国的台风数量呈一定的下降趋势，东南沿海地区因台风产生的降水量也有所减少。北方地区包括沙尘暴在内的沙尘天气事件出现的频率总体上呈下降趋势。与北半球一些地区不同，近 50 年来我国主要类型的极端天气气候事件没有呈现显著的增加趋势。

9.1.1.2 气候变化预估

气候变化预估最主要的工具是气候模式。预估未来全球和区域气候变化的前提是：预测、估算或假设未来温室气体和硫酸盐气溶胶的可能排放情况。为此 IPCC 先后发展了两套排放情景（IS92 和 SRES），在此基础上对气候变化进行了预估。预估的结果是，21 世纪的中国一致增暖，但存在明显的南北差异与季节差异。其中，中高纬地区的增暖大于中低纬地区，冬春季的增暖最为明显。增暖幅度随排放情景的不同而有所差异。降水时空变率较大，变化的情况因采用不同的排放情景和不同的气候模式而差异明显，但总体上以增加为主。对全球气候模式提供的未来大空间尺度的气候信息，采用统计降尺度的方法，得到我国多个观测站点的未来降水变化情景，发现未来降水都有不同程度的增加。

采用动力降尺度方法得到未来 CO_2 加倍时（约 2070 年前后），我国气候变化的预估结果：地表气温将明显上升，呈北高南低分布，季节分布上以冬春季增加最多；年平均降水量将普遍增加，呈现出很强的区域特点，在季节分布上，全年各季降水量都增加，尤以夏、冬季增加较多。在气温和降水都增加的情况下，对极端天气气候事件变化的分析表明，我国区域的日最高和最低气温都将升高，但最低气温的升高数值较最高气温大，导致气温日较差减小；降水日数在北方显著增加，南方没有显著增加，但南方的大雨日数将显著增加，未来暴雨天气会增多，气候有趋于恶劣之势；台风生成数目将增加，登陆台风个数也可能会有较大增加，台风的移动路径将出现相应变化。

9.1.2 气候变化对农业的影响

农业是气候变化最敏感的领域之一，气候变化对我国农业会产生或利或弊的影响，但基本上是以不利影响为主。气候变化对农业的影响由于作物种类、区域、环境条件等因素的不同而不同。有利的影响表现为，由于气温升高和热量增加，作物生育期延长，喜温作物界限北移，有利于作物种植结构调整。不利的影响表现为，使原有作物生育进程加快，生育期缩短，作物减产的风险增大；降低作物抵御气候波动的能力，因气象灾害而导致的农业损失加重，增加了农业生产的不稳定性；提高农业成本。

（1）对农作物种类、地理分布和种植制度的影响。我国农业生产的一大特点是多熟种植，复种指数达到 150%以上。温度升高对种植业的影响首先表现在能扩大作物的种植范围，当前我国的一年一熟制的北界大约可向北推移 200～300 km，一年二熟制和一年三熟制的北界也将向北推移 500 km 左右。麦稻两熟区、双季稻种植区和一年三熟制的水稻产区，只要水分条件能满足生育期的需要，种植北界均可向北推移，这种变化有可能使一年二熟、一年三熟的种植面积扩大。据估计，在温度上升 1.4 ℃、降水增加 4.2%的条件下，在品种和生产水平不变的前提下，气候变化后我国多熟种植的面积可能产生如下变化：一熟种植面积由当前的 62.3%下降为 39.2%；二熟种植面积由24.2%变为24.9%；三熟种植面积由当前的13.5%提高到35.9%。温度升高对不同的生长季有不同的效果，其影响程度因作物种类、地区和种植水平而异。南疆盆地，20世纪60年代冬小麦种植范围为76°～83°E和35°～40°N的地区，到了90年代冬小麦种植范围扩展到76°～87°E和41°～42.5°N的地区。甘肃陇中地区，过去冬小麦种植区北界位于通渭县，而近年来种植区域逐年扩大，已经扩种到海拔2 000 m左右的地方；过去玉米只能在当地热量资源比较丰富的非常有限的范围内种植，进入20世纪90年代后，除了个别高寒山区外，海拔2 200 m以下地区几乎都能成功种植；过去糜子和谷子等喜温作物在当地种植往往难以成熟，近年来糜子和谷子都能成熟，其种植面积也在逐渐扩大，并达到了高产、稳产；另外，复种、间作、套种等种植技术也得到了广泛应用，特别是复种面积大大增加，一熟制转为多熟制的地理区域正在扩大（刘德祥等 2005）。

（2）对农作物生长发育和产量的影响。气候变暖对不同地区、不同种类作物产量的影响不同。我国水稻、小麦、玉米等作物品种多，品种间差异也很大，因此气候变暖对我国农作物产量的影响，在有些地区是正效应，在另一些地区是负效应（王馥棠 1994）。有利的影响表现为：气温升高将减轻冬季冻害和夏季低温的威胁，有利于作物生长，尤其利于喜温的水稻等作物的生长。由于气温升高，使我国东北地区作物的低温冷害有所减轻，促使晚熟高产品种的种植面积不断扩大。吉林和辽宁两省20世纪80和90年代农业低温冷害的发生频数、范围、程度都明显低于60和70年代，特别是气候变暖后的90年代仅在1995年发生了一般性低温冷害。不利的影响表现为：气温升高后，夏季的高温和干旱将抑制作物的生长发育。在气温升高、降水减少（部分地区增加）的可能范围内，由于生育期缩短、水分短缺，我国主要粮食作物的有效生产潜力最多会下降10%以上。

（3）对农作物光合作用的影响。有利的影响表现为：CO_2浓度升高可使作物光合速率增加。如CO_2浓度增加可使水稻叶片光合速率提高30%～70%；使小麦净光合速率增大，光合时间延长。不利的影响表现为：由于温度升高，有效水分减少，将在很大程度上制约作物对CO_2的有效吸收，减弱作物的光合同化过程和强度；由于温度升高而使作物受高温胁迫的影响，使光合作用受阻，甚至中断或终止作物的正常生育过程；温度升高将加速土壤中肥料的分解流失，影响光合同化过程中养分的输送与贮存；较高的蒸发率还可能抵消因CO_2增加而提高的水分利用率，导致作物的水分胁迫更加严重；由于农作物的呼吸消耗随着温度升高而呈指数递增，直接导致光合同化产物被植株自身为维持呼吸作用而大量消耗；较高的温度还可能会加快农作物的生育进程使之来不及积累同化物，导致子粒灌浆不充分等。

（4）对农业灾害及农业成本的影响。气候变暖会使农业病虫害的分布区域发生变化。低温往往限制某些病虫害的分布范围，气温升高后这些病虫害的分布区域可能扩大。同时温室效应还使一些病虫害的生长季节延长，使害虫的繁殖代数增加，一年中为害时间延长，作物受害可能加重。在气候变化的背景下，极端天气气候事件增多，区域气象灾害加剧，导致农业生产的不稳定性增加，从而提高农业成本。气候变化尤其是气温升高后，引起农业生产条件的改变，农业成本和投资大幅度增加，土壤有机质分解加快，化肥释放周期缩短，灌溉成本提高，进行土壤改良和水土保持的费用增大，使农业的投资增大，提高了农业成本。

（5）对农业水资源的影响。农业作为用水大户，占全社会用水总量的70％以上。温度升高条件下，作物需水量加大，直接导致农业单位面积用水量增加，激化了农业、工业和生活用水之间的矛盾。全国现有0.56亿 hm^2 的灌溉地，约占耕地面积的52％。粮食产量的2/3以上来自灌溉农业，而灌溉的作物主要是水稻、小麦，水资源减少1％，灌溉面积将减少1％以上，粮食产量减少75亿kg。足以影响我国的粮食总产量，而且大面积的旱地作物减产更严重。将使水资源本来短缺的北方农业生产面临更严重的威胁。

9.2 已观测到的影响事实

气候变化一方面导致各气象要素平均状况的改变，如年平均气温上升，年降水量趋势性变化等。另一方面导致极端天气气候事件发生的频次、持续时间、覆盖范围、变异程度等的变化。基于两者的叠加效应，农业气象灾害和农业病虫害发生的时空规律性及程度会随之发生变化，有一定适应能力的农业系统本身对气候变化的响应也会出现一些新特征。

9.2.1 农业气象灾害

我国农业气象灾害主要有干旱、洪涝、风雹和低温四大类等。据统计，近年来我国每年因各种气象灾害造成的农作物受灾面积5 000万 hm^2，因灾害损失粮食为5 000万t；受灾害影响的人口达4亿人次，造成的经济损失平均达2 000多亿元。目前已观测到的气候变化对农业气象灾害的影响事实如下。

9.2.1.1 干旱

气候变化导致我国农业旱灾加重。20世纪50年代以来，我国农作物干旱受灾、成灾面积逐年增加。1951—2007年，全国农作物因干旱年平均受灾面积为2 224万 hm^2，成灾面积按年代平均，50，60，70，80和90年代分别为531.7万，800.4万，853.9万，1 129.4万和1 384.2万 hm^2，2001—2007年年平均为1 241.3万 hm^2。每年因旱灾损失粮食250亿～300亿kg，其中90年代以来，年平均损失粮食达300亿kg，占各种自然灾害损失总量的60%。旱灾对粮食生产的影响最为显著，1999—2001年，由于旱灾较重，年平均成灾面积达2 237万 hm^2，我国粮食总产连续3年下降；2004—2007年，由于旱灾较轻，年平均成灾面积为887万 hm^2，我国粮食总产连续4年增加。产粮大省河南的干旱成灾率高达65.7%。

气候变化导致北方地区旱灾严重加剧。近50年来，北方主要农业区干旱范围有明显扩大的趋势。其中以华北地区干旱程度和范围不断增加趋势最为显著。20世纪90年代末期到21世纪初，华北地区出现的连年大旱，其范围之广和损失之大，是近半个世纪以来罕见的（Wang等 2003）。20世纪90年代北方地区干旱频繁，旱情严重，受旱面积超过3 000万 hm^2 的有1992，1994，1997，1999，2000和2001年。2000年全国受旱面积约4 054万 hm^2，成灾面积约2 678万 hm^2，成灾率为66.1%，无论受旱面积，还是成灾面积均是全国50年来最重的一年。2001年全国受旱面积约3 846万 hm^2，成灾面积2 373.3万 hm^2，受灾面积是建国以来第二位。1999—2001年3年连续干旱，灾害影响到10多个省（区、市），年平均受旱面积达3 638万 hm^2，成灾面积2 237万 hm^2。与1959—1961年3年连续干旱相比，虽然受旱面积相近，但成灾面积增加了704万 hm^2。

气候变化导致北方地区干旱周期明显缩短，干旱出现的频率显著增加，粮食减产幅度加大。20世纪90年代以来，北方地区受旱面积超过3 000万 hm^2 的有6年；甘肃、湖北等省发生严重干旱年的次数占1950年以来发生总次数的50%左右。干旱造成山西省粮食大幅度减产，1991年比1990年减产23.4%，1994年比1993年减产10.4%，1997年比1996年减产16.3%，1999年全省粮食总产量为82.17亿kg，较1998年的108亿kg大幅减少，减产24%；2003年冬季到2004年春季，宁夏中部连续170多天没有有效降水，2004年秋季到2005年夏季，出现了冬、春、夏连旱，是1950年以来罕见的特大干旱，导致农作物绝收，人畜饮水困难，给当地人民生活带来极其严重的影响。

气候变化导致我国北方地区干旱化进一步加剧，已经持续30多年的华北地区干旱问题在未来10多年中仍然面临继续恶化的趋势。与此同时，南方雨量丰沛地区的干旱问题也在日益凸显，2006年重庆、四川出现了50多年来最严重的高温伏旱，2007 年湖南、江西、四川、重庆等省（市）部分地区发生了严重的夏旱，都对农业生产造成严重影响。表明随着全球气候变暖背景下极端天气气候事件的增多、增强，旱灾危害的程度、范围呈加重、扩大态势。因此，必须在重点关注北方干旱对农业生产威胁的同时，高度关注南方季节性干旱对农业生产的危害。

9.2.1.2 洪涝

气候变化导致我国洪涝灾害加剧。1951—2007 年，我国洪涝灾害的年平均成灾面积为 563.6 万 hm^2，按年代平均，50，60，70，80 和 90 年代分别为 430.3 万，525.9 万，287.6 万，558.8 万和 859.3 万 hm^2，2001—2007 年年平均成灾面积为 770.1 万 hm^2。其中严重洪涝年份，农田成灾面积可达 1 000 万 hm^2 以上。20 世纪 70 年代以来，长江、淮河流域降水明显增多，洪涝加剧。90 年代以来，我国洪涝灾害严重，1991 年江淮地区持续性特大洪涝灾害造成的经济损失为 1 200 亿元，1994 年全国洪涝灾害损失是 1 500 亿元，而 1998 年全国特大洪涝灾害损失超过 2 000 亿元。洪涝灾害对粮食生产的危害仅次于旱灾居第二位，因洪涝灾害年均损失粮食占灾害损失总量的 25%。黑龙江 5 个典型洪涝年粮食单产平均减产达 200.2 kg/hm^2。

长江流域作为我国粮食主产区之一，725 个县中有近 1/3 属洪涝高脆弱性地区。20 世纪 90 年代成为继 50 年代后洪涝灾害高发的 10 年。其中 1991，1995，1996，1998 和 1999 年是 5 个洪水严重的年份，并且每一次洪水都伴有严重的极端降水事件（张琼等 2001）。例如，1998 年夏季长江继 1954 年之后出现一次全流域大洪水，不少地区出现了异常频繁、特别集中的强降水事件，湖北黄石 7 月 22 日降水量达 360.4 mm，武汉 7 月 21 日降水量达 285.7 mm，湖南桑植 7 月 22 日日降水量达 291.7 mm，降水强度之大都超过或接近历史最高记录。

淮河流域是我国重要的商品粮棉油生产基地，包括湖北、河南、安徽、山东、江苏 5 省 181 个县（市）。20 世纪 90 年代以来，淮河流域于 1991，2003 和 2007 年先后发生了 3 次严重的洪涝灾害，严重洪涝灾害的发生频率和危害程度呈加剧态势。2003 年夏，淮河流域遭遇了特大洪涝灾害，据不完全统计，受灾面积达 520 万 hm^2，成灾 340 万 hm^2，绝收 120 万 hm^2，直接经济损失超过 350 亿元。2007 年淮河发生了新中国成立以来仅次于 1954 年的第二位流域性大洪水；6 月 29 日到 7 月中旬，淮河流域除有 2 天间歇外，持续强降雨，流域面平均雨量 290 mm，比历史同期偏多 3～5 倍，折合降水总量 785 亿 m^3；其中，300 mm 以上降雨面积为 14.76 万 km^2，占流域面积的 54.7%；200 mm 以上降雨面积 19.77 万 km^2，占流域面积的 73.2%；最大雨量点在安徽临泉，为 852 mm：给当地农业和人民财产等造成了巨大的损失。

在全球变暖的背景下，长江流域、淮河流域发生 100 年和 20 年一遇洪水的可能性增大，甚至可能发生超过上述频率的特大洪水。我国现有易涝耕地 5 000万亩，部分大江大河的防洪能力只能防 20 年一遇的洪水，中小河流防洪标准更低，抗灾能力很弱，严重影响了我国农业的稳产和增产。

9.2.1.3 高温和低温灾害

气候变暖导致农业生产高温灾害加剧、低温灾害损失加重。温度变化而形成的低温冷害、寒害、霜冻、冻害以及高温热害对水稻、小麦、玉米生产影响显著，其中低温冷害和高温热害对水稻生产影响最大。水稻冷害减产重于热害，我国每年因冷害损失稻谷约 30 亿～50 亿 kg；热害在江苏、浙江、湖北、湖南、江西、四川等省时有发生（2006 年四川和重庆尤其严重），一般减产稻谷 10%～18%。水稻冷害危害重于热害，杂交稻抽穗开花期从适温（24～27 ℃）向高温升高 1 ℃，空壳率约增加 1.37%～6.94%；从适温向低温下降 1 ℃，空壳率约增加 2.5%～8.58%；灌浆结实期，当日平均气温小于界限温度 20 ℃时，2 个品种的空壳率分别由适温时的 9.9%～19.9%增大至 22.8%～32.3%，11.8%～21.3%增大至 37.2%～59.9%。黑龙江 3 个严重冷害年粮食单产平均减产达 302.4 kg/hm^2。

在全球气候持续变暖的大背景下，我国农业低温灾害的发生频率依灾种和区域不同有减有增；但强度反而不断加大，导致的农业损失显著增加。如东北地区夏季冷害发生频率减少，东北三省 20 世纪 60 年代末至 70 年代中期发生较为频繁，灾害程度重，其中 1969，1972 和 1976 年严重的低温冷害造成东北全区粮食减产 300 亿 kg，20 世纪 80 年代后气温明显升高，低温冷害出现的频次明显减少（秦大河等 2005）。但华南寒害发生频率增加。华南地区 20 世纪 90 年代以来就发生了 5 次严重冬季寒害，占 20 世纪 50 年代以来严重寒害次数的 62.5%，其中 1991，1993，1996 和 1999 年，仅广东省遭受的农业直接损失就分别达 18 亿，41 亿，46 亿和 108 亿元。1995 年 9 月 14 日，吉林省中部地区发生了较严重的初霜冻，农业受害严重。1999 年 9 月 21 日，松辽平原发生初霜冻，较常年提早 1 周，大田作物几乎全部受害致死。1998 年，河南省发生大范围冻害，冻害面积达到 72.4 万 hm^2，约占全部农业受灾面积的 20%。2008 年 1 月中旬到 2 月初，南方地区突发连续性大范围的低温雨雪冰冻灾害，据不完全统计，在此次低温雨雪冰冻灾害过程中，农作物受灾面积达 1 433 万 hm^2，绝收 197 万 hm^2，农业直接经济损失高达数百亿元。

9.2.1.4 干热风

气候变化导致我国不同地区干热风的发生频率、发生时段和空间分布有所变化。河南省 30 个站 1967—1996 年的干热风发生日数，随时间呈减少趋势（陈怀亮等 2001）。安徽省 20 世纪 60 年代出现的干热风日数最多，70 和 80 年代有下降趋势，以 80 年代发生最少，但 90 年代干热风日数比 80 年代略有上升，尤其是重干热风加重趋势明显，程度不同的干热风各分区趋势基本相同（袁学所等 2006）。随着气候变暖，宁夏灌区 1961—2004 年小麦干热风次数呈增加趋势，发生区域呈扩大趋势，一次干热风天气过程中，干热风发生程度加重。由于气候偏暖，小麦发育期有所提早，致使干热风影响的时段也相应提前（武万里等 2007）。

9.2.1.5 风灾

气候变化导致风灾频次有减少趋势，但危害程度加重。风灾是新疆地区的主要气象灾害之一，每年平均造成 2.4 亿元的经济损失。新疆年风灾次数在 20 世纪 80 年代中期和 90 年代中后期次数较多，在 80 年代末或 90 年代初风灾次数较少，风灾发生高峰分别出现在 80 年代中期及 90 年代中后期，如 1985 年全年因重大风灾造成可比损失达 5.3 亿元，1998 年全年达 13.9 亿元；就风灾损失值年代平均而言，90 年代为 80 年代的 5 倍以上（王秋香等 2003）。

西藏是我国大风最多的地区之一，沿江一线大风日数自 20 世纪 60 年代中后期以来一直呈明显减少的趋势，藏西北及藏东北地区减少趋势虽不及沿江一线明显，但也表现出波动减少的趋势，而南部边缘地区大风日数 70 年代至 80 年代中期呈减少趋势，此后逐年增加，1992 年以后虽略有减少，但始终保持在一个高值阶段。20 世纪 90 年代以来，风灾危害程度加重，如 1997 年 2 月 11—18 日，日喀则地区 14 个县（市）普遍出现大风天气，风力在 8 级以上，其中定结、拉孜、谢通门风力达 11 级以上，风速在 30 m/s 左右，直接经济损失 460 多万元。1999 年 2 月下旬到 3 月上旬，那曲地区出现了 8～11 级的大风天气，大风昼夜不停，最大风速达到 36 m/s，牧草被连根拔起，部分牲畜死亡（张核真 2006）。

9.2.2 农业病虫害

9.2.2.1 暖冬对作物病虫害的影响事实

（1）暖冬造成作物病虫越冬基数增加、越冬死亡率降低，显著增加冬后有效病虫源基数。暖冬可使病菌进入越冬阶段推迟，延长病菌冬前发展时间，有利于其侵染繁殖，增加越冬菌量。暖冬可导致小麦赤霉病田间稻桩带菌量大增，1999 年 3 月底，浙江、上海空中孢子捕捉量是常年的 2 倍多。暖冬可使灰飞虱、蚜虫等害虫的越冬死亡率降低。据江苏省洪泽县近年2—3月对稻套麦田越冬代灰飞虱的调查结果，每亩虫量，2001—2003年一般田块为2.7万～14万头，部分田块为6万～8万头，个别田块达到20万～30万头；2004—2005年一般田块为8万～12万头，个别田块在40万头左右。1999年春季，河南省35个蝗区县2.25多万个样点中，有卵点占12.35%，较常年高3%；黄河滩区平均蝗卵密度10.05粒/m^2，是常年的2.3倍，越冬死亡率为3.65%，为历史最低值。1991年广西南部16县冬后褐飞虱残虫平均为0.8头/m^2，最高14.4头/m^2，比1990年增加了8倍。

（2）暖冬造成作物病虫害发生和迁入期提前、为害期延长、发生面积扩大、为害程度加重。受暖冬的影响，越南等境外或我国稻飞虱越冬区的稻飞虱迁入期提前，为害期延长；1991年南至两广、北至江淮稻区，稻飞虱迁入期普遍提早了10～20天；1987年3月下旬广西防城局部秧田和杂优制种田稻飞虱就已为害成灾，为害期提前了1个月。2006年稻飞虱迁入湖北省赤壁市的时间为4月20日，早于常年同期；6月2日调查早稻田最高百蔸虫量达1 980头，为历年同期少见。1999年小麦蚜虫发生期提前7～10天，豫、鲁、冀、苏、皖、川、陕、甘等省当年发生面积超过1000万hm^2；河南省苗期蚜虫发生量之大、程度之重，是近20年从未有过的；防治不力田块百株蚜虫量为2 000～5 000头，最高达5万头，是1998年同期的10～20倍。新疆地区小麦根腐病的发生呈上升趋势，个别地区发病率达100%。2002年，由于暖冬和3月份平均气温比常年同期偏高2 ℃左右，湖南省55个县（市、区）油菜菌核病发生面积达45.4万hm^2，发病面积比率高达61.8%，为近5年之最。

（3）暖冬造成作物病虫害越冬界线北移，冬季繁殖量或残存数量增加。受暖冬的影响，1987年2月中旬江西赣州、1991年3月福建南部许多县都能查到少量稻飞虱，比常年的越冬北界向北扩大了1～2个纬度；1987年2月10日广东海丰查到短翅型褐飞虱成虫平均2.6头/m^2；由于冬季繁殖数量增加，1987年海南琼海、陵水等地早稻4月下旬局部田块百丛密度达1 000～4 500头，高的达1.5万头，并有相当多的田块出现“穿顶”。

9.2.2.2 气候变暖对作物病虫害的影响事实

（1）受气候变暖的影响，作物病虫害生存和发育的温度条件变优。病虫害发生界限北移，发生范围、危害程度呈扩大、加重趋势。研究表明：20世纪70年代以前，小麦白粉病一般年份仅在西南地区的滇、黔、川等省的一些山区发生较重，发生程度及范围都比较小；20世纪70年代末80年代初，扩展到江淮麦区的湖北、江苏、安徽及浙江等省的山区或沿江河地区，一度重发成灾；20世纪80年代中期以后，白粉病进一步向北扩展，上升为我国黄淮麦区冀、豫、陕、甘、晋等省小麦生产上的主要病害；1990—1991年全国大流行，发生范围不仅遍及黄淮、江淮流域等主要产麦区的冀、鲁、豫、苏、鄂、皖、川、黔、甘、陕、晋等省，且发生界限进一步北移，波及辽宁、吉林、黑龙江等省的春麦区，发展成为我国麦产区20多个省小麦生产上的重要常发病害。河南驻马店地区小麦吸浆虫虫口密度，由20世纪80年代初的不足2头/m^2，增加到90年代初的4 218头/m^2；发生面积，由1985年前的不足6 667 hm^2，1987年已达28万hm^2，1991—1995年在8.13万～153.13万hm^2之间。

（2）作物生长季变暖，病虫害发生期提前、繁殖代数增加，为害加重。当4月下旬的平均气温大于15 ℃时，山东曲阜市第二代棉铃虫百株卵量随该旬平均气温的增加而显著增加；1992和1993年4月下旬的平均气温分别为17.8和18.7 ℃，2年棉铃虫发生等级均达到五级。1992年秋季华北气温偏高，棉铃虫比常年多发生一代。河南焦作市1991—1999年冬、春、夏、秋季分别较前30年增温1.5，0.6，0.3和0.7 ℃，纹枯病的为害逐年加重，且发病早、持续时间长，棉铃虫在10月份就出现了第5代。由于1994年4月至10月上旬气温持续偏高，河北邯郸市1～4代棉铃虫比常年同期提前3～15天不等，同时5代棉铃虫严重发生，比常年多发生1个世代。2006年秋季温度偏高，浙江省6代褐飞虱的发生程度明显重于往年。暖秋气候条件极有利于褐飞虱的繁殖和加快发育，2005—2006年沿江地区褐飞虱3～4代的增殖倍数达到75～125倍，至9月中、下旬末，发生严重田块稻飞虱的百穴虫量达到1万头以上，相继出现不同程度的冒穿倒伏。

9.2.2.3 降水异常对作物病虫害的影响事实

降水异常有利于一些作物病虫害的区域灾变。我国小麦白粉病的流行程度与降水、温度异常密切相关；厄尔尼诺事件对其为害流行具有前兆性气候背景指示。2004年，由于雨季偏早，云南省镇康、凤庆县玉米大、小斑病在5月中、下旬的苗期就开始发病，永德县6月29日发病株率达30%。2003—2005年连续3年，山东省费县年降水量均超过1 000 mm，比常年增加近200 mm，一些过去主要在南方发生的病虫北移至该地严重为害，如锈病、赤霉病等病害以及粉蚧、桃柱螟等害虫。1979—2004年，山西省运城棉区苗蚜大发生年份5月下旬至6月上、中旬降水量明显偏少。我国南方稻区（含四川）水稻飞虱大发生年，夏季6—8月四川盆地东部及长江中下游为多雨带，低温凉夏有利于稻飞虱的迁入、繁殖。气候干旱有利于棉铃虫的发生。

9.3 未来气候变化对农业灾害的影响

研究未来气候变化对农业灾害的影响，一方面需要对造成农业灾害的主要气象要素的平均值及其阈值进行预测和预估，另一方面需要预估未来农业系统及其承灾体对气候变化的敏感性、脆弱性和适应性。目前这两方面的定量研究还很少见，只能基于未来气象要素的预估和农业灾害的指标给出初步的定性结果。

9.3.1 农业气象灾害

据预测，我国未来气候变暖趋势将进一步加剧，与2000年相比，2020年我国年平均气温将升高0.5～0.7 ℃，2050年将升高1.2～2.0 ℃，2070年将升高2.2~3.0 ℃。与此同时，未来100年我国极端天气气候事件发生的概率增大，我国将面临更明显的大旱、大冷、大暖的气候变化，旱、涝等灾害的出现频率、危害程度会增加，并加剧水资源的供需矛盾。

（1）区域性干旱灾害可能加剧。我国内陆地区降水量减少或微量增加是未来降水变化的可能，但温度升高，蒸发、蒸腾加大，无疑将加剧干旱。我国干旱、半干旱地区的农牧过渡带也将有所扩大。农牧过渡带向东南推移不仅减少了种植面积，而且使可能引起沙漠化的危险地区也随之向东南方向推进。未来20年华北地区干旱灾害可能加剧。据预测，2010—2030年我国华北地区降水量可能减少，特别是春季降水量可能减少10%～30%。春旱发生的频率和强度可能会进一步加大，有可能导致华北地区的冬小麦、玉米大幅减产，将严重影响我国中长期的粮食安全。

（2）区域性洪涝灾害可能加重。区域气候模式预测2070年大雨日数的结果表明，福建、江西西部，以及贵州、四川、云南部分地区大雨日数显著增加，表明未来这些地区暴雨天气会增多，气候有恶化趋势。总体来说，温室效应可能会导致我国南方强降水事件的增加。依据区域气候模式控制试验和温室效应试验，预测2070年影响我国的台风数目将比1990年增加26%；登陆台风增加100%。由于我国南方强降水事件的增加和台风生成数目及登陆数的增加，可能直接导致洪涝灾害加重。但是也有一些研究表明，未来热带西北太平洋年总台风数将减少，因此我国南方强降水事件的发生和量级可能会减少，洪涝灾害可能减轻。因此，气候模式预测的确定性程度还需要进一步研究。

（3）低温冷害可能呈减轻趋势。由于气温升高，特别是日最低气温升高，使未来农业低温冷害会有一定程度的减轻，危害范围也会进一步缩小。但不容忽视的是，随着玉米等种植北界的北移和晚熟品种扩种，人为因素造成的低温冷害可能加剧，需要依据气候变暖的尺度、低温冷害发生的频率及品种的适应性等适度扩种，以减小盲目性。

(4) 干热风灾害可能加剧。温室效应的预估结果表明，未来我国日最高气温将明显升高，年平均增加 2.0 ℃，显著增加区基本位于我国南部。夏季日最高气温显著升高的地区主要位于北方，其中一个显著增温区位于辽宁至内蒙古和河北北部一带，升高幅度一般在 1.5～2.5 ℃之间；另一个显著增温区为陕西至宁夏、甘肃一带，这里的气温升高幅度都很大，许多地方增温达到 3.5 ℃以上。夏季最高气温的升高，将使夏季高温日数增多，高温日数是干热风的重要指标，因此，可以预计未来我国干热风灾害可能加剧。

(5) 风灾存在不确定性。目前气候变化背景下的风速趋势性研究表明，不少地区平均风速有下降的趋势，如果未来仍维持这一趋势性变化，风灾有可能减轻。但风灾主要与大风有关，而与平均风速关系不大，因此，未来风灾的变化是复杂的。另外，如果台风日数增多，登陆数增加，也会增加我国东南沿海地区风灾发生的频次。确切的结论还有待进一步的研究。

9.3.2 农业病虫害

9.3.2.1 气候变化对作物虫害发生趋势的影响

(1) 气候变暖将导致我国作物害虫的越冬、发生界限北移。气候变暖后，1 月 0 ℃等温线将向北移动，冬季低于 0 ℃的日数减少；黏虫的越冬北界将北移约 1～2 个纬度。稻飞虱安全越冬北界将由当前的 22°N 推向 23°～24°N 附近。稻纵卷叶螟的越冬北界将北移 1～2 个纬度。棉红铃虫发生界限将由河北省南部北移至冀中部保定、定州一带。

(2) 气候变暖有利于害虫的生长发育和繁殖，使害虫的种群增长率加快，发生世代数可能增加。气候变暖后，当一地的年增有效积温总值超过 685 ℃·d 时，黏虫有可能多发生 1 代；水稻褐飞虱在各气候带内均可多繁殖 1 代，即全年繁殖气候带年可繁殖 10～12 代，在越冬气候带年可发生 7～9 代，在迁入气候带年可发生 3～7 代。在温度增加（3±1.5）℃的条件下，稻纵卷叶螟的发生世代将增加 1～2 个世代。气候变暖将使浙北地区水稻二化螟的繁殖代数比常年增加 0.5～1 代；河北棉铃虫将增加 1 代。据日本农业环境研究所的研究，当年平均气温增加 2 ℃时，冬季非滞育性害虫的全年发生代数将增加，如茶橙瘿螨的发生代数有可能增加 2～3 代，冬季滞育性害虫的发生由南向北推移 300 km。

(3) 气候变暖将使害虫北迁时间提前、南迁时间推迟，迁飞范围可能扩大。气候变暖后，南北纬向温差减小，从而减弱了经向环流和四季温差，夏季风较现在将更为强盛。因此，害虫春季迁出的时间将会提前，秋季因冷空气出现迟，害虫向南回迁的时间将推迟，使农田多次受害的几率增加。气候变暖有利于黏虫、稻飞虱、稻纵卷叶螟等迁飞性害虫的迁飞；黏虫春季迁飞的时间因夏季风的强盛，可能提早到2月中下旬至3月，秋季黏虫向南回迁的时间也将推迟到9月至10月上旬；黏虫第一次迁入的地区将由现在的33°～36°N扩展到34°～39°N附近。

9.3.2.2 气候变化对作物病害发生趋势的影响

气候变暖有利于作物病害的发生、繁殖和越冬，发生地理范围扩大，并使原为害不严重的温凉气候区为害加重。气候变暖后，暖湿气候条件出现的几率增加，有利于小麦白粉病、赤霉病，水稻纹枯病、稻瘟病等病害的发生、发展和流行，为害的地理范围扩大、程度加重。冬季升温幅度大于夏季升温，将有利于小麦锈病的越冬、越夏和流行，并有南下发展的趋势。

9.3.2.3 气候变化对作物病虫害为害趋势的影响

气候变暖后，有利于作物病虫害安全越冬，起始发育时间提前，发育速度加快，发育历期缩短，繁殖力增强，其为害时间可能延长，为害范围和程度将呈扩大、加重趋势。据研究，气候变暖将使我国主要农作物病虫害为害呈加重趋势。水稻、小麦、玉米、棉花等主要作物病虫害的发生面积将扩大，大发生频率将增加，为害程度将加重。据估计，因害虫发生世代变化、越冬界线向北扩展、迁飞范围扩大等变化，我国害虫为害面积将扩大数千万公顷，为防治病虫害为害，今后农药用量将会有增加的趋势，将扩大害虫的适生区和严重发生区。一些对低温敏感的虫种，有可能会由偶发转为常发。

9.3.3 适应对策

(1) 调整作物布局。加强高产、优质、抗逆性强的作物品种的选育研究，调整作物布局，提高复种指数，以适应变暖、变干、变湿的气候环境，提高作物抗御不良环境影响的能力。为适应气候变化对农业的可能影响，需要分析未来光、温、水资源分配和农业气象灾害的新格局，改进作物品种布局，有计划地培育和选用抗旱、抗涝、抗高温等抗逆品种，采用防灾抗灾、稳产增产的技术措施及预防可能加重的农业病虫害。气候变暖和生长期延长对我国北方粮食生产可能有利，因而要充分利用这一契机，科学地调整种植制度，逐渐从粮食作物—经济作物的二元结构向粮食作物—经济作物—饲料作物的三元结构转变，发展复合经营体系，降低农业对气候的脆弱性，促进农业稳产、高产、高效（中国气候变化国别研究组 2000）。

（2）发展现代生物与高新技术。面对 21 世纪人口、资源、环境、食物问题和气候变化的挑战，应大力加强光合作用、生物固氮、生物技术、抗御逆境、设施农业和精准农业等高新技术的开发和研究，以强化农业生产系统适应气候变化的能力。为减少气候变化对农作物的不利影响，选育优良品种是重要的适应性对策。通过体细胞无性繁殖变异技术、体细胞胚胎形成技术、原生质融合技术、DNA 重组技术等生物技术，快速有效地培育出抗逆性强、高产、优质的作物新品种，是一条非常重要的农业对气候变化的适应性途径。

（3）加强调整农业适应技术开发。加强节水农业、集水农业、旱地农业及病虫害综合防治技术的研究，增强农业生态系统的抗逆性，以适应气候变暖引起的一系列不利影响。有效利用水资源、控制水土流失、合理灌溉和施肥、防治病虫害、推广生态农业技术等，是调整农业管理措施，以提高农业生态系统适应气候变化能力的主要对策。另外，还需要提高治理盐碱沙荒、水土流失等的综合技术，以逐步改中低产田为高产田。同时研究推广以自动化、智能化为基础的精准耕作技术，是实现农业现代化管理、降低农业生产成本、提高土地利用率和产出率的重要途径。

（4）改善农业基础设施与条件。减少气候变化对农业的不利影响，必须不断提高农业生态系统对气候变化的应变能力和抗灾减灾水平。气候变化会使北方干旱和半干旱区降水趋于更不稳定或更加干旱，这些地区适应性对策的一个重要方面是以改土治水为中心，加强农田基本建设，改善农业生态与环境，建设高产稳产农田，不断提高对气候变化的应变能力和抗灾减灾水平。具体的措施包括：更新改造老化农业灌排工程设施，扩大灌溉面积；发展节水农业，科学灌溉，提高农业用水效率。另外，利用信息技术，开发自动化、智能化的农业生产技术，强化综合防治自然灾害的工程设施建设，可为提高农业对气候变化的适应能力和防御灾害能力提供保障。

参考文献

巴特尔·巴克，郑大玮，肉孜·阿基，等．2006. 北京地区冬小麦冻害预报系统初探．中国农业气象，**27**（4）：335-338.

北方小麦干热风科研协作组．1988. 小麦干热风．北京：气象出版社．

陈端生，龚绍先．1990. 农业气象灾害．北京：北京农业大学出版社．

陈素华，刘玲，侯琼，等．2007. 中华人民共和国气象行业标准之“草原气象指标”．标准编号：QX/T100-2007，2007 年 6 月 22 日发布，2007 年 10 月 1 日实施．北京：气象出版社．

陈艳春，何祥登，黄九莲．2005. 山东省农田干旱预警模型．山东气象，**25**（2）：24-25.

程延年．2000. 农业抗灾减灾工程技术．郑州：河南科学技术出版社．

崔读昌．1999. 关于冻害、寒害、冷害和霜冻．中国农业气象，**20**（1）：56-57.

董振国．1986. 作物层温度与土壤水分关系．科学通报，（8）：608-610.

冯佩芝，李翠金，李小泉．1985. 中国主要气象灾害分析．北京：气象出版社．

冯玉香，何维勋．1996. 霜冻的研究．北京：气象出版社．

高素华．1995. 中国三北地区农业气候生产潜力及其开发利用对策．北京：气象出版社．

郭建平，田志会，张涓涓．2003. 东北地区玉米热量指数的预测模型研究．应用气象学报，**14**（5）：626-633.

国家防汛抗旱总指挥办公室，等．1997. 中国水旱灾害．北京：中国水利水电出版社．

侯琼，梁秀婷．2006. 内蒙古典型草原水分条件与天然牧草产量的关系．气象，**32**（专刊）：116-120.

华北平原作物水分胁迫与干旱研究课题组．1991. 作物水分胁迫与干旱研究．郑州：河南科学技术出版社．

黄青禾，苗复春．1993. 减灾农业．北京：中国科学技术出版社．

霍治国，陈林，刘万才，等．2002a. 中国小麦白粉病发生地域分布的气候分区．生态学报，**22**（11）：1 873-1 881.

霍治国，陈林，叶彩玲，等．2002b. 气候条件对中国水稻稻飞虱为害规律的影响．自然灾害学报，**11**（1）：97-102.

霍治国，杜尧东，姜燕，等．2007a. 中华人民共和国气象行业标准之“香蕉、荔枝寒害等级”．标准编号：QX/T80-2007，2007 年 6 月 22 日发布，2007 年 10 月 1 日实施．北京：气象出版社．

霍治国，姜燕，李世奎，等．2007b. 中华人民共和国气象行业标准之“小麦干热风灾害等级”．标准编号：QX/T82-2007，2007 年 6 月 22 日发布，2007 年 10 月 1 日实施．北京：气象出版社．

霍治国，李世奎，王素艳，等．2003. 主要农业气象灾害风险评估技术及其应用研究．自然资源学报，**18**（6）：692-703.

霍治国，刘荣花，姜燕，等．2007c. 中华人民共和国气象行业标准之“小麦干旱灾害等级”．标准编号：QX/T81-2007，2007 年 6 月 22 日发布，2007 年 10 月 1 日实施．北京：气象出版社．

霍治国，刘万才，邵振润，等．2000. 试论开展中国农作物病虫害危害流行的长期气象预测研究．自然灾害学报，**9**（1）：117-121.

霍治国，王柏忠，王素艳．2003. 西北牧区、春麦区的主要农业气象灾害及其指标．自然灾害学报，**12**（2）：192-197.

霍治国．2002. 作物病虫害气象预测与防御．见：徐祥德，王馥棠，萧永生，等．农业气象防灾调控工程与技术系统．北京：气象出版社．

景毅刚，杜继稳，张树誉．2004. 陕西省干旱综合评价预警研究．陕西气象，（6）：20-22.

李代鑫．2000. 洪涝、干旱灾害对农业发展的影响．见：刘江．21 世纪初中国农业发展战略．北京：中国农业出版社．

李槈周，余曼平，姚蓉．2004. 湖南春季低温冷害预报系统的建立和应用．气象科学，**24**（2）：227-232.

李世奎，侯光良，欧阳海，等．1988. 中国农业气候资源和农业气候区划．北京：科学出版社．

李世奎，霍治国，王道龙，等．1999. 中国农业灾害风险评价与对策．北京：气象出版社．

李守华，田小海，黄永平，等．2007. 江汉平原近 50 年中稻花期危害高温发生的初步分析．中国农业气象，**28**（1）：5-8.

李新建，毛炜峄，杨举芳．2005. 以热量指数表示北疆棉区棉花延迟型低温冷害指标的研究．棉花学报，**17**（2）：88-93.

李云瑞．2006. 农业昆虫学．北京：高等教育出版社．

厉玉升，翁永辉，陈怀亮，等．2005. 黄淮平原农业干旱预警系统研究．气象科技，**33**（1）：151-155.

刘布春，王石立，庄立伟，等．2003. 基于东北玉米区域动力模型的低温冷害预报应用研究．应用气象学报，**14**（5）：616-625.

刘德祥，赵红岩，董安祥，等．2005. 气候变暖对甘肃夏秋季作物种植结构的影响．冰川冻土，**27**（6）：806-812.

刘洪，金之庆．2005. 江淮平原油菜渍害预报模型．江苏农业学报，**19**（3）：81-90.

毛裕定，吴利红，苗长明，等．2007. 浙江省柑橘冻害气象指数保险参考设计．中国农业气象，**28**（2）：226-233.

庞转棠，王正旺．2007. 盛夏农业干旱事件的分析与预报．中国农业气象，**28**（1）：13-16.

气候变化国家评估报告编写委员会．2007. 气候变化国家评估报告．北京：科学出版社．

秦大河．2005. 中国气候与环境演变．北京：科学出版社．

孙智辉，李宏群，郑小阳．2005. 延安日光温室冬季低温冻害天气分析与预报．中国农业气象，**26**（3）：197-199.
孙忠富 . 2001. 霜冻灾害与防御技术 . 北京：中国农业科技出版社 .
田国良，杨希华，郑柯 . 1992. 冬小麦旱情遥感监测模型研究 . 环境遥感，**7**（2）：83-89.
王春乙，郭建平 . 1999. 农作物低温冷害综合防御技术研究 . 北京：气象出版社 .
王春乙，王石立，霍治国，等 . 2005. 近 10 年中国主要农业气象灾害监测预警与评估技术研究进展 . 气象学报，**63**（5）：659-671.
王春乙 . 2007. 重大农业气象灾害研究进展 . 北京：气象出版社 .
王道藩，黄寿波，张养才，等 . 1986. 柑橘与气象 . 福州：福建科学技术出版社 .
王馥棠，冯定原，张宏铭，等 . 1991. 农业气象预报概论 . 北京：农业出版社 .
王利华，王光 . 1999. 环境温度对畜禽营养物质代谢的影响 . 中国饲料，（4）：16-17.
王秋香，李红军 . 2003. 新疆近 20 年风灾研究 . 中国沙漠，**23**（5）：545-548.
王石立 . 2005. 近年来我国农业气象灾害预报方法研究概述 . 应用气象学报，**14**（5）：574-581.
武万里，韩世涛 . 2007. 气候变暖对宁夏小麦干热风的影响 . 宁夏农林科技，（1）：64-66.
魏成阶，王世新 . 1998. 遥感技术在我国洪涝灾害监测评估中的作用 . 中国科学院院刊，（6）：443-447.
魏凤英 . 1999. 现代气候统计诊断预测技术 . 北京：气象出版社 .
吴洪颜，高苹，赵凯 . 2003. 春季连阴雨对江苏省夏收作物产量的影响 . 灾害学，**18**（3）：46-49.
西山岩男，佐竹彻夫 . 1981. イネの高温による障害の研究 . 热带农业，**25**：14-19.
夏丽花，张立多，林河富，等 . 2007. 福建省冬季果树冻（寒）害低温预报预警 . 中国农业气象，**28**（2）：221-225.
肖乾广，陈维英，盛永伟，等 . 1994. 用气象卫星监测土壤水分的试验研究 . 应用气象学报，**5**（2）：312-317.
徐羹惠 . 2005. 我国牧区雪灾灾害学研究新进展 . 自然灾害学报，**14**（3）：200-204.
徐瑞珍，王雷 . 1981. 我国近五百年旱涝的初步分析 . 见：中央气象局气象科学研究院天气气候研究所 . 全国气候变化学术讨论会文集 . 北京：科学出版社 .
徐瑞珍，王蕾 . 1978. 我国近 500 年旱涝的初步分析 . 见：中央气象局气象科学研究院天气气候研究所 . 全国气候变化学术讨论会文集 . 北京：科学出版社 .
畜牧气象文集编委会 . 1991. 畜牧气象文集 . 北京：气象出版社 .
杨柏松 . 1991. 水产气象 . 北京：农业出版社 .
叶彩玲，霍治国，丁胜利，等 . 2005. 农作物病虫害气象环境成因研究进展 . 自然灾害学报，**14**（1）：90-97.
殷剑敏 . 2007. 气候变化对南丰县蜜橘种植分布的影响 . 中国农业气象，**28**（2）：190-194.
于沪宁，邓根云，卢振民，等 . 1992. 不同土壤水分条件下冬小麦的生理生态效应及干旱程度判别 . 作物与水分关系研究 . 北京：中国科学技术出版社 .
袁学所，周礼清 . 2006. 安徽省小麦干热风灾害预评估流程 . 安徽农学通报，**12**（7）：

197-198.
张彬，芮雯奕，郑建初，等．2007．水稻开花期花粉活力和结实率对高温的响应特征．作物学报，**33**（7）：1 177-1 181.
张国发，王绍华，尤娟，等．2006．结实期不同时段高温对稻米品质的影响．作物学报，**32**（2）：283-287.
张核真．2006．西藏大风分布特征及风灾区域的初步划分．西藏科技，（6）：40-41.
张养才，何维勋，李世奎．1991．中国农业气象灾害概论．北京：气象出版社．
赵海燕，姚凤梅，张勇，等．2006．长江中下游水稻开花灌浆期气象要素与结实率和粒重的相关性分析．中国农业科学，**39**（9）：1 765-1 771.
郑大玮，刘中丽．1993．小麦抗旱防冻增产技术．北京：农业出版社．
郑大玮，郑大琼，刘虎城．2005．农业减灾适用技术手册．杭州：浙江科学技术出版社．
郑建初，盛婧，汤日圣，等．2007．南京和安庆地区高温发生规律及高温对水稻结实率的影响．江苏农业学报，**23**（1）：1-4.
中国的气候与农业编辑委员会．1991．中国的气候与农业．北京：气象出版社．
中国牧区畜牧气候区划科研协作组．1988．中国牧区畜牧气候．北京：气象出版社．
中国农业百科全书农业气象卷编写组．1986．中国农业百科全书・农业气象卷．北京：农业出版社．
中国农业百科全书水利卷编写组．1986．中国农业百科全书・水利卷．北京：农业出版社．
中国农业科学院植物保护研究所．1995．中国农作物病虫害・第二版上册．北京：中国农业出版社．
中国农业科学院．1999．中国农业气象学．北京：中国农业出版社．
中国气候变化国别研究组．2002．中国气候变化国别研究．北京：清华大学出版社．
中国气象局．2007．中国灾害性天气气候图集．北京：气象出版社．
钟天润，杨普云，赵中华，等．2006．粮食作物重大病虫监控专题研究报告．中国农技推广，**22**（增刊）：311-319.
朱建强，张文英，潘传柏，等．2000．几种作物对涝渍胁迫的敏感性试验研究．灌溉排水，**19**（3）：42-46.
IPPC. 2007. IPCC Fourth Assessment Report（AR4）. Cambridge：Cambridge University Press.
Wang Z W，Zhai P M. 2003. Variation of drought over northern China during 1950—2000. *Journal of Geographical Sciences*，**13**：（4）：480-487.